分子生物学

主　编　王祎玲
副主编　柴　敏　赫　娟

山西师范大学教材建设资金资助项目

科学出版社
北　京

内 容 简 介

  本书内容结合微课、慕课等结构化数字资源，由浅入深，既重视分子生物学的核心基础，又反映分子生物学的热点问题。全书共6章，主要包括分子生物学的前世今生、遗传物质DNA、基因的转录与翻译、基因的表达调控与表观遗传修饰、分子生物学基本技术与原理、分子生物学与人类健康等内容。本书逻辑清晰、框架新颖，具有较强的启发性和引导性。

  本书可作为高等院校生物科学、生物技术、生物工程等生物学相关专业本科生的教学用书，同时也可作为生命科学领域从事教学与科研的教师、研究生及研究人员的参考用书。

图书在版编目（CIP）数据

分子生物学 / 王祎玲主编. —北京：科学出版社，2022.11
ISBN 978-7-03-073497-6

Ⅰ. ①分… Ⅱ. ①王… Ⅲ. ①分子生物学 Ⅳ. ①Q7

中国版本图书馆CIP数据核字（2022）第194008号

责任编辑：席 慧 韩书云 / 责任校对：严 娜
责任印制：张 伟 / 封面设计：蓝正设计

科学出版社出版

北京东黄城根北街16号
邮政编码：100717
http://www.sciencep.com

中煤（北京）印务有限公司印刷
科学出版社发行 各地新华书店经销

*

2022年11月第 一 版 开本：787×1092 1/16
2024年 1 月第二次印刷 印张：12 1/2
字数：320 000

定价：49.80元
（如有印装质量问题，我社负责调换）

《分子生物学》编写委员会

主　　编　王祎玲

副 主 编　柴　敏　赫　娟

参　　编（按姓氏笔画排序）

王玲丽　宋慧芳　陈　伟

罗永平　郝浩永　郭艳茹

雷海英

前　言

20世纪，生命科学从通过性状推测遗传学本质发展到从分子水平阐明生命过程的奥秘，这说明生命科学既是一个古老的学科，又是一个崭新的学科。一切生命活动都是通过生物大分子的相互作用来实现的。从分子水平阐述细胞在生长、发育、分化过程中，其生物大分子的相互作用、细胞信号转导、基因表达与调控的机制，这些是分子生物学中主要的内容。由于学科的基础性、研究对象的普遍性，分子生物学是生命科学中发展最快，与其他学科广泛交叉渗透的重要前沿领域，是生命科学中的领先学科。分子生物学的发展大大推动了细胞生物学、神经生物学、发育生物学、进化生物学、结构生物学、遗传学、生物化学、微生物学等学科的快速发展，已成为高校生命科学相关专业重要的必修主干课程。

为了适应我国高等教育改革和发展的需求，培养综合型人才，在现代教学技术日新月异的基础上，我们编写了本书。目的是结合微课（microlecture）、慕课（massive open online course，MOOC）等结构化数字资源，为地方高等院校本科教学提供一本易教易学的实用型教材，帮助学生更好地理解和掌握分子生物学的基本理论、基础知识，并为生物学相关专业其他课程的学习打下良好的基础。

分子生物学是生物学及相关专业学生知识结构的重要组成部分，在生物学的教学中占有重要的地位。本书内容注重培养学生的综合素质和主动学习能力及教材的实用性。本书可供高等院校生物学相关专业，如生物科学、生物技术、生物工程等专业的教师和学生使用，也可作为相关专业人员的参考用书。

本书的编者都在各自的分子生物学研究和教学领域中卓有成就，了解分子生物学学科发展现状，熟悉教学过程中体现出的教与学的各种问题，继而编写了这本适合地方高校本科教学及本科生发展的新型教材，力图在本科生能力培养方面，以教材建设为突破口，取得有成效的进展。本书编写分工如下：第1章由王祎玲编写；第2章由柴敏和王玲丽编写；第3章由郝浩永和郭艳茹编写；第4章由陈伟和罗永平编写；第5章由宋慧芳和雷海英编写；第6章由赫娟编写。

本书是在山西师范大学积极推进课堂教学改革的背景下编写完成的，同时也是山西师范大学生命科学国家一流专业建设内容之一，并获得山西师范大学分子生物学优质课程建设项目的立项资助，以及山西师范大学教材建设资金资助。本书的编写还得到了科学出版社的大力支持，在此一并致以衷心的感谢。

本书为集体著作，在风格、文字等方面或许有不够统一之处；另外，由于分子生物学发展迅猛，编写中参考的内容众多，限于篇幅，未能将参考文献一一列出，对于这些原始文献的作者，我们表示万分的敬意和感谢。分子生物学发展迅速，资料浩瀚，由于编者学识水平有限，本书虽然经过多次修改审校，但仍然可能存在疏漏之处，敬请各位同行专家和读者予以批评指正。

编　者

2022 年 6 月

教学课件索取单

　　凡使用本书作为教材的主讲教师，可获赠教学课件一份。欢迎通过以下两种方式之一与我们联系。本活动解释权在科学出版社。

1. 关注微信公众号"科学 EDU"索取教学课件

关注 →"教学服务"→"课件申请"

科学 EDU

2. 填写教学课件索取单拍照发送至联系人邮箱

姓名：		职称：		职务：
学校：		院系：		
电话：		QQ：		
电子邮箱（重要）：				
所授课程 1：			学生数：	
课程对象：□研究生 □本科（＿＿年级） □其他			授课专业：	
所授课程 2：			学生数：	
课程对象：□研究生 □本科（＿＿年级） □其他			授课专业：	
使用教材名称 / 作者 / 出版社：				

联系人：席　慧　　　咨询电话：010-64000815　　　回执邮箱：xihui@mail.sciencep.com

目　录

第 1 章

分子生物学的前世今生

本章彩图

基因的特性，染色体在有丝分裂和减数分裂过程中的行为，以及 DNA 的化学组成等三方面的研究，最终表明 DNA 是生物的遗传物质：染色体是单个 DNA 分子，基因是一段特殊的 DNA 序列。

当埃弗里（O. T. Avery）和他的同事表明转化因子就是 DNA 分子时，证明了 DNA 是遗传物质。格里菲思（F. Griffith）最早发现了链球菌在小鼠体内的转化现象。而赫尔希（A. Hershey）与蔡斯（M. Chase）证明了进入细菌细胞的是噬菌体 T_2 的 DNA 分子。利用分析突变的方法，比德尔（G. W. Beadle）与塔特姆（E. L. Tatum）首次证明了基因与酶（蛋白质）催化的代谢途径存在关联。1953 年，很多证据强烈支持 DNA 是遗传物质。例如，富兰克林（R. Franklin）的 X 射线衍射照片，以及沃森（J. D. Watson）和克里克（F. H. C. Crick）提出的 DNA 结构的双螺旋模型。

分子生物学中的中心法则（central dogma）概括了细胞中遗传信息的传递和流动，简而言之，即 DNA 合成 RNA，RNA 编码蛋白质。但在某些情况下，遗传信息可从 RNA 传递回 DNA，许多基因合成的 RNA 分子不起信使 RNA（messenger RNA）分子的作用。

达尔文的自然选择（natural selection）进化理论意味着所有生物都由共同的祖先演化而来。当某些性状隐含的遗传变异（genetic variation）导致繁育成功率提高时，正选择（positive selection）作用就会发生。由于个体产生许多具有相同性状的后代，这个性状在种群中出现的频率就会增加，进而导致进化（evolution）的产生。在分子水平上，主要的选择作用方式是净化选择（purifying selection）或负选择（negative selection），这种选择作用将会消除有害突变，同时允许随机固定中性突变（neutral mutation）。

1.1　什么是分子生物学

1.1.1　分子生物学的概念

19 世纪，由于生物化学、遗传学、细胞生物学、生物物理学、有机化学、物理化学等相关学科的相互渗透、相互促进，生物学研究进入细胞水平。20 世纪后半叶，生物学的研究对象逐渐转移到生物大分子，分子生物学（molecular biology）开始崛起。虽然这门学科仅有近 70 年的历史，但其发展十分迅速，成为生命科学中的新兴学科、领先学科。分子生物学是人类从分子水平真正揭开生物世界的奥秘，由被动适应自然转向主动改造自然的基础学科；分子生物学以生物大分子为研究对象，已成为现代生物学领域最具活力的学科之一。

什么是分子生物学？从广义角度，分子生物学是指在分子水平上研究生命现象。从狭义的角度，分子生物学是指研究 DNA 的分子结构、编码信息及基因表达的生物化学基础和调控机制的学科。

但不论广义定义还是狭义定义，都不能很好地概括分子生物学的内涵。因为 DNA 分子涉及的研究范围较广。1995 年，在辛普森（O. J. Simpson）谋杀案中，DNA 指纹的使用使得全球学者开始重新评判分子生物学的内涵。两年之后，克隆羊多莉（Dolly）的诞生，轰动了世界。2001 年，科学家宣告人类基因组序列（human genome sequence）的草稿完成。在评论这一里程碑式的成就时，美国前总统克林顿（B. Clinton）将"生命之书的解码"比作医学版的月球着陆。从此，社会各界，尤其是科学家、科幻作家等，对 DNA 的关注度越来越高。因而，20 世纪 90 年代可看作社会公众对分子生物学认识的开始。然而，对分子生物学真正的认识开始于半个世纪前，当 Watson 和 Crick 提出脱氧核糖核酸（DNA）的结构时（表 1-1）。这一发现过程充满故事性，1868 年，瑞士医生米舍（F. Miescher）从沾染绷带的脓中分离出了白细胞，在白细胞的细胞核中发现了一种能在弱酸性溶液中析出而在弱碱性溶液中溶解的白色丝状物质，并将其命名为核蛋白或核素（nuclein）。这种核素物质后来被证明是普遍存在于生物中的遗传物质，即现在人们熟知的 DNA 分子。1953 年，沃森和克里克阐明了它的结构为双螺旋结构。

表 1-1　分子生物学领域 1928～1953 年最著名的研究进展

年份	人物	事件
1928	格里菲思（F. Griffith）	推断热灭活的致病菌株中释放出一种遗传物质，可以导致非致病菌向致病菌转化
1929	列文（P. A. Levene）	确定了核酸有两种，分别是核糖核酸与脱氧核糖核酸，并提出"四核苷酸学说"，认为 DNA 是由等量的各种碱基所组成的四连环
1938	辛格（R. Singer），卡斯佩松（T. Caspersson），阿马尔施丹（E. Hammarstein）	测得 DNA 分子的相对分子质量是 50 万～100 万，暗示 DNA 分子为多聚核苷酸结构
1941	比德尔（G. W. Beadle），塔特姆（E. L. Tatum）	提出"一个基因一个酶"假说
1944	埃弗里（O. T. Avery），麦克劳德（C. MacLeod），麦卡蒂（M. McCarty）	通过肺炎双球菌的体外实验，证明使细菌性状发生转化的因子是 DNA，而不是蛋白质
1948	旺德雷利（R. Vendrely），旺德雷利（C. Vendrely），博伊文（A. Boivin）	发现不同的生物体细胞中的 DNA 含量都是其配子中的 2 倍
1950	夏格夫（E. Chargaff）	发现 DNA 的"当量规律"，嘌呤的总含量和嘧啶的总含量相等
1952	赫尔希（A. Hershey），蔡斯（M. Chase）	通过同位素标记的 T_2 噬菌体增殖实验，证实 DNA 是遗传物质
1952	威尔金斯（M. Wilkins），富兰克林（R. Franklin）	利用 X 射线衍射技术揭示 B 型 DNA 结构
1953	沃森（J. D. Watson），克里克（F. H. C. Crick）	推演出 DNA 双螺旋结构模型

现在普遍认为，分子生物学是在分子水平上研究生命现象的科学，通过研究生物大分子（核酸、蛋白质）的结构、功能和生物合成等方面来阐明各种生命现象的本质。

1.1.2　分子生物学的发展

自 20 世纪 50 年代以来，分子生物学是现代生物学的前沿和生长点。生物大分子，特别是蛋白质和核酸结构、功能的研究，是分子生物学的基础。分子生物学产生初始，一方面以化学或物理为主，着重研究生物大分子的结构，尤其是蛋白质的三维结构或构象，另一方面以生物学为主，研究生物信息的传递和复制。后来，两者合并，并与其他学科日益融合，逐渐形成了分子生物学。

1912 年，英国物理学家布拉格父子（W. H. Bragg 和 W. L. Bragg）提出布拉格定律（Bragg law），即 X 射线在晶体上衍射的理论解释。1913 年，W. H. Bragg 制成了第一台 X 射线摄谱仪。他们父子利用这台仪器测定了金刚石、水晶等几种简单晶体的结构，研究出晶体结构分析的方法，并成功测定了蛋白质的结构。

1928 年，英国微生物学家格里菲思（F. Griffith）利用肺炎双球菌感染小白鼠，观察小白鼠的变化。肺炎双球菌有多种株系，其中光滑型（smooth，S 型）菌株产生荚膜、有毒，在小鼠体内导致败血症并使小鼠患病死亡；粗糙型（rough，R 型）菌株不产生荚膜、无毒，在动物体内不导致病害。Griffith 将活的、无毒的 R 型肺炎双球菌或加热杀死的有毒的 S 型肺炎双球菌注入小白鼠体内，小白鼠不表现出病症；将活的、有毒的 S 型肺炎双球菌或将经加热杀死的有毒的 S 型肺炎双球菌和少量无毒、活的 R 型肺炎双球菌混合后分别注射到小白鼠体内，小白鼠患病死亡，并从小白鼠体内分离出活的 S 型菌。Griffith 将这一现象称为转化（transform）。S 型死菌体内有一种物质能引起 R 型活菌转化产生 S 型菌，这种转化物质被称为转化因子（transforming factor）。但这种转换因子是什么？Griffith 并未做出回答。这就是著名的肺炎双球菌体内转化实验。

1929 年，俄国医生、化学家列文（P. A. Levene）确定了核酸有两种，一种是脱氧核糖核酸（DNA），另一种是核糖核酸（RNA）。分析出 DNA 含有 4 种碱基和磷酸基团，并提出四核苷酸学说（tetranucleotide hypothesis），4 个互不相同的核苷酸连接构成四核苷酸，四核苷酸连接组成 DNA 分子，认为 DNA 是由等量的各种碱基［腺嘌呤（A）、鸟嘌呤（G）、胸腺嘧啶（T）、胞嘧啶（C）］组成的四连环。

1934 年，卡斯佩松（T. Caspersson）用过滤的方法得到核酸分子，推测核酸是比蛋白质还要大的大分子。1938 年，辛格（R. Singer）和其合作者 Caspersson 得到了相对分子质量为 50 万、分子质量为 100Da 的 DNA 分子，从而排除了 DNA 是一个小分子的观点。

1941 年，比德尔（G. W. Beadle）和塔特姆（E. L. Tatum）提出“一个基因一个酶”假说，首次将蛋白质与基因联系在一起，来说明基因和酶之间的精确关系。也就是说，基因决定酶的结构，且一个基因仅决定一个酶的结构，但当时基因的本质并不清楚。

1944 年，埃弗里（O. T. Avery）、麦克劳德（C. MacLeod）与麦卡蒂（M. McCarty）通过肺炎双球菌的体外转化实验终于证明了 DNA 而非蛋白质，才是遗传信息的物质载体。从加热杀死的 S 型肺炎双球菌中提纯了可能作为转化因子的各种成分，并在离体条件下进行了转化实验。只有 S 型细菌的 DNA 分子才能将 R 型菌转化为 S 型菌，且 DNA 纯度越高，转化效率也越高。这表明 S 型菌株转移给 R 型菌株的是遗传因子。

1950 年，奥地利裔美国生物化学家夏格夫（E. Chargaff）在测定 DNA 的分子组成时，发现 DNA 中 4 种碱基的含量并不是等量的，几乎所有类型的 DNA，不管是来自哪种生物或组织细胞，其中腺嘌呤（A）与胸腺嘧啶（T）数量几乎完全一样，鸟嘌呤（G）与胞嘧啶（C）的数量也一样，即著名的“夏格夫法则”（Chargaff rule），也彻底否定了四核苷酸学说。

同年，米尔斯基（A. Mirsky）、里斯（H. Ris）、旺德雷利（R. Vendrely）和博伊文

（A. Boivin）发现不同生物配子细胞的细胞核中 DNA 数量是体细胞中的一半，平行减少了染色体的数量，这表明 DNA 很像是生物中的遗传物质。

1951 年，富兰克林（R. Franklin）发现了 DNA 的两种形态，将较长、较细的 DNA 纤维称为 A 型；将较短、较粗的 DNA 分子称为 B 型。

1952 年，赫尔希（A. Hershey）和蔡斯（M. Chase）通过噬菌体标记实验，发现在噬菌体感染细菌细胞过程中，是 DNA 而非任何蛋白质进入细菌细胞，并且可以从后代病毒颗粒中回收到该种物质。其明确了噬菌体 DNA 将信息带入细胞，从而产生与亲代噬菌体遗传性完全一致的子代噬菌体。噬菌体标记实验证明噬菌体的 DNA 是决定遗传性的物质。Franklin 与戈斯林（R. Gosling）经过长时间的研究，获得一张 B 型 DNA 晶体的 X 射线衍射照片，即"照片 51 号"，被誉为"几乎是有史以来最美的一张 X 射线照片"。在医学研究委员会（Medical Research Council，MRC）任职时，Franklin 说明了 A 型 DNA 的对称性，也指出了磷酸根之间的距离及在 DNA 上的位置。同年 11 月，化学家保林（L. C. Pauling）认为 DNA 外侧为碱基，内侧为磷酸的三股螺旋。

1953 年，受 Franklin 的 DNA 晶体 X 射线衍射照片的启发，英国剑桥大学卡文迪许实验室的 Watson 和 Crick 在英国 *Nature* 杂志上发表了一篇划时代的论文，向世界宣告发现了 DNA 的双螺旋结构，从而开启了现代分子生物学时代。双螺旋结构显示出 DNA 分子在细胞分裂时能够以自我复制的方式将核苷酸序列中的信息完整地传递给子代分子，解释了生物体要繁衍后代，物种要保持稳定，细胞内必须具有维持遗传稳定性的机制。DNA 双螺旋结构也为人们提供了对 DNA 分子进行人工操作的结构基础，成为 20 世纪最伟大的科学发现之一，被誉为"分子生物学第二大基石"。

1954 年，盖莫（G. Gamow）根据 DNA 的 4 种核苷酸，为 20 种最常见的氨基酸进行编码，建立了数学模型，基于氨基酸出现在蛋白质中的频率进行分类，提出三个核苷酸一组为 20 个氨基酸编码的概念，形成了遗传密码学说（genetic codon hypothesis）。

1955 年，美国分子生物学家本泽（S. Benzer）以噬菌体为材料，在分子水平上研究基因内部的精细结构，提出顺反子（cistron）概念。Benzer 认为顺反子就是基因，把基因具体成一段 DNA 序列，将基因的概念从摩尔根的"三位一体"发展为"一位一体"。

1957 年，Crick 提出了序列假说（sequence hypothesis）和中心法则（central dogma）。Crick 在他的研究中，介绍了遗传信息的概念，认为信息只是"序列信息单元的确定"，蛋白质中氨基酸序列和核酸中碱基序列之间的联系称为"信息流动"。一维的 DNA 序列和三维蛋白质结构之间存在某些信息使蛋白质能够折叠，最可能的假设是"折叠只是氨基酸顺序的函数"，即序列假说（sequence hypothesis）。中心法则描述了遗传信息从基因到蛋白质结构的流动。蛋白质合成依赖于核酸，一旦遗传信息进入蛋白质，就不能改变氨基酸顺序了。

1958 年，梅塞尔森（M. Meselson）与斯塔尔（F. Stahl）通过同位素标记实验，利用 CsCl 密度梯度离心，否定了全保留复制机制（conservative replication），论证了 DNA 的半保留复制（semiconservative replication）方式，细胞中两条 DNA 链中有一条来自上一代 DNA 双螺旋的其中一条链。

1959 年，科恩伯格（A. Kornberg）将酶定义为"由一条或多条氨基酸链组成的大分子蛋白质"，并和他的同事成功地从大肠杆菌提取液中分离出 DNA 聚合酶（DNA polymerase），发现 DNA 链不仅能自发组成，而且可以用一种 DNA 聚合酶来催化合成。

1961 年，尼伦伯格（M. Nirenberg）和马特伊（J. H. Matthaei）表明核苷酸序列可以编码特定的氨基酸，当将多尿苷酸（poly U）加到大肠杆菌无细胞翻译系统中后，一种仅由苯丙氨酸组成的多肽即多聚苯丙氨酸被合成，意味着一个密码子为 UUU 密码子，从而为破译遗传密码奠定了基础。

同年，法国科学家雅各布（F. Jacob）和莫诺（J. L. Monod）在阐明大肠杆菌利用乳糖进行代谢的过程中，提出了一种负调控的乳糖操纵子（operon）模型。该操纵子模型的建立是分子生物学发展史上的一座重要里程碑，解释了原核生物基因是如何控制基因表达的，被誉为"分子生物学第三大基石"。

1977 年，美国分子生物学家罗伯茨（R. J. Roberts）和夏普（P. A. Sharp）在对腺病毒基因进行研究时发现，基因是不连续的，被一些不相关的 DNA 片段隔开，从而提出了"断裂基因"（split gene）的概念。

2001 年，人类基因组序列草图公布，这是人类基因组计划（human genome project，HGP）跨国、跨学科的里程碑式成果。HGP 的目的是测定人类基因组包含的 30 亿碱基对序列，绘制人类基因组图谱，并对人类基因在染色体上的位置进行标注，破译人类自身的遗传信息。2005 年，人类基因组计划的测序工作已经完成。

在分子生物学的发展过程中，体内和体外相结合的研究方法推动了现代生物学的发展，并取得重大进展。对生物中突变现象的研究是遗传学和现代分子生物学发展的重要驱动力。分子生物学中研究的重大突破往往伴随着技术的进步。同时，在过去 150 年里，生物学研究取得的进展都是在进化的框架内发展起来的。

1.2　DNA 双螺旋与中心法则

1.2.1　DNA 双螺旋

1953 年，Watson 和 Crick 提出的 DNA 双螺旋结构模型（图 1-1），开启了分子生物学时代，使得生命现象的研究深入分子层面。

这个模型是在 X 射线衍射分析结果的基础上提出的，X 射线衍射照片由莫里斯·威尔金斯（Maurice Wilkins）实验室的富兰克林（R. Franklin）完成。到目前为止，Franklin 当时拍摄的照片仍然被认为是有史以来最漂亮的 X 射线晶体衍射照片之一。1951 年，Franklin 最初拿到了 A 型 DNA 晶体的 X 射线衍射图。在此基础上，Watson 和 Crick 开始尝试排列 DNA 的螺旋结构，当时他们认为 DNA 的结构是三股螺旋，并不是现在熟知的二股螺旋。1952 年，Franklin 获得一张 B 型 DNA 晶体的 X 射线衍射照片（图 1-2）。根据对照片的分析结果，Franklin 提出 DNA 具有对称性，即翻转 180°之后还是一样。Crick 认为 DNA 分子不是三股而应该是方向相反的两股螺旋。

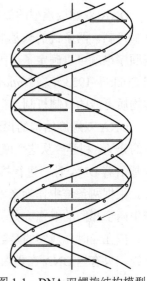

图 1-1　DNA 双螺旋结构模型（Watson and Crick，1953）

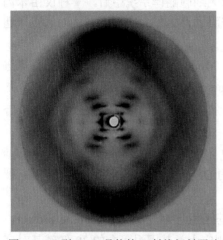

图 1-2　B 型 DNA 晶体的 X 射线衍射照片
(Franklin and Gosling, 1953)

当然，当时的其他科学发现为提出的 DNA 结构模型提供了必要的背景和基础。1951 年，保林（L. C. Pauling）将 X 射线衍射方法引入蛋白质结构测定中，提出蛋白质中的肽链在空间呈螺旋形排列，就是最早的 α 螺旋结构模型（α-helix structure model）。受 L. C. Pauling 影响，Watson 和 Crick 认为 DNA 结构应该为双螺旋，而不是之前认为的三股螺旋。1952 年，夏格夫（E. Chargaff）测定出 DNA 中 4 种碱基的含量，对列文（P. A. Levene）提出的 4 种核苷酸关系假说进行反驳，DNA 分子中，4 种碱基并不是原来认为的 1∶1∶1∶1 的关系，而是腺嘌呤（A）与胸腺嘧啶（T）数量对等，鸟嘌呤（G）与胞嘧啶（C）数量对等。Watson 和 Crick 在此基础上，形成了腺嘌呤（A）与胸腺嘧啶 T 配对、鸟嘌呤（G）与胞嘧啶（C）配对的概念。

在上述研究基础上，Watson 和 Crick 不仅确认了 DNA 具有螺旋结构，而且分析出了 DNA 的螺旋参数。根据 Franklin 的研究结果，他们认为磷酸根在螺旋的外侧构成两条多核苷酸链的骨架，方向相反；碱基在螺旋内侧，两两对应。

DNA 双螺旋结构模型（DNA double helix structure model）中，两条带状代表 DNA 分子两条链的糖磷酸骨干链，每条链都遵循着右手螺旋。中间的水平杆状结构表示氢键碱基对，每个碱基对位于垂直于垂直轴的平面上。4 种不同的 DNA 碱基——腺嘌呤（A）、胞嘧啶（C）、鸟嘌呤（G）、胸腺嘧啶（T）由不同的颜色表示。Watson-Crick 结构的一个关键特征是碱基的配对遵循特定的模式，腺嘌呤特异性与胸腺嘧啶配对，鸟嘌呤特异性与胞嘧啶配对，反之亦然。

DNA 双螺旋模型的提出，不仅探明了 DNA 分子的结构，更重要的是还暗示着 DNA 的复制机制，两条链的碱基彼此配对互补，只要确定了其中一条链的碱基顺序，另一条链的碱基顺序也就可以确定了。因此，只需以其中的一条链为模板，即可合成出另一条链。Watson 和 Crick 于 1953 年在 *Nature* 发表的论文中写道："我们所假设的碱基特定配对原则暗示着遗传物质可能的复制机制。"

DNA 双螺旋结构的揭示标志着基础分子生物学的开始。DNA 不再仅仅被认为是一个简单的分子。科学家从这个模型中可以清晰地看到 DNA 含有足够的信息，可作为遗传物质。4 种碱基沿着 DNA 骨架进行排列的不同序列可以编码区分一个生物体与另一个生物体的所有信息。根据两条链中作为亲本链（原始）的一条链，就可以获得一条新合成的互补子链，以此产生两个相同的双螺旋分子。

但在当时，遗憾的是当 Watson 和 Crick 提出 DNA 双螺旋结构后，并没有引起科学界的重视。只有当 DNA 在蛋白质合成中的作用被揭示时，生物化学研究者才对 DNA 生物结构产生了浓厚的兴趣。

1.2.2　中心法则

1. 中心法则的提出

DNA 分子是生物机体的遗传物质，这点已得到科学界的共识。每条染色体都是单个 DNA 分子，而基因是一段特殊的 DNA 序列。一些病毒中含有的遗传物质不是 DNA，而是 RNA 分子。那么生物有机体的基因型和表型之间存在怎样的关系呢？直到 20 世纪 40 年代才确定了蛋白质在决定生物表型中的作用。

1902 年，英国医生加罗德（S. A. Garrod）在对人类常见的先天代谢病——黑尿病的研究中，初步形成基因和酶之间存在关系的想法，他正确认识到黑尿病患者是由一个酶的失常造成的，认为基因通过控制酶其他蛋白质的合成来控制细胞代谢，一个基因的缺陷引起一种酶的变化进而产生一种遗传性状。但遗憾的是，Garrod 的工作在当时并没有得到认可。

在 1941 年，比德尔（G. W. Beadle）和塔特姆（E. L. Tatum）报道了链孢霉中生化反应遗传控制的研究成果后，对各种生化突变型对基因的作用也进行了研究，结果显示基因和酶之间存在着一对一的对应关系。Beadle 在 1941 年总结了他们的研究结果，从而提出一个基因一个酶（one gene one enzyme）假说，认为一个基因仅仅参与一个酶的生成，并决定该酶的特异性和影响表型。这个假说首次将蛋白质与基因联系在一起。以后的研究表明，不止链孢霉，细菌和酵母菌等各种生物的生化突变都会引起特定酶的缺损，从而导致特定的代谢反应阻滞，进一步证明了该假说的正确性。但是有些酶是由不同的多肽链特异地聚合起来才会呈现有活性，也有一个基因所决定的同样多肽链是两种或两种以上不同酶的组成成分。此外，有的基因能决定具有两种或两种以上作用的酶，也有几个基因所决定的多肽链通过聚合才能发挥作用。

但 DNA 分子基因中的信息是如何转变成蛋白质的呢？早在 1947 年，法国科学家博伊文（A. Boivin）和旺德雷利（R. Vendrely）就讨论了 DNA、RNA 与蛋白质之间可能的信息传递关系。哈默林（J. Hammerling）与布拉谢（J. Brachet）分别发现伞藻和海胆卵细胞在除去细胞核之后，仍进行一段时间的蛋白质合成，说明细胞质可以进行蛋白质的合成。1955 年，Brachet 在用洋葱根尖和变形虫为材料进行实验时发现，如果用核糖核酸酶（RNA 酶）分解细胞中的 RNA，蛋白质合成就会停止。如果再加入从酵母中抽提的 RNA，蛋白质合成一定程度上会恢复。同年，戈尔茨坦（L. Goldstein）和普劳特（W. Plaut）观察到放射性标记的 RNA 可以从细胞核转移到细胞质。1954 年，罗马尼亚裔美籍生物学家帕拉德（G. E. Palade）与波特（K. R. Porter）发现内质网上附有 150~200Å 的小颗粒，随后将其命名为核糖核蛋白体，简称核糖体（ribosome）。但直到 1957 年，核糖体还仅被认为是微粒体，其功能和组成并不确定。

基因如何产生蛋白质？这种遗传信息的流动在 1957 年被 Crick 描述为分子生物学中的中心法则。Crick 多年一直考虑 DNA、RNA 和蛋白质之间的关系。他的实验数据表明，RNA 是 DNA 和蛋白质之间的某种中间体。在他 1953 年的文章中虽然提出了"遗传信息"（genetic information）的概念，但并没有赋予其内涵。1957 年，Crick 定义了遗传信息，概念化了基因和蛋白质之间的联系，即"信息流动"（information flow）。

Crick 认为，在中心法则中，一旦基因中的遗传信息传递到蛋白质，就不会再流动。这里的信息是指氨基酸残基或其相关的其他序列的顺序。在这个法则中，Crick 认为存在 4 种信息传递：DNA→DNA、DNA→RNA（蛋白质合成的第一步）、RNA→蛋白质（蛋白质合成的第二步）和 RNA→RNA。Crick 认为虽然另外两个流动过程 DNA→蛋白质（意味着 RNA 不参与蛋白质合成）和 RNA→DNA（结构上可能但是当时没有发现相关的生物功能）可能存在，但在当时缺乏相应的证据。

Crick 选择"法则"（dogma）这个词，并不是让人们盲目相信真正的中心假设。根据贾德森（H. Judson）在他的《第八天创造》一书中的说法："法则仅仅是一个没有合理证据的想法"，是因为 Crick 在他的脑海中有这样的想法。Crick 告诉 Judson："我只是不知道法则意味着什么……法则也许仅仅是一个阶段。"后来，Crick 认为对信息流动更准确的描述应该是"基本假设"。

中心法则的提出用以表示生命遗传信息的流动方向或传递规律。由于当时对转录、翻译、遗传密码、肽链折叠等都还了解得不多，在那时中心法则带有一定的假设性质。随着生物遗传规律的进一步探索，中心法则也逐步得到完善和证实。

2. 中心法则的发展

1955 年，科恩伯格（A. Kornberg）通过研究发现了大肠杆菌中的 DNA 聚合酶，首次分离到了核酸合成相关的酶分子。同年，霍格兰（M. Hoagland）发现无细胞体系中没有 ATP 参与就不会有任何反应发生，氨基酸在酶的催化下可以被 ATP 活化，证明氨基酸参与蛋白质合成，并需要预先活化。同时，Hoagland 等将标记了 ^{14}C 的 ATP、微粒体和肝细胞提取液可溶性的部分共同保温后，发现其中的 RNA 分子也被标记了，而且被标记的 RNA 不是核糖体上的大 RNA 分子，而是可溶性部分的小 RNA 分子。每个小 RNA 分子能同一特定的氨基酸结合，而不能和别的氨基酸结合。

同年，Crick 提出了变性模板与适配子假说，预见到转运 RNA（transfer RNA，tRNA）的存在。Crick 在他的论文中提到："氨基酸可以在特殊酶的催化下将氨基酸通过化学键连接到一个小分子上，并且这个小分子具有一个特殊的氢键表面，可以用于识别核酸模板""它像电插头一样，将氨基酸带到核糖体进行蛋白质装配"，这个小分子被 Crick 称为适配子、连接子或衔接子（adaptor）。Crick 还认为，20 种氨基酸应由不同的适配子携带，这种分子不能太大，太大的分子不容易结合到模板上，很可能只有三个核苷酸，Crick 将这一概念与 Hoagland 等的发现联系起来，认为可溶性的小 RNA 分子就是适配子，即 tRNA。

1956 年，沃尔金（E. Volkin）与阿斯特拉汉（L. Astrachan）在观察大肠杆菌被噬菌体感染时发现，在细菌内检测到一种类似于原先噬菌体 DNA 的 RNA，被称为 DNA-like-RNA。1958 年，雅各布（F. Jacob）等研究遗传信息传递的机制时提出，DNA 作为模板，通过类似于自我复制的过程，转录出一种 RNA，这种 RNA 包含 DNA 中遗传信息的精确拷贝，也就是 DNA-like-RNA，将这种能把遗传信息从 DNA 传递到蛋白质的物质称为"信使"，即 mRNA（messenger RNA）。这个概念的提出极为重要，因为描述了先前缺失的、关于 DNA 指导蛋白质合成的部分环节，是功能细胞发挥作用的关键。1959 年，麦奎林（K. McQuillen）以大肠杆菌为材料证明了细胞质中的核糖体是蛋白质合成的场所。1960 年，布伦纳（S. Brenner）和 Jacob 用放射性同位素标记实验，通过提取细菌核糖体，检测到其中含有噬菌体的 mRNA，验证了 mRNA 的存在，这是人类首次发现 mRNA。

1954 年，美国天体物理学家盖莫（G. Gamow）提出了三联体密码假设，即每种氨基酸都有一个由三个核苷酸组成的密码，并提出有 64 个密码的推论。1957 年，S. Brenner 根据已知的氨基酸顺序确定三联密码是不重叠的。1958 年，巴基斯坦裔美国生物化学家霍拉纳（H. G. Khorana）开始用化学的方法合成 64 种可能的遗传密码，并测试它们的活性。1961 年，

Brenner 与 Crick 的研究结果表明，氨基酸的密码子由三个连续的碱基组成。美国生物化学家尼伦伯格（M. Nirenberg）确定 UUU 是苯丙氨酸的密码子，这是第一个被确定的氨基酸的密码子，随后又揭示出 CCC 是脯氨酸的密码子。同年，Crick、巴雷特（L. Barrett）和 Brenner 等证实了遗传密码为三联密码。Nirenberg 和马太（J. H. Matthei）通过无细胞系统，初步破译了 AAA、UUU、GGG 和 CCC 四个密码子。冯·埃伦施泰因（G. von Ehrenstein）和李普曼（F. Lipmann）证明了遗传密码的普遍性。1963 年，研究人员确定了 20 种氨基酸的遗传密码。1964～1965 年，Nirenberg 等通过三联体结合试验，破译了全部有义密码子。1965 年，魏格特（M. G. Weigert）和加伦（A. Garen）发现了终止密码子 UAG 和 UAA。霍拉纳（H. G. Khorana）通过合成重复共聚物破译了有义密码子。1966 年，经过 Khorana 等多位科学家的努力，在前面研究的基础上，破译出了其他氨基酸的遗传密码，至此组成蛋白质 20 种氨基酸的全部遗传密码被确定了。

原则上，最初的中心法则到现在仍然适用（图 1-3）。简单来说，中心法则就是 DNA 编码 RNA、RNA 编码蛋白质的过程。现在已经知道，许多基因编码的 RNA 分子，并不起信使 RNA（messenger RNA，mRNA）的作用，因为它们不会被翻译成蛋白质。一些功能性 RNA 分子，如 microRNA，将会在本书中涉及。此外，在某些情况下，遗传信息也会从 RNA 转变成 DNA 分子。然后，RNA 可以直接复制成 RNA。病毒中包含着 RNA 基因组，这些基因组在复制过程中可以经历没有 DNA 的复制阶段。

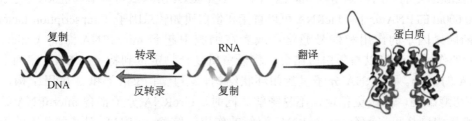

图 1-3 遗传信息传递的中心法则（Allison，2015）
深灰色箭头表示此过程发生在所有细胞，浅灰色箭头表示此过程仅发生在部分细胞

在中心法则中，每一个遗传信息传递的过程都被赋予了一个特定的名称。从原始 DNA（original DNA）或亲本 DNA 精确复制 DNA 的过程称为复制（replication）；从双链 DNA 产生出与一条 DNA 序列相同的单链 RNA 的过程称为转录（transcription），转录一词的使用是因为遗传信息被重写或被转录（transcribed），但不论是 DNA 复制还是 RNA 转录使用的都是核苷酸分子。将 RNA 核苷酸序列转化成蛋白质氨基酸序列的过程称为翻译（translation），这个术语表示 RNA 核苷酸中的信息被翻译（translated）成另一种信息，即氨基酸。

中心法则是现代生物学中最重要、最基本的规律之一，在探索生命现象的本质及普遍规律方面起了巨大的作用，极大地推动了现代生物学的发展，是现代生物学的理论基石，并为生物学基础理论的统一指明了方向，在生命科学发展过程中占有重要地位。

虽然早期的中心法则中，没有排除遗传信息从 RNA 到 DNA 的逆向传递，但当时许多分子生物学家认为自然界的生物体似乎并不需要这种逆向传递，而且一旦揭示出这种逆向传递，就会动摇中心法则。反转录酶（reverse transcriptase）的发现，使得人们确定遗传信息并不一定从 DNA 单向流向 RNA，RNA 携带的遗传信息同样可以流向 DNA，但 DNA 和 RNA 中的遗传信息只可单向流向蛋白质。反转录（reverse transcription）或逆转录是由单链 RNA 产生单链 DNA 的过程，这个过程往往被反转录病毒用于复制它们的基因组及复制真核生物染色体的末端。1970 年，美国分子病毒学家巴尔的摩（D. Baltimore）、特曼（H. M. Temin）和水谷（S. Mizutani）各自独立地从鸡肉瘤病毒中发现了 RNA 反转录酶，又称依赖 RNA 的 DNA 聚合酶（RNA-dependent DNA polymerase），该酶可催化以单链 RNA 为模板生成双链 DNA 的反应，揭示了生物信息传递中存在着由 RNA 到 DNA 的过程，发展和完善了中心法则。

修正后的中心法则表示为：遗传信息从 DNA 传递给 RNA，再从 RNA 传递给蛋白质，即完成遗传信息的转录和翻译的过程。也可以从 DNA 传递给 DNA，即完成 DNA 的复制过程。这是所有有细胞结构的生物所遵循的法则。某些病毒中的 RNA 可以自我复制，某些病毒能以 RNA 为模板反转录成 DNA 分子。

随后，一些功能性小 RNA（small RNA，sRNA）的发现，进一步扩展了中心法则。在中心法则中，由 DNA 产生信使 RNA（mRNA），信使 RNA（mRNA）再翻译成蛋白质。但越来越多的证据表明，一部分 DNA 转录生成的 mRNA 前体分子（pre-mRNA）并非翻译成蛋白质，相反，这些 RNA 可以调节其他基因的表达。这些由 DNA 片段直接转录生成的 RNA 为非编码 RNA。目前发现的非编码 RNA 主要包括 microRNA、长链非编码 RNA（lncRNA）、环状 RNA（circRNA）及核仁小 RNA（snoRNA）等。microRNA 是一类 21~23nt 的小 RNA，其前体大概为 70~100nt，形成标准的茎环结构（stem-loop），加工后成为 21~23nt 的单链 RNA。microRNA 的作用机制是与 mRNA 互补，让 mRNA 沉默或者降解。lncRNA 是长度在 200~100 000nt 的 RNA 分子。lncRNA 可以直接和蛋白质如转录因子（transcription factor）结合，阻断转录因子的作用和信号通路；或者在细胞中起到 microRNA 海绵（microRNA sponge）的作用；还可以与蛋白质结合，将蛋白质复合物定位到特定的 DNA 序列上，调节 mRNA 的翻译。circRNA 分子呈封闭环状结构，不具有 5′帽子和 3′尾巴结构，不受 RNA 外切酶影响，表达更稳定，不易降解。同时，circRNA 分子富含 microRNA 结合位点，在细胞中同样可以起到 microRNA 海绵的作用，解除 miRNA 对其靶基因的抑制作用，升高靶基因的表达水平。

传统的中心法则已经不能完整地概括基因遗传规律，解释所有的生命现象。随着非编码 RNA 不断被发现，更好地探测、认识其功能已势在必行。相信在不久的将来，中心法则将能更完善地诠释生命的神奇。

在分子生物学基本原理的基础上，本书也介绍了分子生物学基础知识在生物学领域中的应用。例如，重组 DNA 技术在包括医学、农业、法医学等许多方面的应用。

1.3　分子生物学展望

分子生物学在其快速发展的过程中，大大推动了其他学科的快速发展，如细胞生物学、神经生物学、发育生物学、进化生物学、结构生物学、遗传学、生物化学等。

在分子生物学研究手段和技术快速发展的基础上，遗传学一些规律在分子水平上得到了比较合理的解释，越来越多的遗传学原理得到证实，一些经典遗传学无法解决的问题和无法破译的奥秘也相继被破解，分子遗传学（molecular genetics）已逐渐成为一门重要的分支学科，成为人类了解、阐明和改造自然界的重要武器。

利用飞速发展的分子生物学技术，膜内外信号转导、离子通道的分子结构、功能特性、运转方式被重新认识和了解，从而推动了细胞生物学（cell biology）的快速发展。

分类和进化研究是生物学中较为古老的研究领域，由于核酸研究技术的进步，研究者可从已灭绝的化石中通过提取极微量的 DNA 分子，研究分析物种的演化过程，确立已灭绝物种在进化树中的确切地位，纠正和弥补分类学的空白和不足，分类学研究已从传统的研究角度上升到分子水平。

大量研究表明，非编码 RNA 在动植物个体发育过程中发挥着举足轻重的作用，这些分子在细胞发育中机制的揭示将为发育生物学（developmental biology）带来一场革命。

分子生物学的发展解释了生命本质的高度有序性和一致性，是人类认识生命现象的重大飞跃。生命活动的一致性，将决定未来的生物学是真正的系统生物学（systems biology），是所有生物学分支学科在分子水平上的统一。

思 考 题

1. 通过学习分子生物学的发展简史，你有什么感悟？
2. 分子生物学未来的发展趋势将会如何？

第 2 章

遗传物质 DNA

本章彩图

19 世纪 60 年代，奥地利生物学家孟德尔（G. J. Mendel）通过豌豆的杂交实验，提出了遗传单位是遗传因子（hereditary factor，现代遗传学称为基因）的论点，并揭示了遗传学的两大基本定律：遗传因子的分离定律（law of segregation）和自由组合定律（law of independent assortment）。随后在 1903 年，美国遗传学家萨顿（W. S. Sutton）和德国实验胚胎学家博韦里（T. Boveri）各自在动植物生殖细胞的减数分裂过程中发现了染色体行为与遗传因子行为之间的平行关系，认为孟德尔所设想的遗传因子就在染色体上，这就是所谓的萨顿-博韦里假说。

1909 年，丹麦遗传学家约翰森（W. L. Johannsen）在《精密遗传学原理》一书中正式提出"基因"（gene）的概念，来替代孟德尔所说的"遗传因子"。1910 年，美国进化生物学家摩尔根（T. H. Morgan），通过果蝇红眼和白眼性状的研究证明了"控制眼色的基因位于性染色体上"，第一次将代表某一特定性状的基因同某一特定的染色体联系了起来，并提出了"染色体遗传理论"。同时他还发现了遗传学的第三大定律：基因连锁和交换定律（law of gene linkage and exchange）。此后，在 1926 年，摩尔根发表了巨著《基因论》，首次完成了对基因概念的描述，揭示了基因是组成染色体的遗传单位，提出基因能控制遗传性状的发育，同时也是突变、重组、交换的基本单位。至此，人们对基因概念的理解更加具体和丰富，基因学说也由此诞生。到 20 世纪中叶，科学家发现染色体主要是由蛋白质和 DNA 组成的，那么真正的遗传物质究竟是什么呢？

2.1　证明遗传物质的经典实验

现代遗传学认为，一种物质能成为生物的遗传物质，必须同时满足以下几个条件：①能携带巨大的遗传信息；②贮存的遗传信息能在亲代与子代之间准确传递；③在细胞的生长和繁殖过程中能保证遗传信息准确复制；④能指导蛋白质的合成，从而控制新陈代谢和生物的性状；⑤结构稳定且能在后代之间传递可遗传的变异。

科学家在寻找并确认满足以上条件的遗传物质过程中，格里菲思（F. Griffith）、埃弗里（O. T. Avery）的肺炎双球菌转化实验，赫尔希（A. Hershey）与蔡斯（M. Chase）的噬菌体侵染细菌实验具有里程碑式的意义。

2.1.1　经典转化实验

1928 年，英国微生物学家格里菲思（F. Griffith）以小鼠为实验材料，探究了肺炎双球菌（pneumococcus）如何使人患得肺炎。在他的实验中，他使用光滑型（S 型）和粗糙型（R 型）两种类型的肺炎双球菌去感染小鼠（图 2-1）。其中，S 型细菌有多糖类的荚膜，菌落表面光滑（smooth），能够抵抗机体自身的防御系统，可以使人患肺炎或使小鼠患败血症，具有毒性。另一种 R 型细菌没有多糖类的荚膜，菌落表面粗糙（rough），致病能力很弱，一般不引起感染，表现出无毒性。

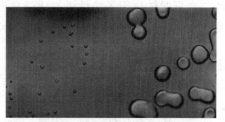

图 2-1　肺炎双球菌（韦弗，2010）
左：粗糙型（R 型）；右：光滑型（S 型）

通过几组实验发现了一个令人惊奇的结果（图 2-2），当非致病型肺炎双球菌（R 型）与热灭活的致病型肺炎双球菌（S 型）混合注射到小鼠体内后，通常认为这两种状态的肺炎双球菌都不具备感染致病能力，但发现实验小鼠居然被感染了。经过解剖发现，被感染小鼠的血液中含有大量的 S 型细菌。Griffith 认为，加热杀死的 S 型细菌中，含有某种促使 R 型细菌转化为 S 型细菌的"转化因子"，获得了产生荚膜的能力，形成致病型菌株。这表明热灭活的 S 型菌株中可能释放出了遗传物质，但这个遗传物质是什么，当时还不能确定。

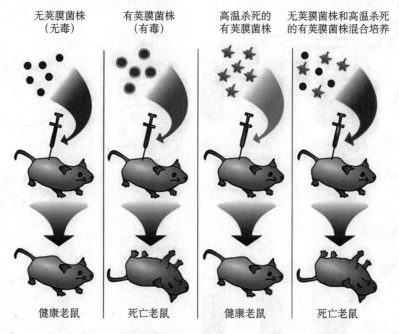

图 2-2　肺炎双球菌转化实验（韦弗，2010）

2.1.2　肺炎双球菌的体外转化实验

继 Griffith 转化实验之后，科学家一直想确定完成转化的究竟是哪种物质？自 1953 年起，美国微生物学家埃弗里（O. T. Avery）和他的同事麦克劳德（C. MacLeod）、麦卡蒂

（M. McCarty）便开始对加热杀死的 S 型细菌进行无细胞抽提液分离纯化，依次除去各种杂质，得到纯化的转化因子，并且证实纯化的转化因子仍然具有类型特异的、可遗传的转化活性。之后对转化因子特性进行化学分析，排除了转化因子是蛋白质、多糖及脂肪的可能性，并证实有活性的遗传物质是 DNA，DNA 才是促使肺炎双球菌发生遗传转化的关键。

2.1.3　噬菌体侵染细菌实验

尽管 Avery 等的实验已经证实了 DNA 是遗传物质，但当时人们依然倾向于结果复杂多样的蛋白质才是遗传物质，因此，Avery 的转化实验在当时并没有得到承认。直到 1952 年，美国细菌学家赫尔希（A. Hershey）和他的学生蔡斯（M. Chase）分别用 ^{35}S 标记噬菌体 T_2 的蛋白质，用 ^{32}P 标记噬菌体 T_2 的 DNA，并使其侵染没有放射性同位素标记的宿主菌，其实验的过程如图 2-3 所示。实验结果显示，被 ^{35}S 标记的噬菌体所感染的宿主菌细胞内检测不到 ^{35}S，而大多数 ^{35}S 出现在宿主菌细胞的外面，这意味着，^{35}S 标记的噬菌体蛋白质外壳在感染宿主菌细胞后，并未进入宿主菌细胞内部，而是留在细胞外面。此外，被 ^{32}P 标记的噬菌体感染宿主细胞后，测定宿主菌的同位素，发现 ^{32}P 主要集中在宿主菌细胞内，所有噬菌体感染宿主细胞时进入细胞内的主要是 DNA。这个实验几乎无可争议地证明了遗传物质的化学本质是 DNA。

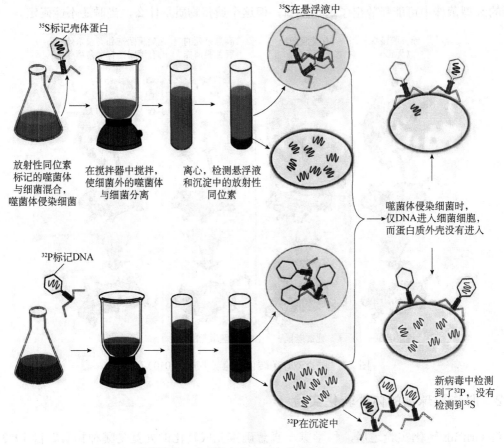

图 2-3　放射性标记噬菌体侵染大肠杆菌实验（Allison，2015）

此后，研究者还发现，有些病毒，如烟草花叶病毒、流感病毒、脊髓灰质炎病毒等，体内不含有 DNA，只含有蛋白质和 RNA。研究人员从烟草花叶病毒中提取出的蛋白质，不能使烟草感染病毒，但是从这些病毒中提取出的 RNA 却能使烟草感染病毒。在这些病毒中，RNA 才是遗传物质。然而，除了少数的 RNA 病毒，几乎所有生物的遗传物质是 DNA，据此得出结论，生物机体中 DNA 是主要的遗传物质。

2.2　DNA 的分子结构

核酸的发现距今已有 100 多年的历史。早在 1868 年，瑞士医生米舍（F. Miescher）就对绷带上收集起来的脓血细胞进行提纯分析，发现其白细胞核中含有一种富含磷和氮的物质，将其命名为"核素"（nuclein）。1872 年，研究人员从鲑鱼的精子细胞核中发现了大量类似的酸性物质，随后在多种组织细胞中也发现了这类物质，鉴于它们均是从细胞核中提取出来的，而且都具有很强的酸性特征，因此在核素发现 21 年后的 1889 年，德国病理学家阿尔特曼（R. Altmann）正式将这种物质命名为"核酸"（nucleic acid）。至此人们开始对核酸进行了一系列卓有成效的研究。

2.2.1　核酸的基本单位——核苷酸

20 世纪初，德国生理学家科塞尔（A. Kossel）与他的学生琼斯（W. Johnew）和列文（P. A. Levene）解析了核酸的基本化学组成。核酸是由核苷酸为基本单位组成的大分子物质（图 2-4）。一个核苷酸分子由一分子含氮的碱基、一分子戊糖和一分子磷酸组成。其中，含氮碱基分为嘌呤（purine，Pu）和嘧啶（pyrimidine，Py）两类。图 2-5 中嘌呤环和嘧啶环中各原子的编号是目前国际上普遍采用的统一编号。嘌呤为

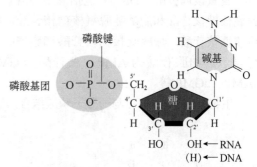

图 2-4　核苷酸结构示意图（布朗，2009）

双环结构，包括腺嘌呤（adenine，A）和鸟嘌呤（guanine，G），嘧啶为六元杂环结构，主要包括胞嘧啶（cytosine，C）、胸腺嘧啶（thymine，T）和尿嘧啶（uracil，U）。根据戊糖环 C-2 位置所连羟基或氢原子的差异，可分为核糖与脱氧核糖两类，由此也将核酸分为核糖核酸（ribonucleic acid，RNA）和脱氧核糖核酸（deoxyribonucleic acid，DNA）。此外，嘌呤环上的 N-9 或嘧啶环上的 N-1 与戊糖环 C-1 位置所连的羟基形成糖苷键，使得一分子碱基和一分子戊糖组成核苷酸中的核苷结构。而核苷可通过戊糖环的 C-5 位置与磷酸基团相连，构成 5'-核苷酸。生物体内的游离核苷酸多为 5'-核苷酸，所以通常将核苷-5'一磷酸简称为核苷一磷酸或核苷酸（图 2-6）。

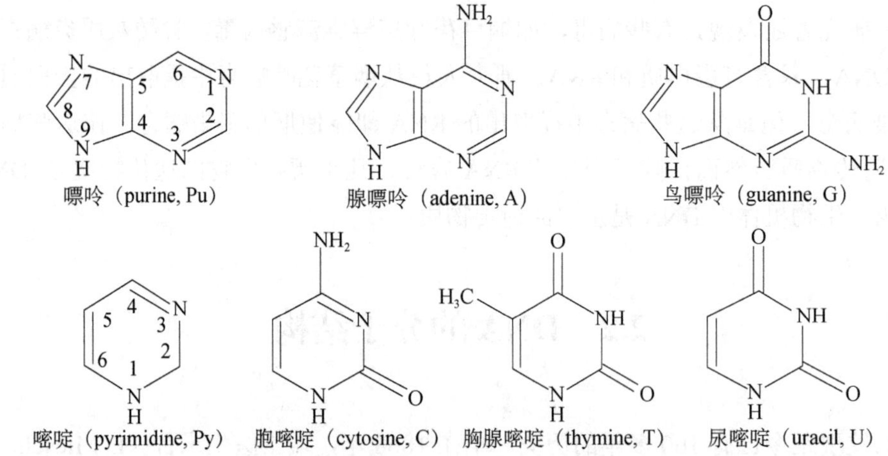

嘌呤（purine, Pu）　　腺嘌呤（adenine, A）　　鸟嘌呤（guanine, G）

嘧啶（pyrimidine, Py）　胞嘧啶（cytosine, C）　胸腺嘧啶（thymine, T）　尿嘧啶（uracil, U）

图 2-5　含氮碱基结构示意图（韦弗，2010）

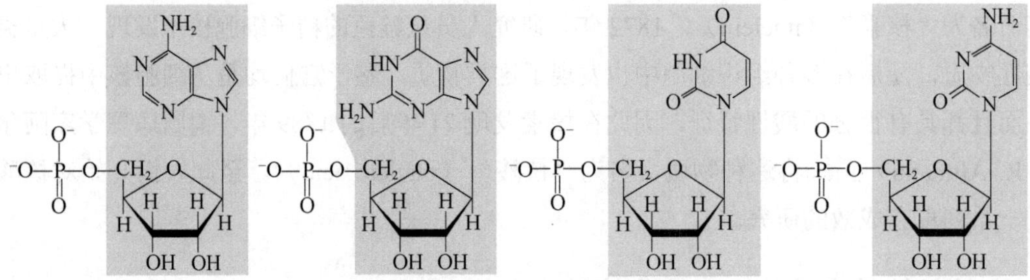

图 2-6　核苷酸结构示意图（杨金水，2019）

　　脱氧核糖核酸（DNA）包括腺嘌呤脱氧核糖核苷酸、鸟嘌呤脱氧核糖核苷酸、胸腺嘧啶脱氧核糖核苷酸和胞嘧啶脱氧核糖核苷酸。核糖核酸（RNA）包括腺嘌呤核糖核苷酸、鸟嘌呤核糖核苷酸、尿嘧啶核糖核苷酸和胞嘧啶核糖核苷酸。各种核苷酸在文献中通常用英文缩写表示，如腺苷酸为 AMP，鸟苷酸为 GMP。脱氧核苷酸则在英文缩写前加字母 d，如 dAMP、dGMP 等。

　　生物体内的AMP可与一分子磷酸结合，生成腺苷二磷酸（ADP），ADP再与一分子磷酸结合，生成腺苷三磷酸（adenosine triphosphate，ATP）（图 2-7）。其他单核苷酸也可以产生相应的二磷酸或三磷酸化合物。各种核苷三磷酸（ATP、GTP、CTP、UTP）是体内 RNA 合成的直接原料，各种脱氧核苷三磷酸（dATP、dGTP、dCTP、dTTP）是DNA合成的直接原料。同时，核苷三磷酸化合物在生物体的能量代谢中也起着重要的作用。例如，在所有生物系统化学能的转化和利用中普遍起作用的是 ATP。UTP 参与糖的互相转化与合成，CTP 参与磷脂的合成，GTP 参与蛋白质和嘌呤的合成等。

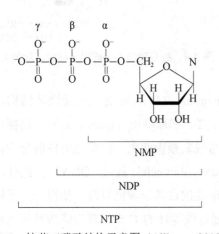

图 2-7　核苷三磷酸结构示意图（Allison，2015）

　　某些类型的 DNA 含有比较少见的特殊碱基（图 2-8），称稀有碱基（minor base）。例如，小麦胚 DNA 含有较多的 5-甲基胞嘧啶，在某些噬菌体（细菌病毒）中含有 5-羟甲基胞嘧啶。稀有碱基是主要的碱基经过化学修饰生成的，因此也可称作修饰碱基（modified base）。在一些核酸中还存在少量的其他修饰碱基，如次黄嘌呤、二氢尿嘧啶、5-甲基尿嘧啶（胸腺嘧啶）、4-硫尿嘧啶等。tRNA 中的修饰碱基种类较多，含量不等，某些 tRNA 中的修饰碱基可达碱基总量的 10%或更多。此外，修饰碱基常常扮演信号转导信使分子、营养因子、辅酶等角色，并对核酸结构的稳定性起着重要作用。

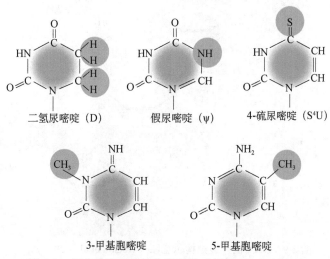

二氢尿嘧啶（D）　　　　假尿嘧啶（ψ）　　　　4-硫尿嘧啶（S⁴U）

3-甲基胞嘧啶　　　　5-甲基胞嘧啶

图 2-8　部分修饰碱基结构示意图（Alerts et al., 2002）

　　绝大多数活细胞中均同时含有 DNA 和 RNA，而病毒大多数情况下只含有 DNA 或 RNA 的一种。对于真核生物而言，DNA 主要存在于细胞核中的染色体上，RNA 主要存在于细胞质中，有少部分在核内。此外，原核生物含有较小的质粒 DNA，真核生物的线粒体、叶绿体等细胞器也含有较小的 DNA，细胞器 DNA 约占真核生物 DNA 总量的 5%。

2.2.2　DNA 的一级结构

【微课】
DNA 的分子结构

　　现已知 DNA 分子的一级结构为没有分支的多核苷酸长链多聚物，链中每个核苷酸的 3'-羟基和相邻核苷酸戊糖上的 5'-磷酸相连，它们的连接键是 3',5'-磷酸二酯键（3',5'-phosphodiester bond）（图 2-9）。同时，由相间排列的戊糖和磷酸构成核酸大分子的主链，而代表其特性的碱基则可以看成有次序地连接在其主链上的侧链基团。由于同一条链中所有核苷酸间的磷酸二酯键有相同的走向，因此 DNA 链有特殊的方向性，即每条线性核酸链都有一个 5'端和一个 3'端。

　　用简写式表示核酸的一级结构时，用 p 表示磷酸基团，当它放在核苷符号的左侧时，表示磷酸与糖环的 5'-羟基结合，在右侧时表示与 3'-羟基结合，如 pApCpGpU。在表示核酸酶的水解部位时，常用这种简写式。pApCp↓GpU 表示水解后 C 的 3'-羟基连有磷酸基，G 的 5'-羟基是游离的。而 pApC↓pGpU 则表示水解后 C 的 3'-羟基是游离的，G 的 5'-羟基连有磷酸基。在不需要标明核酸酶的水解部位时，上述简写式中的 p 也可省去，用连字符代替，如 pA-C-G-U，或将连字符也省去，写成 pACGU。

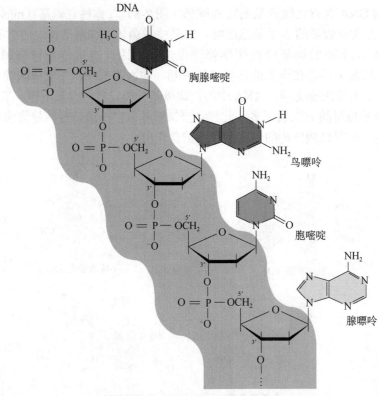

图 2-9　DNA 的一级结构示意图（Watson et al., 2013）

　　DNA 分子中的磷酸二酯键、脱氧核糖环中 C—C 之间、脱氧核糖与磷酸之间，以及脱氧核糖与碱基之间相连的键都属于共价键，共价键具有较高的键能，除了强酸和高温，其他环境均不能破坏它们。因此，DNA 分子中共价键赋予了 DNA 一级结构较强的稳定性。同时，DNA 分子中每个戊糖的 C-2′原子位上没有自由羟基，使其对碱性环境有较强的抵抗力，即使在 pH 为 11.5 时，其一级结构几乎也没有什么变化。这也是 DNA 作为细胞主要遗传物质且保持极其稳定性质的重要原因之一。

　　DNA 一级结构中展现了脱氧核糖核苷酸在 DNA 长链上的排列顺序与长度，即遗传信息，因此，可以说 DNA 的一级结构决定了遗传信息的种类和数量。核酸的序列测定开展得较晚，20 世纪 70 年代中期出现了快速测定 DNA 序列的新方法。1977 年，桑格（Sanger）测定了 ΦX174 单链 DNA 5386bp 的全序列。随后序列测定方法不断改进，现在 DNA 序列测定已走向自动化，包括人类在内的几十个物种的 DNA 全序列测定已经完成。

2.2.3　DNA 的二级结构

　　19 世纪 40 年代后期，随着纸层析法、紫外线吸收光谱定量分析等微量分析手段的发展，有关核酸化学结构的精确定量分析研究进入了一个新的时期。奥地利裔美国生物化学家夏格夫（E. Chargaff）精确测定并分析了多种生物的碱基组成，经过研究发现 DNA 大分子中嘌呤和嘧啶的总分子数量相等，其中腺嘌呤（A）与胸腺嘧啶（T）数量相等，鸟嘌呤（G）与胞嘧啶（C）数量相等（表 2-1）。后来又有研究人员证明 A 和 T 之间可以生成两个氢键，C 和 G 之间可以生成三个氢键，说明 DNA 分子中的碱基 A 与 T、G 与 C 是配对存在的，这为探索 DNA 分子结构提供了重要的线索和依据。

表 2-1 不同生物细胞内 4 种碱基含量的测定（Allison，2015）

物种	腺嘌呤/鸟嘌呤	胸腺嘧啶/胞嘧啶	腺嘌呤/胸腺嘧啶	鸟嘌呤/胞嘧啶	嘌呤/嘧啶
公牛（ox）	1.29	1.43	1.04	1.00	1.10
人类（human）	1.56	1.75	1.00	1.00	1.00
母鸡（hen）	1.45	1.29	1.06	0.91	0.99
鲑鱼（salmon）	1.43	1.43	1.02	1.02	1.02
小麦（wheat）	1.22	1.18	1.00	0.97	0.99
酵母（yeast）	1.67	1.92	1.03	1.20	1.00
流感嗜血菌（*Hemophilus influenzae*）	1.74	1.54	1.07	0.91	1.00
大肠杆菌 K-12 菌株（*Escherichia coli* K-12）	1.05	0.95	1.09	0.99	1.00
禽类结核杆菌（*Mycobacterium avian*）	0.40	0.40	1.09	1.08	1.10
粘质沙雷氏菌（*Serratia marcescens*）	0.70	0.70	0.95	0.86	0.90
芽孢杆菌属（*Bacillus*）	0.70	0.60	1.12	0.89	1.00

英国物理化学家与晶体学家富兰克林（R. Franklin）与英国分子生物学家威尔金斯（M. Wilkins）率先采用 X 射线衍射技术分析 DNA 晶体结构，并于 1952 年 5 月获得了一张非常清晰的 B 型 DNA 晶体的 X 射线衍射照片（照片 51 号）（图 1-2）。同时，他们通过研究发现不同来源的 DNA 纤维具有相似的 X 射线衍射图谱，而且延长轴有 0.34nm 和 3.4nm 两个重要的周期性变化，说明 DNA 可能有共同的空间结构。X 射线衍射数据说明，DNA 含有两条或两条以上具有螺旋结构的多核苷酸链。基于上述重要的实验数据，美国生物学家 Watson 和英国生物学家 Crick 于 1953 年，推算出 DNA 双螺旋分子模型，核酸的研究从此成了生命科学中最活跃的领域之一（图 2-10）。目前已证实，大多数天然 DNA 属于双链 DNA（double-stranded DNA，dsDNA），某些病毒如 ΦX174 和 M13 的 DNA 为单链 DNA（single-stranded DNA，ssDNA）。

1. DNA 双螺旋结构的特点

（1）DNA 分子由两条链组成，这两条链按反向平行方式盘旋成双螺旋结构。

（2）DNA 分子中的脱氧核糖和磷酸交替连接，排列在外侧，构成亲水性骨架。

（3）DNA 分子中疏水性的碱基位于双螺旋的内侧，它们以垂直于螺旋轴的取向通过糖苷键与主链糖基相连。同一平面的碱基在两条主链间形成碱基对。碱基总是遵循 A 与 T 和 G 与 C 互补配对原则。碱基对以氢键维系，A 与 T 之间形成两个氢键，G 与 C 之间形成三个氢键（图 2-11）。

（4）由相邻碱基对杂环电子云共享形成 π—π 键导致的碱基堆积力、碱基对间的氢键及疏水作用力是 DNA 双螺旋结构保持稳定的主要原因。

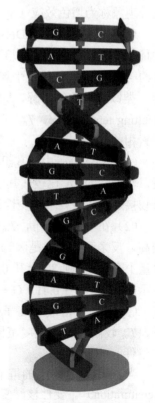

图 2-10 DNA 双螺旋结构模型
（艾伯茨等，2002）

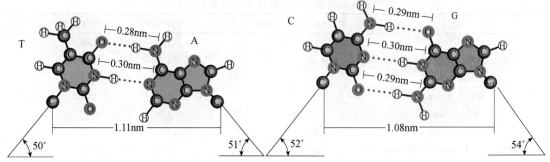

图 2-11　DNA 中的碱基配对结构示意图（Watson et al.，2013）

2. DNA 双链的变性与复性

但值得注意的是，由于 DNA 双螺旋的两条链之间是通过非共价键结合在一起的，容易受某些因素［如加热，极端的 pH，有机试剂（如甲醇、乙醇、尿素及甲酰胺）等］影响而使双螺旋碱基对的氢键断裂，碱基间的堆积力遭到破坏，双链变成单链，使核酸的天然构象和性质发生改变，但不涉及其一级结构的改变，这样的变化称为 DNA 的变性（denaturation）。

一般而言，正常的 DNA 分子中嘌呤环和嘧啶环的共轭体系强烈吸收 260～290nm 波段的紫外线，其最高的吸收峰接近 260nm。但是若受变性的影响，DNA 双螺旋解开会使碱基外露，碱基中电子的相互作用更有利于紫外吸收，因此，其紫外吸收值通常增加 30%～40%，这种现象称为增色效应（hyperchromic effect）。

现在，人们常通过 DNA 溶液的紫外吸收光度变化来监测 DNA 的变性过程。加热 DNA 的稀盐溶液，达到一定温度后，260nm 的吸光度骤然增加，表明两条链开始分开，吸光度增加约 40% 后，变化趋于平坦，说明两条链已完全分开。这表明 DNA 的热变性是一个突变过程，类似结晶体的熔解，因此将紫外吸收的增加量达最大增量一半时的温度称为熔解温度（melting temperature，T_m）（图 2-12）。T_m 是 DNA 的一个重要特征常数，其大小主要与下列因素相关。

（1）DNA 分子中碱基组成的均一性。例如，人工合成的只含有一种碱基对的多核苷酸片段，与天然 DNA 比较，其 T_m 范围较窄。因前者在变性时 DNA 链各部分的氢键断裂所需能量较接近，故所要求的变性温度更趋于一致。

（2）在一定条件下，T_m 的高低由 DNA 分子中的 G-C 含量所决定。G-C 含量高时，T_m 比较高，反之则低。这是因为 G-C 之间的氢键较 A-T 多，解链时需要较多的能量。若 G-C 的含量上升 1%，则 T_m 上升 0.41℃。T_m 和 G-C 的含量可用马默-多蒂（Marmur-Doty）关系式表示：$T_m = 69.3 + 0.41 (G + C)\%$，或 $GC\% = (T_m - 69.3) \times 2.44$。

（3）DNA 溶液中离子强度低时，T_m 较低，而且熔解温度范围较宽；离子强度较高时，T_m 较高，熔解温度范围较窄。因此，在表示某一来源 DNA 的 T_m 时，必须指出其测定条件。

当然，变性核酸的互补链在适当条件下可重新缔合成双螺旋，这一过程称为复性（renaturation）。变性核酸复性时需缓慢冷却，故又称退火（annealing）。复性后，核酸的紫外吸收降低，这种现象称为减色效应（hypochromic effect）。此外，核酸溶液的其他性质也恢复为变性前的状态。一般影响复性速度的因素如下。

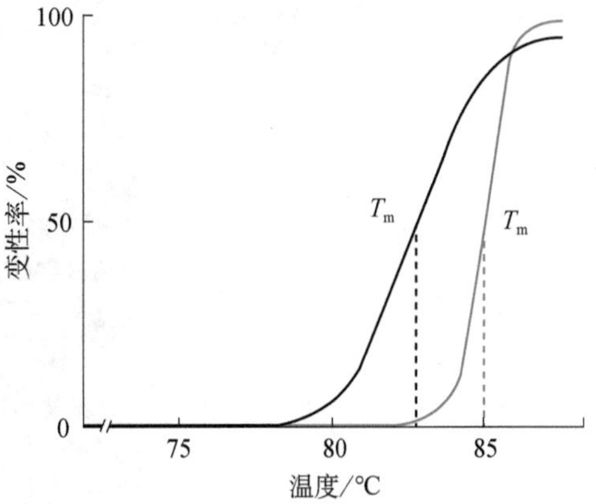

1）复性的温度　　复性时单链以较高的速度随机碰撞，才能形成碱基配对。若只形成局部碱基配对，在较高的温度下，两条链会重新分离，经过多次试探性碰撞，才能形成正确的互补区。所以，核酸复性时温度不宜过低，$T_m - 25℃$ 是较合适的复性温度。

2）单链片段浓度　　单链片段浓度越高，随机碰撞频率就越高，复性速度也就越快。

3）单链片段长度　　单链片段越大，扩散速度越慢，链间错配的概率也越高，因而复性速度也越慢。

图 2-12　核酸的热变性和 T_m（杨建雄，2015）

4）单链片段的复杂度　　在片段大小相似的情况下，片段内重复序列的重复次数越多，或者说复杂度越小，越容易形成互补区，复性的速度就越快。

5）溶液的离子强度　　维持溶液一定的离子强度，消除磷酸基负电荷造成的斥力，可加快复性速度。

3. DNA 结构类型

此外，受 DNA 序列、高级结构扭曲程度与方向、碱基上的化学修饰及溶液状态等因素的影响，DNA 的构象都是动态变化的，目前已辨识出来的构象包括 A-DNA、B-DNA、C-DNA、D-DNA、E-DNA、H-DNA、L-DNA、P-DNA 与 Z-DNA。不过以现有的生物系统来说，自然界中可见的只有 A-DNA、B-DNA 与 Z-DNA（图 2-13）。沃森和克里克阐明的是 B-DNA 晶体的结构模型（图 2-14），是大多数 DNA 在细胞内存在的构象形式，其结构特征如下。

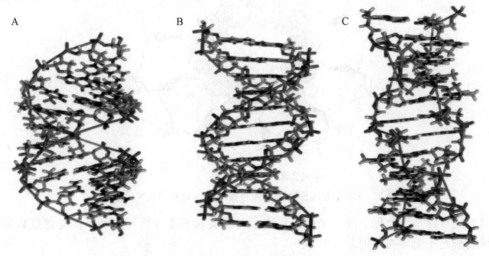

图 2-13　三种不同构象的 DNA（Allison，2015）
A. A-DNA；B. B-DNA；C. Z-DNA

（1）DNA 双螺旋是由两条走向相反的互补脱氧多核苷酸链组成的右手螺旋，螺旋的外侧是磷酸和脱氧核糖间隔排列连接成的亲水主链，内侧是疏水的 A-T、G-C 由氢键彼此相连的碱基对（图 2-15）。

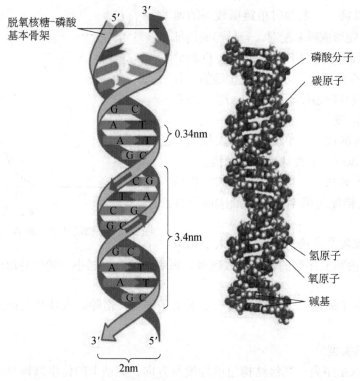

图 2-14   B-DNA 晶体的结构模型（冯作化和药立波，2015）

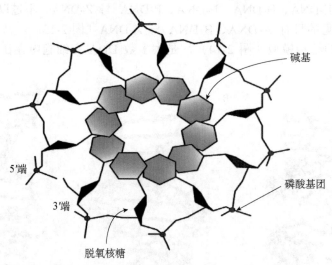

图 2-15   DNA 双螺旋结构的俯视图（冯作化和药立波，2015）

（2）成对碱基大致处于同一平面，该平面与螺旋轴基本垂直。糖环平面与螺旋轴基本平行，磷酸基连在糖环的外侧。

（3）DNA 双螺旋直径为 2nm，螺旋周期包含 10 对碱基，每个碱基的旋转角度为 36°，螺距为 3.4nm，相邻碱基对平面的间距为 0.34nm。

（4）由于连接于两条主链糖基上的配对碱基并非直接相对，从而在主链间沿螺旋形成凹陷不同的大沟和小沟。其中，大沟位于相毗邻的双股之间，小沟位于双螺旋的互补链之间。

（5）DNA 分子上沟的特征在遗传信息表达过程中起关键作用。多数调控蛋白都是通过其分子上特定的氨基酸侧链与沟中的碱基对形成氢键，或者通过疏水作用等与 DNA 相互作用。B-DNA 分子中大沟所带的信息比小沟多，故大沟是调控蛋白识别 DNA 的主要场所。

富兰克林系统地研究了湿度对 DNA 分子晶格衍射的影响，发现湿度较高时，DNA 被水分子包围，分子间相互作用力小，密度也较小。当湿度从 90% 降至 75% 时，DNA 分子密度变大，晶格由 B 型变为 A 型结构，与 B 型相比，A 型结构也是右手螺旋，但螺旋分子直径变粗，长度变短，而且由于碱基对倾斜角度偏向螺旋分子边缘，引起大沟变窄、变深，小沟变宽、变浅。A-DNA 形态与双链 RNA 及 DNA-RNA 杂合体在溶液中的构象极其相似，由此推测，A-DNA 可能是 DNA 进行转录时的特殊形态。

1979 年，麻省理工学院里奇（A. Rich）等研究人员对人工合成的嘌呤与嘧啶交替排列的寡聚 DNA[d（CGCGCG）]晶体进行了 X 射线衍射分析（分辨率是 0.09nm），通过研究发现此片段中糖-磷酸主链形成锯齿形（zig-zag）的左手螺旋，与 B-DNA 的右手螺旋形态有明显差别，将其命名为 Z-DNA（Z form DNA）。Z-DNA 螺旋细长而伸展，直径约 1.8nm，每圈螺旋含 12 个碱基对。由于 Z-DNA 带负电荷的磷酸根间距离太近，且密度较高，会产生较强的静电斥力，因此，Z-DNA 在热力学上是不稳定的，它的存在就成为潜在的解链位点，从而有利于进行 DNA 复制和转录的解螺旋环节。

此外，Z-DNA 中碱基对偏离中心轴，靠近螺旋外侧，螺旋的表面只有小沟而没有大沟，且小沟狭而深，能够引起调控蛋白识别方式的改变。Rich 等还发现用荧光化合物所标记的 Z-DNA 特异性抗体与果蝇唾液腺染色体的许多部位结合，在鼠类和各种植物的完整细胞核等自然体系中也找到了含有 Z-DNA 的区域。这说明在天然 DNA 中确有 Z-DNA，且其执行着某种细胞功能。模拟接近生理条件的盐浓度时，甲基化的 d（GC）$_n$ 可以从 B 型结构转变为 Z 型结构。现已知当双螺旋 DNA 处于高度甲基化的状态时，基因表达一般受到抑制，反之则得到加强，这说明 B-DNA 与 Z-DNA 的相互转换可能和基因表达的调控有关。

2.2.4 DNA 的高级结构

【微课】
DNA 的高级结构

细菌的染色体 DNA、某些病毒的 DNA、细菌质粒、真核生物的线粒体和叶绿体的 DNA 为双链环状 DNA。在生物体内，双链环状 DNA（double-stranded circular DNA，dcDNA）可进一步扭曲成超螺旋 DNA（supercoiled DNA），这种结构还可被称为共价闭环 DNA（covalently closed circular DNA，cccDNA）。实际上，超螺旋 DNA 结构具有更为高级致密的构象，它是 DNA 双螺旋进一步扭曲盘绕而形成的特殊复杂的空间结构，可以将很长的 DNA 分子压缩在一个较小的体积内，也增加了 DNA 的稳定性（图 2-16）。

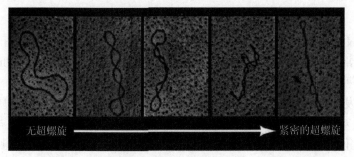

图 2-16　双链环状 DNA 超螺旋结构的电子显微镜图（韦弗，2008；2010）

通常，在 DNA 双螺旋结构中，每一圈完整的螺旋长约 10bp 时，DNA 双螺旋处于能量最低状态。若正常 DNA 双螺旋额外地多转或少转几圈，使每一圈的核苷酸数目大于或小于 10bp，就会出现双螺旋空间结构的改变，在 DNA 分子中产生额外张力。若此时双螺旋的末端是自由的，则通过链的转动可释放这种额外的张力，从而保持原来稳定的双螺旋结构。若此时双螺旋的末端是固定的或是环状分子，双链由于不能自由转动，额外的张力不能释放，导致 DNA 分子内部原子空位置的重排，造成扭曲，出现超螺旋。

由于超螺旋 DNA 的密度较大，在离心场和凝胶电泳中的移动速度较线性 DNA 快。若超螺旋 DNA 的一条链断裂，分子将释放扭曲张力，形成松弛环状 DNA（relaxed circular DNA），也称为开环 DNA（open circular DNA，ocDNA）。开环 DNA 在离心场和凝胶电泳中的移动速度较线性 DNA 慢。若超螺旋 DNA 的两条链均断裂，就会转化为线性 DNA（linear DNA）。

超螺旋也是有方向性的，它总是向着抵消初级螺旋改变的方向发展，因此有正超螺旋与负超螺旋之分。一般来说，两股以右旋方向缠绕的螺旋，在外力驱使下向缠紧的方向捻转时，会产生一个左旋的超螺旋，以解除外力捻转造成的胁迫，这样形成的螺旋为正超螺旋；两股以右旋方向缠绕的螺旋，在外力驱使下向松缠的方向捻转时，会产生一个右旋的超螺旋，以解除外力捻转造成的胁迫，这样形成的超螺旋为负超螺旋。

1969 年建立的 White 公式 $L=T+W$，可对超螺旋进行定量描述，以说明环绕数和超螺旋的关系。其中，L 为连接数（linking number），指双链 DNA 的交叉数，当不发生 DNA 链断裂时，L 为定值；T 为盘绕数（twisting number），指双链 DNA 的缠绕数或初级螺旋圈数；W 为超螺旋数（writhing number），指直观上双螺旋在空间的转动数。W 为负值时为负超螺旋（negative supercoil），W 为正值时为正超螺旋（positive supercoil）。

原核生物 DNA 多为环状结构，且在自然状态下以负超螺旋的形式存在（图 2-17），大约 20 个双螺旋有 1 个超螺旋，使得 DNA 被压缩在微小的（0.5μm）类核中，也使得 DNA 的不同部位有不同程度相对独立的超螺旋，这有利于基因复制与表达的调控。

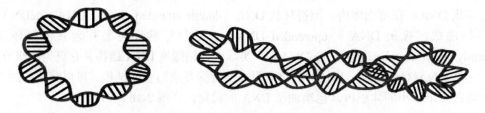

图 2-17　环状及超螺旋 DNA 结构示意图（Allison，2015）

真核生物 DNA 被逐级有序地组装成高级结构存在于细胞核内，且具有高度致密和动态变化的特征。通常在细胞周期的大部分时间里，DNA 以松散的染色质（chromatin）形式存在，在细胞分裂期，则形成高度致密的染色体（chromosome）结构。

最初，人们发现真核生物染色质 DNA 的 T_m 比自由 DNA 高，说明染色质中 DNA 极可能与蛋白质分子相互作用。通过化学分析发现，染色质由 DNA、组蛋白、非组蛋白及少量 RNA 组成，且比例为 1∶1∶（1~1.5）∶0.05。可见 DNA 与组蛋白的含量比较恒定，非组蛋白的含量变化较大，RNA 含量最少。

组蛋白（histone protein）为染色体内与 DNA 结合，且富含精氨酸和赖氨酸的碱性蛋白质，因所含碱性氨基酸的成分和分子质量不同，通过聚丙烯酰胺凝胶电泳可分为 H1、H2A、H2B、H3 和 H4 5 种。其中，4 种组蛋白（H2A、H2B、H3、H4）是已知蛋白质中进化最保守的，没有种属和组织特异性。即使亲缘关系较远的种属中，它们的氨基酸序列也非常相似。例如，海胆组织与小牛胸腺的 H3 氨基酸序列间只有一个氨基酸的差异，小牛胸腺与豌豆的 H3 氨基酸序列间也只有 4 个氨基酸的不同。人类和豌豆的 H4 氨基酸序列只有两个氨基酸的差异，人类和酵母的 H4 氨基酸序列也只有 8 个氨基酸的不同。相反，不同生物的 H1 氨基酸序列变化较大，有一定的种属和组织特异性。在某些组织中，H1 被特殊的组蛋白所取代。例如，两栖类、鱼类和鸟类的红细胞中 H1 被 H5 所取代，精细胞中则由精蛋白代替组蛋白。此外，组蛋白可受到如甲基化、乙酰化、磷酸化、聚 ADP 核糖酰化及泛素化等类型的修饰，从而参与染色质结构的变化及基因活性的控制。

染色体中除组蛋白以外的蛋白质成分称为非组蛋白（nonhistone protein）。由于非组蛋白主要与特异的 DNA 序列结合，也可被称为序列特异性 DNA 结合蛋白（sequence specific DNA binding protein，SDBP），大部分非组蛋白呈酸性，占染色质蛋白的 60%～70%，在不同组织细胞中，其种类和数量具有异质性，如 DNA 聚合酶、RNA 聚合酶、HMG 蛋白（高速泳动族蛋白）、染色体骨架蛋白、肌动蛋白和基因表达蛋白等，能协助完成多方面的重要功能，参与基因表达的调控和染色质高级结构的形成，启动 DNA 复制，控制基因转录，调节基因表达等。

早在 1956 年，科学家威尔金斯（M. Wilkins）和卢扎蒂（V. Luzzati）就利用 X 射线衍射技术对染色质进行了分析，发现染色质纤维丝中具有间隔为 10nm 的重复性结构（图 2-18）。随后在 1971～1974 年，研究人员借助葡萄球菌核酸酶、内源核酸酶、外源核酸酶处理染色质，结果显示一些区域对核酸酶较敏感，而易消化的区域则比较均一。通过凝胶电泳技术证实了，消化后的 DNA 片段基本为 200bp 的倍数，如 205bp（单体）、405bp（二聚体）和 605bp（三聚体）等（图 2-19）。同时结合电镜观察结果，单体均为一个直径约 11nm 的颗粒，二聚体则是两个相连的颗粒，三聚体和四聚体分别由三个颗粒和四个颗粒组成，这表明 200bp 长度正好是电镜观察到的一个颗粒单位，称其为核小体（nucleosome）。染色质纤维丝实际上是由核小体重复单位构成的念珠状结构，核小体可以说是构成染色质的基本结构单位。

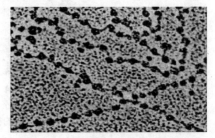

图 2-18　染色质的电子显微镜照片
（李瑶，2015）

每个核小体由 DNA 与组蛋白（histone）H1、H2A、H2B、H3 和 H4 组成。由于 H2A 与 H2B、H3 与 H4 的亲和力强，H3 和 H4 先形成异二聚体，两个异二聚体再形成四聚体，通过 C 端的疏水氨基酸再结合两个 H2A-H2B 异二聚体，生成组蛋白八聚体（histone octamer），146bp 双螺旋 DNA 盘绕组蛋白八聚体外 1.75 圈，共同构成核小体的核心颗粒（nucleosome core）（图 2-20）；一分子组蛋白 H1 在核心颗粒外结合额外的 20bp DNA，"封锁"核小体的进出端，形成染色小体（chromatosome）结构来稳定核小体结构；两个相邻核小体之间以连接 DNA（linker DNA）相连，不同组织、不同类型的细胞，以及同一细胞里染色体的不同区段中，连接 DNA 的长度变化不等，因不同的种属和组织而异，变化值为 0～80bp，通常是 60bp，因此每个核小体单位包括约 200bp DNA（图 2-21）。

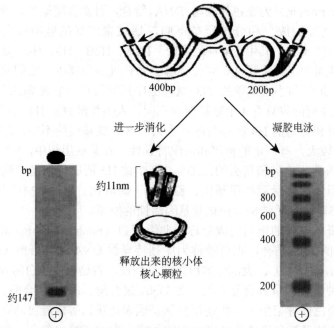

图 2-19　染色质的非特异性核酸酶酶解电泳图（Watson et al., 2013）

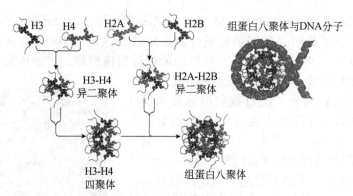

图 2-20　核小体的核心颗粒结构示意图（艾伯茨等，2002）

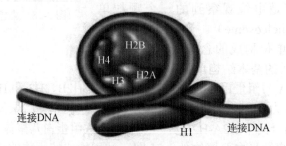

图 2-21　核小体结构示意图（杨建雄，2015）

以核小体为基本单位的染色质又是如何进一步完成组装的呢？

（1）由 DNA 与组蛋白组装成核小体，在组蛋白 H1 的介导下，核小体彼此连接形成直径约 11nm 的核小体念珠状结构，构成了连续的染色质 DNA 纤维丝，这是染色质组装的一级结构，此时，DNA 分子压缩为原先的近 1/7（图 2-22）。

图 2-22 核小体念珠状结构示意图（周春燕和药立波，2018）

（2）核小体念珠状结构以每圈 6 个核小体为单位盘绕螺旋形成外径约 30nm 的螺旋管结构，这是染色质组装的二级结构，此时，DNA 分子压缩为原先的近 1/6。

之后，染色质又是如何进一步组装成更高级的结构，目前有以下两种模型来解释。

1）多级螺旋化模型（图 2-23） 30nm 螺旋管进一步螺旋化，DNA 分子压缩为原先的 1/40，形成直径为 300～700nm 的圆筒状超螺旋管（super solenoid）结构，这是染色质组装的三级结构；之后，这种超螺旋管进一步螺旋折叠，DNA 分子继续压缩为原先的 1/5，形成 2～10μm 的染色单体，即染色质组装的四级结构。

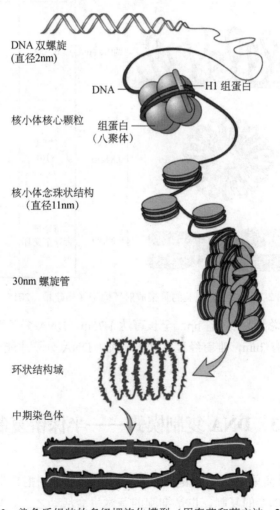

图 2-23 染色质组装的多级螺旋化模型（周春燕和药立波，2018）

2）骨架放射环模型（图 2-24）　　　外径约 30nm 的螺旋管在染色体骨架蛋白质上折叠成突环（loop）结构；每 18 个突环呈放射状平面排列，结合在骨架蛋白质上形成微带（miniband）结构；大约 10^6 个微带沿染色体支架纵轴排列形成染色体。

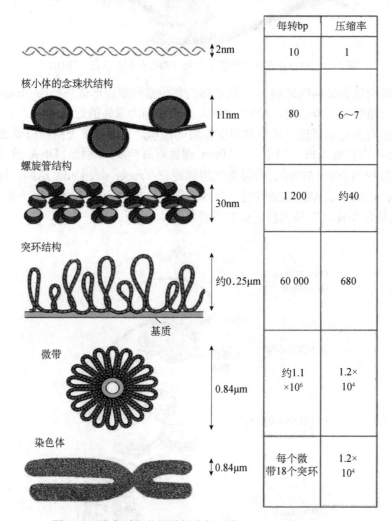

	每转bp	压缩率
	10	1
	80	6~7
	1 200	约40
	60 000	680
	约1.1 ×10^6	1.2× 10^4
	每个微带18个突环	1.2× 10^4

图 2-24　染色质组装的骨架放射环模型（杨建雄，2015）

人类基因组 DNA 总量为 30 亿 bp，全长可达 1.75m，DNA 分子平均长度在 4cm 以上，而 DNA 双螺旋直径只有 2nm，唯有经过这样的压缩，DNA 分子才能被装入狭小的细胞核空间里。

2.3　DNA 复制模式——半保留复制

所有的生物，从最简单的细菌到复杂的人类，都通过复制把自身的遗传物质传递给后代，这个过程起始于 DNA 的复制，也是细胞的基本生命活动之一。早期研究中，科学家提出了三种 DNA 复制模型假说（图 2-25）。

1）全保留复制模型（conservative replication model）　亲代 DNA 的两条母链分开，分别复制形成两条 DNA 子链，此后两条母链彼此结合，恢复原状，新合成的两条子链彼此互补结合形成一条新的双链 DNA 分子。

2）半保留复制模型（semiconservative replication model）　在复制过程中，亲代 DNA 的两条母链分开成为单独的链，每一条旧链作为模板再合成一条子链，这样在新合成的两个 DNA 分子中，每个分子中都有一条旧链和一条新链。

3）弥散复制模型（dispersive replication model）　亲代 DNA 双链被切成双链片段，并作为新合成双链片段的模板，新、旧双链以某种方式聚集成"杂种链"。

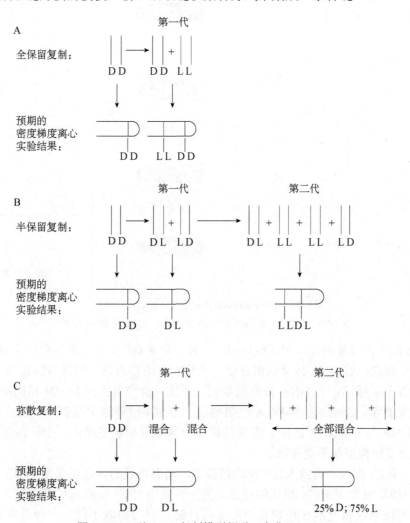

图 2-25　三种 DNA 复制模型假说（韦弗，2010）

1953 年，沃森和克里克建立了 DNA 双螺旋模型，为 DNA 半保留复制假说提供了结构上的证据。1958 年，美国科学家梅塞尔森（M. Meselson）和斯塔尔（F. Stahl）利用 DNA 同位素标记试验，证实了 DNA 的半保留复制机制。

Meselson-Stahl 实验（图 2-26）：大肠杆菌（*E. coli*）在含重同位素 ^{15}N 的培养基中培养约 15 代，使所有细菌新代的 DNA 双链都标记上 ^{15}N，此时提取 DNA 进行 CsCl 密度梯度离心应只有一条带位于离心管底部，紫外吸收光谱只出现一个大峰。然后将 *E. coli* 移至只含有

轻同位素 ^{14}N 的培养基中同步培养一代、两代，并分别提取 DNA 进行 CsCl 密度梯度离心，观察 DNA 的位置变化。

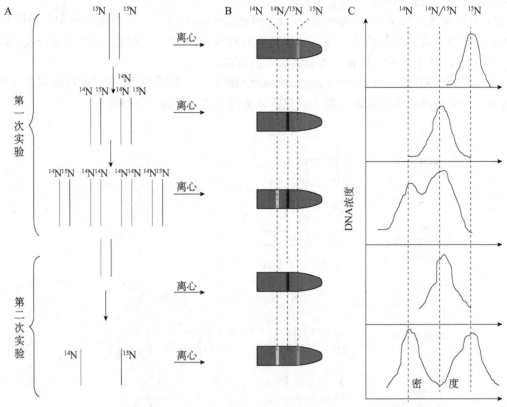

图 2-26　Meselson-Stahl 实验（Allison，2015）

A. DNA 复制结果；B. CsCl 密度梯度离心结果；C. 紫外吸收率结果

　　若 DNA 按半保留复制时，子代应只出现一种"杂种链"，由 ^{15}N 标记的亲本链和 ^{14}N 标记的子链互补而成；若 DNA 按全保留复制，子代应有两种双链，亲代双链皆由 ^{15}N 标记，新合成的链由 ^{14}N 标记；若 DNA 按弥散复制，子代只会产生 ^{14}N 和 ^{15}N 相同排列的一种双链。实验结果显示，当含有 ^{15}N-DNA 的细胞在 $^{14}NH_4Cl$ 培养液中培养一代后，只有一条区带介于 ^{14}N-DNA 与 ^{15}N-DNA 之间。这些结果与半保留复制模型相符。全保留复制模型可以排除，但弥散复制模型却不能排除。

　　将培养一代的 E. coli 再放入含 ^{14}N 的培养基，培养两代后，按半保留复制应有两种双螺旋 DNA，一种是由含 $^{14}N/^{14}N$ 组成的轻链，另一种是由 $^{14}N/^{15}N$ 组成的杂种链。这两种链的数量相等；若按全保留复制，预期也会产生两种链，但与前者不同，一种是完全由 $^{14}N/^{14}N$ 组成的双链，另一种是完全由 $^{15}N/^{15}N$ 组成的双链，且比例为 3∶1；若按弥散复制，第二代子链都是 $^{14}N/^{15}N$ 相间排列，且 ^{14}N 片段比例要多于 ^{15}N 片段，所以预期仅有一条带位于中上部。实验的结果显示，培养两代后，离心管中显示比例相等的两条区带，一条位于上部（$^{14}N/^{14}N$），另一条位于中部（$^{14}N/^{15}N$），紫外吸收也相应有两个峰，此结果完全符合半保留复制，而彻底排除弥散复制。结合第一步实验结果，证实了 DNA 半保留复制是完全正确的。

　　此外，梅塞尔森还将第一代的 $^{14}N/^{15}N$ 杂种链变性使双链分开，并将其分别进行 CsCl 密度梯度离心。实验结果显示，变性前杂种双链只有一种带，密度为 $1.717g/cm^3$，变性后两条单链的密度不同而呈现了两条带，一条为 ^{15}N 带（1.740g/cm³），另一条为 ^{14}N 带（1.725g/cm³）。若按弥散复制，变性前后都只有一条带。这一结果完全符合半保留复制预期结果，并彻底否定了弥散复制。

同时，1958 年，赫伯特·泰勒（Herbert Taylor）用 ^3H 标记蚕豆根尖细胞的 DNA，直到进入第二细胞周期后不再标记。经放射自显影观察发现，第一周期的中期（M1），染色体中的两条单体都被标记；到第二周期的中期（M2），染色体中仅一个单体被标记；到第三周期的中期（M3）时，染色体有两类：一类是染色单体都未标记，另一类是有一个染色单体被标记，两类染色体比例相等，这一结果也证实了真核生物的 DNA 复制符合半保留复制模型。

据此，无论原核生物还是真核生物，在 DNA 复制时亲代 DNA 双链解旋分开，每条母链作为模板并合成其互补链，从而生成两个新的子代 DNA 分子，并分配到两个子代细胞中去，完成其遗传信息载体的使命。正是基于半保留复制方式，子代 DNA 与亲代 DNA 的碱基序列基本保持一致，即子代保留了亲代的全部遗传信息，这不仅体现了遗传过程的相对保守性，而且维持了物种的稳定性。

2.4　DNA 复制过程

1963 年，法国细菌遗传学家雅各布（F. Jacob）和布雷内（S. Brenner）提出复制子模型来解释 DNA 的复制机制。复制子模型包含两个特定的组件：复制基因（replicator）和起始蛋白（initiator）。复制基因为顺式作用元件（*cis*-acting element），即 DNA 分子中的一段特定核苷酸序列；起始蛋白是反式作用因子（*trans*-acting factor），可以识别并结合复制基因，从而启动复制过程。虽然不同生物中复制基因和起始蛋白会有很大差异，但 DNA 复制的起始过程都符合识别复制起点—加载解旋酶—组装复制体这个基本程序。

2.4.1　原核生物 DNA 复制起始的特点

【微课】
DNA 复制的起始

复制基因中复制开始的序列称为复制起点（origin of replication）。大肠杆菌（*E.coil*）的复制起点称为 oriC（图 2-27）。其由 245bp 的 DNA 片段组成，结构包含三组 13bp 串联的正向重复序列与两对 9bp 的反向重复序列。正向重复序列：GATCTNTTNTTTT，富含 AT，易于解链。9bp 反向重复序列：TTATNCANA，可形成回文结构，此区域与复制酶系统的识别有关。此外，还有 11 个拷贝的甲基化位点序列 GATC。

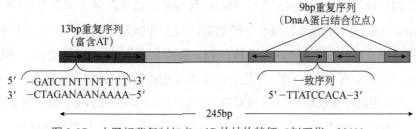

图 2-27　大肠杆菌复制起点 oriC 的结构特征（赵亚华，2011）

在复制起始过程中，DNA 分子首先需要将双链解旋成单链，提供复制模板，这是一个有多种蛋白质和酶参与的复杂过程。其中，解开双螺旋结构的酶统称为复制解螺旋酶（replicative helicase），或简称解旋酶。它通过 ATP 水解提供能量，以断裂双链间的氢键。目前，在大肠杆菌中已发现不少于 12 种解旋酶，如 DnaA、DnaB、DnaC、解链酶Ⅱ、解链酶Ⅲ、F 质粒特异性解链酶Ⅰ。参与复制的主要解旋酶是 *DnaB* 基因产物（也称 Rep 蛋白），为 6 亚基同聚体环状结构，可结合于 DNA 单链，以 5′→3′ 方向滑动解开 DNA 双链。

DNA 解旋后，必须防止 DNA 单链的链间或链内局部"退火"并保持单链的完整性、伸展性与稳定性，才能保证复制能够顺利进行。在大肠杆菌中，DNA 单链结合蛋白（single-strand binding protein，SSB）本身并无任何酶的活性，但通过与 DNA 单链区段的结合，可维持 DNA 的单链状态，防止重新形成双链，并阻止链内二级结构的形成。同时，SSB 包被在 DNA 的单链区，还能防止核酸酶对单链区的水解。此外，大肠杆菌的 SSB 是由 177 个氨基酸残基组成的四聚体结构，它与复制过程中产生的单链区 DNA 结合具有正协同效应，若第一个 SSB 蛋白结合到 DNA 上的能力为 1，则第二个的结合能力可高达 10^3，促进 SSB 与单链 DNA 的持续结合，使一长排的 SSB 结合在单链 DNA 上，单链 DNA 模板因此被拉直，有利于随后的 DNA 合成。待单链复制完成后脱落下来，重新循环。

此外，在自然状态下，大多数 DNA 分子具有适度的负超螺旋，易于解链，有利于与蛋白质结合而进行 DNA 复制、重组与转录等活动。当 DNA 复制时，随着 DNA 的解旋，在不解开双链的情况下 L 不变，双螺旋盘绕数 T 减少，根据 $L=T+W$ 的拓扑学公式，正超螺旋增加，即 DNA 未解链区域扭曲缠绕更加紧密，使解旋压力增大而减缓 DNA 复制进程（图 2-28）。拓扑异构酶（topoisomerase）是一类通过催化 DNA 链的断裂、旋转和再连接而直接改变 DNA 拓扑学性质的酶。

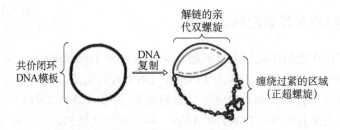

图 2-28　DNA 复制过程中形成的正超螺旋（Allison，2015）

原核生物的拓扑异构酶有两类：①Ⅰ类拓扑异构酶，是相对分子质量为 $1.1×10^5$ 的一条肽链，由 *top* 基因编码，可消除和减少负超螺旋，对正超螺旋不起作用。其作用机制是结合到一条链上形成复合物，并切断 DNA 双链中的一条链，不需 ATP 提供能量即可绕另一条链一周后再连接，可以改变 DNA 的连环数，从而改变超螺旋的圈数，使 DNA 变为松弛状态（图 2-29）。②Ⅱ类拓扑异构酶，能够与双链 DNA 结合，并切断 DNA 分子两条链，使其跨越另一段双链 DNA 后再连接，在消耗 ATP 能量的情况下，引入两个负超螺旋，消除 DNA 复制时的扭曲张力，使复制持续进行（图 2-30）。

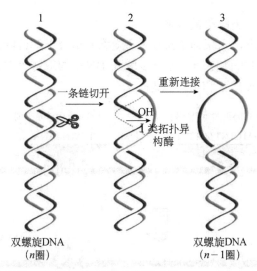

图 2-29　Ⅰ类拓扑异构酶的作用（Watson et al.，2013）

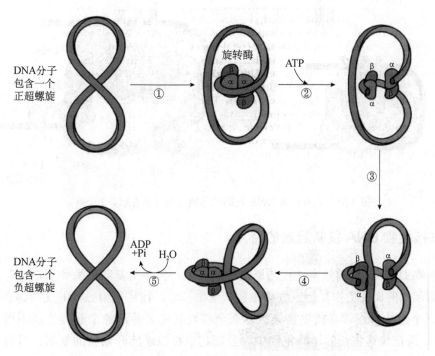

图 2-30　Ⅱ类拓扑异构酶的作用（Watson et al.，2013）

①双链 DNA 与大肠杆菌的Ⅱ类拓扑异构酶结合（该酶也可称为 DNA 旋转酶，由两个 α 亚基和两个 β 亚基组成）。②DNA 旋转酶切断一条 DNA 双链后，两个 α 亚基各结合于切口的一个 5′端，并贮藏了水解磷酸二酯键而获得的能量。③由于 DNA 旋转酶的整体性，因而 DNA 链的 4 个断头并无任意旋转的可能性。此外，此酶的别构效应可使完整的双链穿过切口。④切口处重新催化形成磷酸二酯键。⑤β 亚基的功能在于水解 ATP 以使酶分子恢复原来的构象，以便进行下一轮反应

以大肠杆菌为例，了解以 oriC 为复制起点的 DNA 复制起始过程（图 2-31）。

（1）在 ATP 的作用下，约 20 个 DnaA 蛋白与 oriC 中 4×9bp 的反向重复序列相结合，DNA 缠绕在上面，形成起始复合物（initiation complex）。

（2）在 HU 蛋白（类组蛋白）和 ATP 的共同作用下，DnaA 复制起始复合物使 3×13bp

正向重复序列变性，形成一小段单链区域。

（3）在 DnaC 的帮助下，六聚体 DnaB（解旋酶）结合于解链区，并借助水解 ATP 产生的能量，沿 DNA 链 5′→3′方向移动，进一步解开 DNA 的双链，并由 SSB 维持单链状态，DNA 拓扑异构酶保持 DNA 松弛和结构状态。

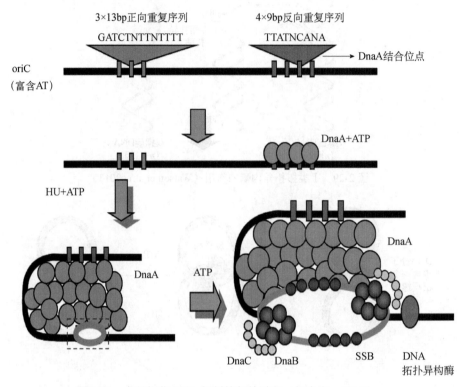

图 2-31   大肠杆菌 DNA 复制的起始过程（杨金水，2019）

2.4.2 真核生物 DNA 复制起始的特点

真核生物 DNA 复制的基本过程与原核生物相似，但参与复制的酶和蛋白质与原核生物不同，复制起始的调控更加复杂。真核生物快速生长时，往往采用更多的复制起点，而原核生物只有一个起始位点。真核生物染色体在全部复制完之前，各个起始位点不再重新开始 DNA 复制；而在快速生长的原核生物中，复制起点可以连续开始新的复制。目前有关的资料主要是从对 SV40 病毒和酵母菌的研究中得到的。

真核生物复制起点的 DNA 序列特征多样且无固定的模式，但大多包含一段富含 AT 的序列，以及一段特异性蛋白质的结合位点。目前为止，酿酒酵母的复制起点已被鉴定，它是一段能够使质粒进行自主复制的序列，称为自主复制序列（autonomous replication sequence，ARS）。ARS 的长度为 100～200bp，具有序列特异性。ARS 包含一段高度保守的序列，被称为 ARS 共有序列（ARS consensus sequence，ACS），该序列是一段 11bp 富含 AT 的序列，是起点识别复合物（ORC）的主要结合位点。除了 ACS，ARS 还包括 B1、B2、B3 这三个区域。其中邻近 ACS 的 B1 区域长度为 72bp，包含一段富含 AT 的序列，对于 ORC 的结合也很重要。B2 区域是复制解旋酶（Mcm2）的结合位点。B3 区域可以被 DNA 结合蛋白

（Abf1）结合。此外，还有辅助因子如 Cdc6、Cdt1 与复制蛋白 A 等，它们在复制过程中组合成一个庞大、复杂的复制体，共同协助完成真核生物的 DNA 复制起始流程。

2.4.3　原核生物 DNA 复制延伸的特点

【微课】
DNA 半不连续复制

亲代 DNA 双链解螺旋后，分别以两条母链为模板，在 DNA 聚合酶（DNA-pol）的催化下，4 种脱氧核苷三磷酸 dNTPs（dATP、dCTP、dGTP 和 dTTP）原料通过碱基互补配对原则，以形成磷酸二酯键的方式完成子链合成，即 DNA 的延伸过程。

目前已知的 DNA 聚合酶只能使新合成的 DNA 子链从 5′→3′方向延伸，而 3′→5′的延伸方向既费时又耗能，因此 DNA 复制时 5′→3′延伸的方向性是在生物进化中保留、选择与适应的有利特征，有着深刻的化学及生物学功能的根源。然而，DNA 两条链是反向平行的，其中一条是 5′→3′方向，另一条是 3′→5′方向，即两条模板极性不同。那么 DNA 聚合酶催化的 DNA 合成方向只可能是 5′→3′，如何保证 DNA 两条子链同时进行合成呢？

1968 年，日本分子生物学家冈崎（R. Okazaki）等对 DNA 链的合成机制进行了研究，并提出了 DNA 半不连续复制假设。通过脉冲标记实验和密度梯度离心法，揭示了 DNA 两条链上存在不连续复制，随后通过基因突变体实验证实了 DNA 半不连续复制模型的推测（图 2-32）。在此模型中，以 3′→5′方向的亲代 DNA 链作模板时，子代链的聚合方向为 5′→3′，与复制前进方向相同，其子代在复制时基本上是连续进行的，且合成总是比另一条链超前一步，这条链称为前导链（leading strand）或先导链。以 5′→3′方向的亲代 DNA 链为模板时，子代链的聚合方向也是 5′→3′，这与复制前进方向正好相反，其子代在复制时则是不连续的，且总是比另一条链滞后一步，这条链称为后随链（lagging strand）或滞后链。在不连续合成中形成的短 DNA 片段称为冈崎片段（Okazaki fragment）。一般来说，原核生物的冈崎片段比真核生物的长，在原核生物中为 1000～2000 个核苷酸，而在真核生物中约为 100 个核苷酸。研究还证实，前导链的连续复制和后随链的不连续复制在生物界具有普遍性，故称为 DNA 双螺旋的半不连续复制。

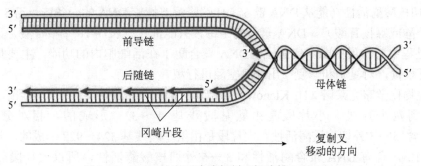

图 2-32　DNA 的半不连续复制（杨建雄，2015）

在复制延伸过程中，由于 DNA 聚合酶不能催化两个游离的脱氧核糖核苷酸之间形成磷酸二酯键，只能催化已有链的延长，因此，必须提供自由的 3′-OH 端，才能开始 DNA 的合成与延伸。经研究发现，无论是前导链还是后随链在开始进行 DNA 合成时，都需要通过引发过程（图 2-33），即在 DNA 模板上合成一小段 RNA 引物，再由 DNA 聚合酶从 RNA 引物 3′-OH 端开始合成新的 DNA 链。

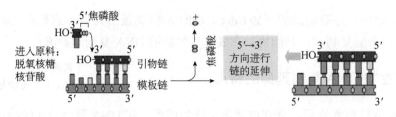

图 2-33　引发过程（艾伯茨等，2002）

对于前导链而言，这一引发过程比较简单，只需引发酶催化完成一个 RNA 引物即可，引发酶（primase）是在 DNA 复制中合成 RNA 引物的一种 RNA 聚合酶。大肠杆菌的引发酶由 *DnaG* 基因编码，在细胞内能够催化合成约 11nt 长的 RNA 引物。然而，对于后随链来说，其引发过程较为复杂。后随链中每个冈崎片段中所需的 RNA 引物均是由引发体（primosome）沿着 DNA 移动，参与连续的引发反应而合成的。引发体由引发前体与引发酶组装形成，而引发前体则是由 n 蛋白、n′蛋白、n″蛋白、DnaB 蛋白、DnaC 蛋白和 DnaI 蛋白 6 种蛋白质构成的复合体，它可以将 SSB 置换下来，并按 5′→3′方向合成 10～60 个核苷酸的 RNA 引物。

考虑到 DNA 聚合酶的移动方向与前导链的延伸方向一致，但与后随链的延伸方向相反，那么一个 DNA 聚合酶主体如何保证能同时催化两条极性不同的子链延伸过程呢？以大肠杆菌为例，来了解参与复制的 DNA 聚合酶的生理活性及功能特点。

1956 年，美国科学家科恩伯格（A. Kornberg）首次在大肠杆菌中发现了 DNA 聚合酶，这种酶被称为 DNA 聚合酶 I（DNA polymerase I，pol I）。科恩伯格的次子托马斯·科恩伯格（T. Kornberg）发现了 DNA 聚合酶 II（pol II）和 DNA 聚合酶 III（pol III）。之后，DNA 聚合酶 IV 和 DNA 聚合酶 V 陆续被发现。其中 DNA 聚合酶 I、II、III 被研究得比较深入。

DNA 聚合酶 I 的分子质量为 103kDa，是约 1000 个氨基酸残基的单链球状蛋白。它具有三种活性：① 5′→3′ DNA 聚合酶活性（能以单链 DNA 为模板，在 3′-OH 引物的引导下，按 5′→3′方向合成互补的 DNA 序列）；② 3′→5′外切核酸酶活性（能够去除延长的核酸链上 3′-OH 端的核苷酸，可以沿 3′→5′方向降解双链 DNA 或单链 DNA，释放 5′-单核苷酸）；③ 5′→3′外切核酸酶活性（能从 DNA 链 5′-OH 端降解双螺旋 DNA 的一条链，沿 5′→3′方向释放出单核苷酸或寡核苷酸）。DNA 聚合酶 I 每秒只能催化延长约 10 个核苷酸，说明它不是复制延长过程中起作用的酶。实际上，DNA 聚合酶 I 在活细胞内的功能，主要是对复制中的错误进行校读，对复制和修复中出现的空隙进行填补。

丹麦生物化学家克莱诺（H. Klenow）用枯草芽孢杆菌蛋白酶对 DNA 聚合酶 I 进行有限水解，得到两个片段。小片段是由氨基酸残基 1～323 形成的，相对分子质量为 3.4×10^5，含 5′→3′外切核酸酶活性。大片段是由氨基酸残基 324～928 形成的，相对分子质量为 7.6×10^5，含有 DNA 聚合酶活性和 3′→5′外切核酸酶活性，所以大片段后来被称为 Klenow 片段。Klenow 片段既保留了酶的高保真性，又不会降解。1987 年，施泰茨（T. A. Steitz）对 Klenow 片段进行 X 射线衍射分析，发现其空间结构像一个手掌，由其氨基酸残基 324～517 组成的一个小结构域，含 3′→5′外切核酸酶活性，由氨基酸残基 521～928 组成拇指（thumb）结构域和掌心（palm）结构域，这两个结构域之间由 β 片层结构连接。拇指结构域和掌心结构域之间形成一个长的裂缝，此裂缝处有线状排列的带正电荷的氨基酸残基，便于同正在复制的 DNA 结合。其内部还有一个适合于 B-DNA 进出的通道（图 2-34）。

在 DNA 复制时，DNA pol Ⅰ 的主要作用是利用其 5′→3′外切核酸酶活性切除 RNA 引物，利用其 5′→3′聚合酶活性，将脱氧核糖核苷酸连接到相邻 DNA 片段的 3′-羟基上，逐渐用 DNA 链取代 RNA 引物。此外，在 DNA 损伤的修复中，DNA pol Ⅰ 可用类似的机制切除有损伤的 DNA 片段，并用正确的 DNA 片段填补缺口。上述过程可以使 DNA 链上的切口移动，称切口平移（nick translation）（图 2-35）。

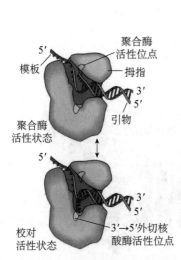

图 2-34　Klenow 片段的作用（杨建雄，2015）　　　图 2-35　DNA 聚合酶 Ⅰ 的切口平移反应（杨建雄，2015）

DNA 聚合酶Ⅱ是 90kDa 的单链球蛋白，能催化 5′→3′方向合成 DNA，也具有 3′→5′外切核酸酶活性，但没有 5′→3′外切核酸酶活性。推测可能当细胞 DNA 受到化学或物理损伤时，DNA 聚合酶Ⅱ在修复过程中起特殊作用。

DNA 聚合酶Ⅲ每秒可聚合 1000 个碱基，在 DNA 复制链的延长上起着主导作用，是主要的催化 DNA 复制合成的酶。DNA 聚合酶Ⅲ全酶是一种 130kDa 的寡聚蛋白，由 10 种亚基（αβγδδ′εθτχψ）组成的异源二聚体（图 2-36）。全酶可分为三个子复合物：αεθ 亚基组成核心聚合酶，具有 5′→3′聚合酶和 3′→5′校正活性，其中的 α 亚基具有聚合酶活性，ε 亚基具有校对活性，θ 亚基可能起组装作用；每个核心酶连接一个 β-滑动钳（β-sliding clamp）结构，每个 β-滑动钳由两个 β 亚基构成头尾二聚体，形成一个环形结构，可将正在复制的 DNA 模板链包围在环形中心，并能随 DNA 复制沿着模板 DNA 链滑动（图 2-37）。同时，β-滑动钳结构使 DNA 聚合酶不易从模板脱离，有利于 DNA 的连续复制；$(\tau/\gamma)_3\delta\delta'\psi\chi$ 称为钳加载器，不仅负责把 β-滑动钳加载到 DNA 上，还组织整个复制活动，参与核心酶、解旋酶和 SSB 等组分之间的相互作用。其中，τ 亚基二聚体将两个核心酶连接为一个复合物，$\gamma_2\delta\delta'\chi\psi$ 亚基组成单钳安装复合物或称 γ-复合物，能促进 β-滑动钳与核心酶的装配。此外，DNA 聚合酶Ⅲ与 DNA 聚合酶 Ⅰ 相同，也具有 3′→5′外切核酸酶活性（表 2-2）。在 DNA 聚合作用中，核苷酸添加的错误率达 1/1000。由于 DNA 聚合酶 Ⅰ 和 DNA 聚合酶Ⅲ全酶具有 3′→5′外切核酸酶活性，可以终止核苷酸加入并除去错误的核苷酸，然后可继续加入正确的核苷酸，将错误率减少到百万分之一或更少。

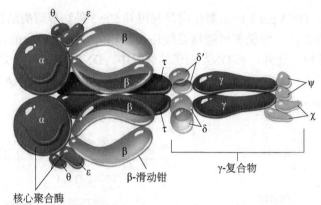

图 2-36　DNA 聚合酶Ⅲ的结构示意图（杨建雄，2015）

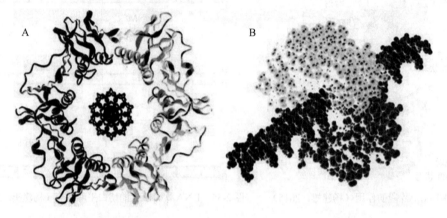

酶围绕DNA　　　　　　　　　　　侧面观

图 2-37　DNA 模板链结合 β-滑动钳的空间结构示意图（朱玉贤等，2019）

彩图中浅蓝、深蓝表示 β-滑动钳的两个亚基

表 2-2　大肠杆菌 DNA 聚合酶结构特征（Allison，2015）

性质	DNA 聚合酶Ⅰ	DNA 聚合酶Ⅱ	DNA 聚合酶Ⅲ
结构基因	*polA*	*polB*	*polC*
分子质量/kDa	103	90	130
分子数/细胞	400	100	10
聚合速率（V_{max}）/（碱基/s）	16～20	2～5	250～1 000
3′→5′ 外切核酸酶活性	√	√	√
5′→3′ 外切核酸酶活性	√	×	×
进行性*/nt	3～200	10 000	500 000
突变体表现型	紫外线（UV）敏感、硫酸二甲酯敏感	无	DNA 复制温度敏感型
生物功能	DNA 修复、RNA 引物切除	DNA 修复	染色体 DNA 复制

* 聚合酶从模板链上解离下来之前所添加的核苷酸数

　　根据 DNA 聚合酶Ⅲ的不对称二聚体结构，研究人员推测前导链与后随链的协同复制延伸过程中，后随链的模板链是以回环复制模型进行的（图 2-38）。该模型中，当全酶沿着前导链复制方向移动时，后随链模板可折叠或环绕成环状，与前导链正在延长的区域对齐，回折后的后随链即可与前导链同时被 DNA 聚合酶Ⅲ的两个核心酶分别催化，此时环中 RNA

引物和冈崎片段的合成方向与前导链一致，以适应双链在同一复制酶体的催化位点合成。

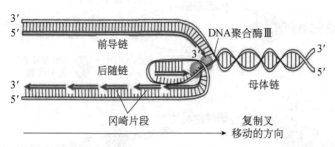

图 2-38　后随链模板的回环复制模型（杨建雄，2015）

以大肠杆菌为例说明 DNA 复制的延伸过程。

1）前导链与后随链的延伸（图 2-39）

（1）前导链 RNA 引物的引发：在 PriA、PriB 和 PriC 蛋白的帮助下，DnaG 蛋白（引发酶）被招募到两个复制叉（replication fork）上，与 DnaB 蛋白结合在一起，DnaA 蛋白逐渐脱离复合物。DnaG 沿着 DNA 模板链合成前导链的 RNA 引物。

（2）后随链 RNA 引物的引发：DNA 聚合酶Ⅲ先行催化前导链复制，当前导链复制出大约一个冈崎片段长度时，在后随链上暴露出第一个引物结合位点，引发体引发产生后随链冈崎片段的一段 RNA 引物。

（3）DNA 聚合酶Ⅲ结合到两个复制叉上。由 DNA 聚合物Ⅲ分别合成前导链和后随链（图 2-40）。

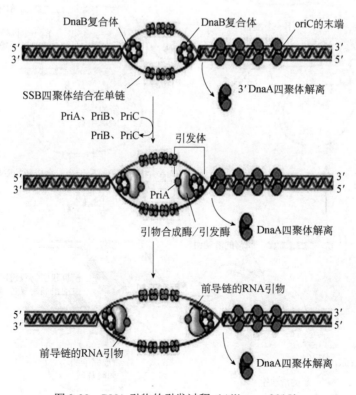

图 2-39　RNA 引物的引发过程（Allison，2015）

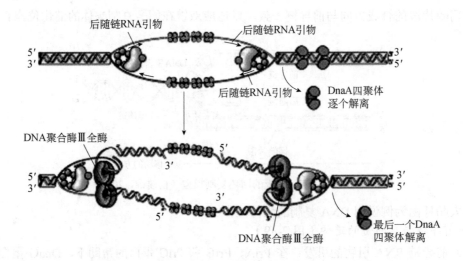

图 2-40   前导链与后随链的延伸过程（杨建雄，2015）

2）后随链的延伸机制（图 2-41）

（1）随着向复制方向的移动，解开的后随链模板向前回折成环。同时，DNA 聚合酶 III 中 β-滑动钳结合在后随链上，继而与核心酶结合，形成全酶，而 DNA 聚合酶 III 全酶中的 α 亚基利用第一个引物合成第一个冈崎片段。

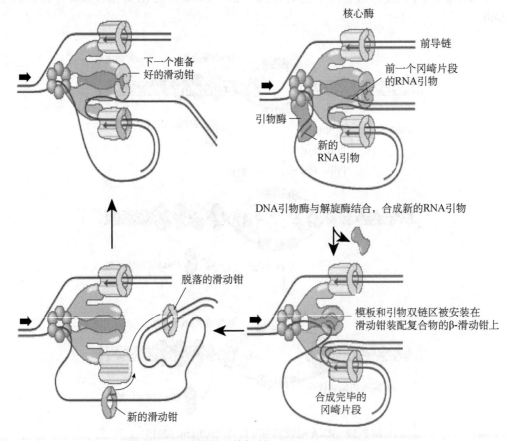

图 2-41   后随链的延伸机制（Watson et al.，2013）

（2）当后随链完成第一个冈崎片段的合成后，受空间位阻的影响，DNA 聚合酶 III 中 β-滑动钳与后随链模板链脱离，且核心酶解离，回环消失，并释放出第一个冈崎片段。

（3）随着复制延伸的继续进行，后随链暴露出了第二个冈崎片段的引物，此时后随链再次向前回折成环，同时新的 DNA 聚合酶 III 中 β-滑动钳结合上来，继而与核心酶结合，再次形成全酶，并开始第二个冈崎片段的复制。如此反复连续进行后随链的复制延伸过程。

2.4.4　真核生物 DNA 复制延伸的特点

与原核生物相比，参与真核生物复制的酶系更加复杂多样。现已发现的真核生物 DNA 聚合酶至少有 16 种，按照结构被分为 7 个家族，即 A、B、C、D、X、Y 和 RT。其中 DNA 聚合酶 α、β、γ、δ 和 ε 是较早被发现的种类（表 2-3）。DNA 聚合酶 α（polα）是高度保守的异四聚体复合物，具有两个催化活性：最小的 p48 亚基（Pri1）具有引发酶活性，"兼任"为后随链合成引物的功能；最大的 p180 亚基（pol1）具有聚合酶活性，具有参与延伸子链的功能，还有两个亚基是调节亚基。polε 与 polδ 在真核生物 DNA 复制中起主要作用，前者相当于细菌的 pol III，用于前导链合成，后者用于后随链冈崎片段的合成。同时，它们也在 DNA 修复环节起重要作用。此外，polβ 具有聚合酶活性，也具有 δ 外切核酸酶活性，主要参与 DNA 修复过程，是具有低保真度的复制酶。polγ 是 DNA 聚合酶中唯一位于线粒体内的聚合酶，具有 3′→5′外切核酸酶活性，且有较高的 DNA 复制保真度，负责线粒体 DNA 的复制和损伤修复。而新发现的 DNA 聚合酶 θ、ξ、η、K、ι、μ、λ、ψ 和 ξ，除 DNA 聚合酶 θ 外，均无 3′→5′外切核酸酶活性，由于没有校对的功能，它们主要参与 DNA 损伤的修复。

表 2-3　真核细胞 DNA 聚合酶 α、β、γ、δ 和 ε 的性质与功能（Chen，2014）

性质	DNA 聚合酶 α	DNA 聚合酶 β	DNA 聚合酶 γ	DNA 聚合酶 δ	DNA 聚合酶 ε
亚细胞定位	细胞核	细胞核	线粒体基质	细胞核	细胞核
引发酶活性	有	无	无	无	无
亚基数目	4	1	4	2	≥4
催化亚基的分子质量/kDa	160～185	40	125	125	210～230 或 125～140
3′→5′外切核酸酶活性	×	×	√	√	√
5′→3′外切核酸酶活性	×	×	×	×	×
生物功能	细胞核 DNA 复制	细胞核 DNA 修复	线粒体 DNA 复制	细胞核 DNA 复制和修复	细胞核 DNA 复制和修复

2.4.5　原核生物 DNA 复制终止的特点

经研究发现，*E. coli* 的顺时针复制叉有 7 个连续排列的称作终止子（terminator，ter）的序列。逆时针复制叉有三个连续排列的终止子，当复制叉移动到终止子处，被称作终点利用物质（terminus utilization substance，Tus）的蛋白质会结合在 ter 序列上，形成的 Tus-ter 复合物具有反解旋酶活性，能够抑制 DnaB 的解旋，从而阻止复制叉的移动。Tus-ter 复合物只捕获来自一个方向（顺时针或反时针）的复制叉，而对来自另一个方向（反时针或顺时针）的复制叉不起作用。这样，当一个复制叉先期到达终止区时，其复制会停止，待另一个复制叉到达同一位置，两个复制叉相遇，即完成了整个 DNA 的复制过程（图 2-42）。

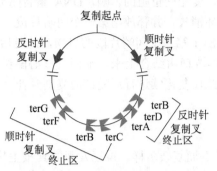

图 2-42　大肠杆菌 DNA 复制的终止子（杨金水，2019）

值得注意的是，无论前导链或后随链的冈崎片段均由一段 RNA 引物起始 DNA 合成，在复制延伸完成后，需要将 RNA 引物切除，同时添补上这些缺口。由于原核生物绝大多数为环状 DNA，当以 5′→3′方向复制时，子链以环状延伸至终点，且 3′端口能和 5′端口衔接上，故 DNA 聚合酶 I 中 5′→3′外切核酸酶活性可将 RNA 引物降解，并由 5′→3′ DNA 聚合酶活性将缺口补齐。

然而，DNA pol I 不能催化前一个 DNA 片段的 3′-羟基端和后一个 DNA 片段的 5′-磷酸基之间形成磷酸二酯键。在细胞中，切口的连接是由 DNA 连接酶（DNA ligase）催化完成的。噬菌体和真核细胞的 DNA 连接酶由 ATP 提供能量，细菌的 DNA 连接酶由 NAD^+ 提供能量。此外，细菌的 DNA 连接酶只能连接双链 DNA 一条链上的切口，噬菌体 T_4 的 DNA 连接酶在一定的条件下，可连接平头双链 DNA，这两种 DNA 连接酶均是基因工程中常用的工具酶。

2.4.6　真核生物 DNA 复制终止的特点

【微课】
DNA 末端复制

除叶绿体或线粒体细胞器内的 DNA 为环状结构外，真核生物 DNA 一般为线状结构。当线性 DNA 复制时，以 5′端向 3′端直线式单方向移动，引物 RNA 降解后，子链两端由于没有 3′端提供羟基端，DNA 聚合酶无法填补空缺，这就造成子链的一端缺损。如果细胞没有办法填补这些空隙，根据此复制模型，DNA 将随着每一次的细胞分裂而面临 5′端逐渐缩短的趋势，最终可导致细胞衰老死亡。这就提出了线性 DNA 末端复制的问题（图 2-43）。

科学家在寻找导致细胞死亡的基因时，发现真核生物染色体末端极少发生缺失和倒位，推测染色体两端存在特殊结构，使染色体趋于稳定，这就是我们熟知的端粒（telomere）结构（图 2-44）。实际上，端粒是真核细胞线性染色体末端的由一段非编码 DNA 串联重复序列及一系列相关蛋白组成的一个特殊的 DNA-蛋白复合体，端粒的存在可以维持染色体末端稳定，从而确保细胞内的 DNA 及遗传信息能够稳定完整地存在，是细胞内染色体末端的"保护帽"。对于哺乳动物而言，端粒的长度会随着细胞分裂次数的增加而不断缩短，致使细胞内的基因组无法维持在稳定状态，最终导致细胞老化、死亡或癌变，端粒也因此被科学家称为"生命时钟"。

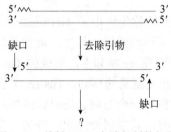

图 2-43　线性 DNA 末端复制的问题
（韦弗，2010）

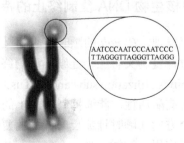

图 2-44　人类端粒结构示意图
（Allison，2015）

端粒长度的维持是细胞持续分裂的前提条件。像生殖细胞、干细胞和癌细胞，属于旺盛分裂或需要保持分裂潜能的细胞系，它们的染色体端粒如何保持长时间不被缩短？科学家在对单细胞生物四膜虫进行研究后发现，细胞内存在一种能维持端粒长度的端粒酶，它被激活后，会在端粒末端通过添加端粒序列，保证这些细胞中端粒长度的稳定，维持细胞的持续分裂能力。三名学者布莱克本（E. Blackburn）、格雷德（C. Greider）、绍斯塔克（J. Szostak）因发现"端粒和端粒酶保护染色体的机制"而共同获得了 2009 年诺贝尔生理学或医学奖。

在体细胞中，端粒酶的活性极低，低到无法表达，以至于不能稳定端粒长度，这可能是生物衰老的原因。但是在绝大多数癌细胞中，端粒酶的活性却维持在较高的程度，使癌细胞能够无限增殖。现已知端粒酶是具有反转录活性的核糖核蛋白聚合酶，它可以在细胞内合成端粒 DNA，维持端粒的长度，可以让细胞增加分裂次数，能将缩短的端粒再重新延长一部分。

以四膜虫端粒 DNA 结构为例，一条 DNA 链是高度重复的 TTGGGG 序列，称为 TG 链；另一条 DNA 链为高度重复的 CCCCAA 序列，称为 AC 链。

1. TG 链的合成（图 2-45）

TG 链的合成过程：①端粒酶与端粒 DNA 结合，端粒酶中的 RNA 与突出的 TG 链 3′端的 TTG 互补配对结合；②端粒酶以自身 RNA 为模板，在 TG 链 3′端添加脱氧核糖核苷酸，使端粒 TG 链延长；③待合成一个端粒重复单位后，端粒酶向新合成的 DNA 3′端移动，端粒酶中的 RNA 再与 3′端的 TTG 互补配对继续添加脱氧核糖核苷酸。如此循环往复，TG 链 3′端形成多个短的重复序列。

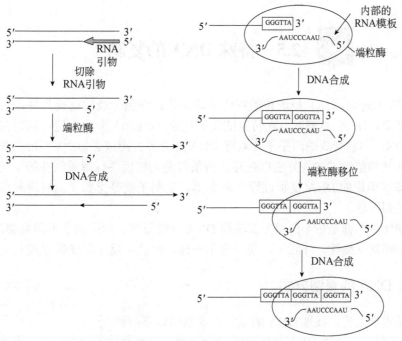

图 2-45　端粒酶的作用机制（杨建雄，2015）

2. AC 链的合成——两个模型（图 2-46）

（1）模型一：①被延长的 TG 链突出的寡脱氧核苷酸 d（GGGGTTTTGGGG）通过非 Watson-Crick 配对方式，自身的 GGGG 之间按 G-G 配对，回折形成发夹并提供 3′-OH 端；

②此时以富含 TG 链为模板，由 DNA 聚合酶在发夹 3′-OH 端添加新的 dNTP，进一步延伸填补空缺，间隙最后由 DNA 连接酶封口。

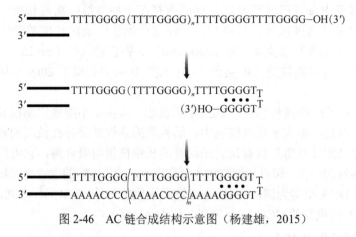

图 2-46　AC 链合成结构示意图（杨建雄，2015）

（2）模型二：①借助引发酶以 TG 链 3′端为模板合成一段引物；②DNA 聚合酶以 TG 链为模板，补齐 AC 链缺口并去除引物，在 TG 链 3′端留下一个 12～16 个核苷酸的突出端。

3. 端粒的形成

端粒的形成过程：①带重复序列的端粒 DNA 与端粒蛋白结合后，通过 G-G 配对自身回折在染色体末端形成套索结构，即 T-环（T-loop）；②端粒 TG 单链 3′端取代端粒上游区域的相同序列，形成 D-环。

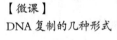【微课】
DNA 复制的几种形式

2.5　特殊 DNA 的复制

　　DNA 复制（replication）是遗传的物质基础，也是细胞分裂的前提条件，对于生物生长和繁殖十分重要。DNA 复制时，在特定的复制起点（origin）开启解链，这时尚未解开螺旋的亲代双链 DNA 与新合成的两条子代双链 DNA 的交界处形成类似"Y"形的复制叉结构，随后按照复制叉的移动方向，分别以张开的两条母链为模板各自形成互补的子链，最终完成以复制子为基本单位的 DNA 复制过程。事实上，复制子就是指独立由复制起点到复制终点进行复制的序列区域。

　　虽然生物体内大都是按半保留方式进行 DNA 双链复制。但是由于不同生物体内 DNA 大小、形状各不相同（线性、环状），功能也不一样，因此，反映在复制方式上就有差别。

2.5.1　线性 DNA 的复制方式

　　从复制叉走势上看，线性 DNA 的复制方式包括以下两种。

　　1）双向复制　　这种 DNA 复制方式最为普遍，复制起始于一个位点，形成两个复制叉向相反方向运动，在每个复制区两条 DNA 链均被复制，形成一个复制泡（replication bubble）或复制眼（replication eye）结构。

　　原核细胞的基因组、质粒，许多噬菌体、某些病毒的 DNA 及真核生物的细胞器 DNA，一般由单个复制子构成，即在唯一的起始位点双向等速启动就会引起整个 DNA 分子复制，因此，它们属于"单复制子"模式。*E. coli* 的 DNA 平均在 30～60min 内完成一次复制。但在迅速生长的原核生物中，第一次复制尚未完成，第二次复制就在同一个起始位点上开始，从而满足其快速繁殖的需要。

而在真核生物中，基因组被分成多个区域分别复制。每个复制区域内包含多个复制起始位点，其 DNA 的复制是由许多个复制子共同完成的，呈现多个复制泡结构，同一个复制子区域内通过复制叉的相遇而终止（图 2-47）。例如，通过电子显微镜观察得到证实，在 30 000 个碱基对长的果蝇染色体 DNA 上有 2000～3000 个复制起点。从这些起始位点开始向相反方向复制，就形成多个复制泡。虽然真核生物复制叉的移动速度较慢（5×10^2～5×10^3bp/min），但由于同时起作用的复制叉数目很大，真核生物染色体 DNA 复制的总速度比原核生物更快。例如，果蝇胚胎的基因组 DNA 总长为大肠杆菌的 40 倍，却可在 3min 内完成复制。

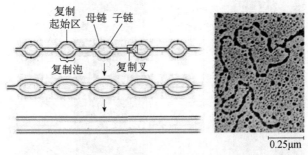

图 2-47　真核生物复制泡结构示意图（Allison，2015）

2）相向复制　这是一种较为特殊的复制方式，某些线性 DNA 病毒，如腺病毒，以相向方式进行复制（图 2-48），即从两个起始位点开始并形成两个复制叉，但以复制叉中的一条链作为模板且以单一方向复制出子链，因此两条链以相向方式进行延伸合成。

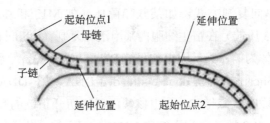

图 2-48　相向复制结构示意图（赵亚华，2011）

2.5.2　环状 DNA 的复制方式

1. θ 型复制

1963 年，凯恩斯（J. Cairns）在大肠杆菌的培养基中加入 ^{3}H 标记的脱氧胸苷，经过适当时间的培养，用溶菌酶去除细胞壁，分离完整的大肠杆菌 DNA，并将其铺到一张透析膜上，在暗处将感光乳胶覆盖到经过干燥的透析膜上，避光放置数周后显影，由于 ^{3}H 放射性

衰变所放出的 β 粒子使乳胶感光，显影后可形成黑点（银粒子）被记录下来。将显影后的胶片置于光学显微镜下，可以看到大肠杆菌 DNA 的全貌。凯恩斯用低放射性 ^{3}H 作第一次脉冲标记后，再用高放射性 ^{3}H 作短期标记，然后观察 DNA 复制所形成的放射自显影图片，结果低放射性区在复制泡的中间，而高放射性区在两端，说明大肠杆菌染色体的复制是朝两个方向进行的。这个实验也证实了大肠杆菌基因组呈环状排列的推测。

同时，还观察到环状染色体的 DNA 像希腊字母 θ，以致将环状 DNA 半保留复制称为 θ 型复制（图 2-49）。原核生物多数采用 θ 型复制，可以是双向或单向复制方式，大多数为等速的双向复制，少数为不等速的双向复制。单向复制的环状 DNA 分子，其复制的终点就是其原点。双向复制的 DNA 环形分子，如大肠杆菌复制起始后，在起点处解开双链形成单链状态，并以两个方向相反的复制叉、以两条母链分别作为模板，各自合成其互补链，随着复制的进行，复制泡逐渐扩大，直至整个环状分子，最终两个复制叉相遇时即完成复制。

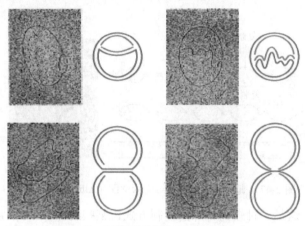

图 2-49　θ 型复制过程（韦弗，2010）

2. 滚环复制

也有一些特殊的单向复制方式，如某些噬菌体（如 M13 和 ΦX174）和一些小的质粒（如枯草杆菌内的 pIM13 质粒）在宿主细胞内采用滚环复制（rolling circle replication）方式扩增 DNA。以 M13 噬菌体为例，其基因组是正链 DNA，进入 *E.coli* 后，首先合成负链，形成复制型双链 DNA（replicative-form double-stranded DNA，RF-DNA），随后进行滚环复制（图 2-50）。其主要步骤是：双链 DNA 由核酸内切酶切开正链的复制起点特异序列，产生游离的 3'-OH 端和一个 5'-P 端；在宿主细胞 DNA pol Ⅲ 的催化下，正链 DNA 切口处的 3'-OH 端直接作为引物，以负链为模板，致使原来正链的位置被新合成的子链所取代。同时，正链切口的 5' 端从环上向下解链的过程犹如环状双链 DNA 环绕其轴不断地旋转滚动，因而称为滚环复制；正链 5' 端从环上解下来后不久，即与单链结合蛋白结合，维持单链状态，直至新的正链不断延伸成一条全长的新正链为止，旧的正链得以完整释放环化，以完成 M13 噬菌体的复制。此外，真核细胞的某些基因，如某些两栖动物卵母细胞内的 rRNA 基因和哺乳动物细胞内的二氢叶酸还原酶基因，在特定的情况下也通过滚环复制在较短的时间内迅速增加目标基因的拷贝数。

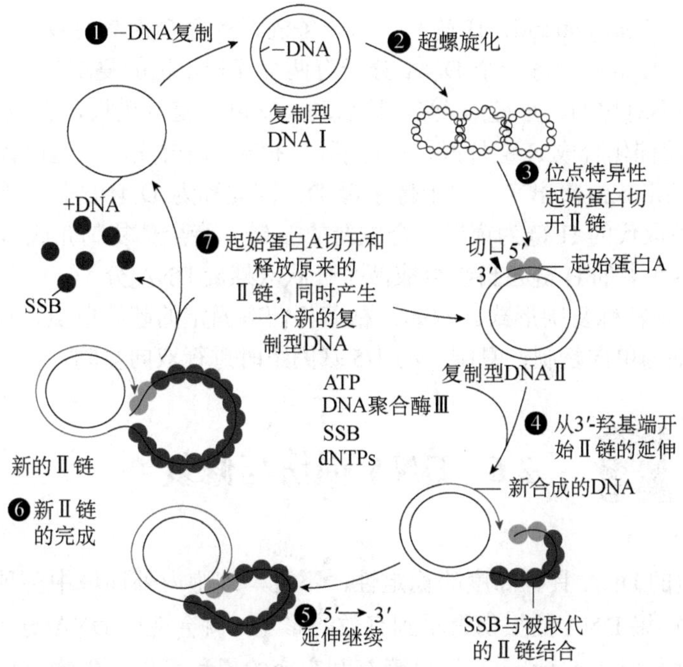

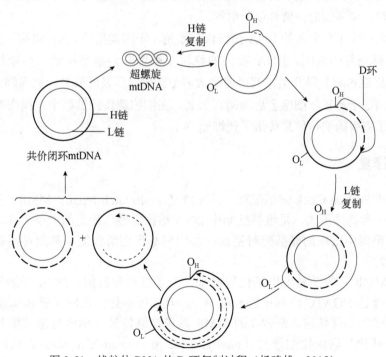

图 2-50　M13 噬菌体的滚环复制过程（Allison，2015）

3. D 环复制

除滚环复制形式外，真核生物中的线粒体和叶绿体 DNA，以及少数病毒（如腺病毒）通常以 D 环的方式进行复制（图 2-51），这属于一种特殊的单向复制方式。例如，动物细胞的线粒体 DNA（mtDNA）双链由于其独特的碱基组成，一条链因富含 G 而具有较高的密

图 2-51　线粒体 DNA 的 D 环复制过程（杨建雄，2015）

度，所以称为重链（heavy strand，H 链），另一条链因富含 C 而具有较低的密度，因而称为轻链（light strand，L 链）。每一个 DNA 分子有两个互相错位的复制起点（O_H 和 O_L）。由于两条链的复制是不对称的，重链 O_H 首先被启动，它以 L 链为模板，合成一段 RNA 作为引物，经 DNA 聚合酶催化合成 H 链片段，此时新的 H 链一边合成，一边取代原来的 H 链，被取代的 H 链以环的形式游离出来，由于像字母 D，因此称为 D 环复制；当 H 链合成约 2/3 时，O_L 启动，以被取代的 H 链为模板，合成新的 L 链，待全部复制完成后，新的 H 链和老的 L 链、新的 L 链和老的 H 链各自组合成两个环状双螺旋 DNA 分子。

当然，还有其他特殊复制形式。例如，枯草杆菌有固定的起始位点，进行双向不对称复制；质粒 R6K 早期为单向复制，复制了约 1/5 基因组时进行双向复制。

【微课】
DNA 损伤与修复

2.6 DNA 损伤与修复

作为遗传物质的 DNA 具有高度的稳定性，不过，细胞内外环境中各种因素依然可以造成 DNA 的损伤。如果 DNA 的损伤得不到有效的修复，就会造成 DNA 分子上可遗传的永久性结构变化，称为突变（mutation）。尽管有利突变的累积可以使生物进化，使其能更好地适应其生存的环境。但绝大部分的突变都是有害的，对于单细胞生物，不少有害突变是致死的，对于多细胞的高等生物，有害突变会造成病变，如代谢病和肿瘤。

引起 DNA 损伤的因素很多，包括 DNA 分子本身在复制过程中发生的自发性改变，如 DNA 复制过程中可发生 10^{-16} 的突变错误；DNA 自身的不稳定性；机体代谢过程中产生的活性氧等；细胞内各种代谢物质和外界理化因素引起的损伤，如自由基、碱基类似物、碱基修复物和嵌入染料，电离辐射，紫外线照射等。

好在细胞内存在十分完善的 DNA 损伤修复系统，不同类型的 DNA 损伤，由不同的途径进行修复。根据修复的机制，DNA 损伤的修复一般可分为错配修复、切除修复、直接修复、重组修复及 SOS 修复等几类。其可使绝大多数损伤得到及时修复，以保障遗传物质的稳定性。万一损伤过于严重，细胞会启动凋亡机制，在细胞解体的过程中，损伤的 DNA 被分解，从而防止了有害的遗传信息传给子代细胞。

2.6.1 错配修复

错配是指非 Watson-Crick 碱基配对。错配修复（mismatch repair，MMR）也可被看作碱基切除修复的一种特殊形式，是维持细胞中 DNA 结构完整、稳定的重要方式，主要负责纠正：①复制与重组中出现的碱基配对错误；②由碱基损伤所致的碱基配对错误；③碱基插入；④碱基缺失。

E. coli 的 MMR 系统是利用甲基化程度来区分子链和母链的。DNA 开始复制后，Dam 甲基转移酶使母链 5′GATC 序列中腺苷酸 A 的 N^6 位甲基化，此时子链还未被甲基化，两条链暂时处于半甲基化状态。*E. coli* 的 MMR 系统能够特异性地修复未被甲基化的子链，因此又称为甲基化导向的错配修复（methyl-directed mismatch repair）。同时，根据错配碱基与 DNA 切口的相对方位，能够启动两条修复机制，从而修复错配碱基并合成新的子

链 DNA 片段（图 2-52）。至于其他细菌和真核细胞的 MMR 系统如何区分子链和母链，目前尚不清楚。

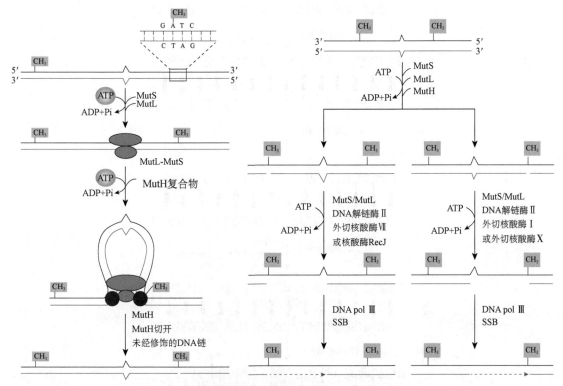

图 2-52 碱基错配修复过程示意图（朱玉贤等，2019）

2.6.2 切除修复

从切除的对象来看，切除修复（excision repair）又可分为碱基切除修复（base excision repair，BER）和核苷酸切除修复（nucleotide excision repair，NER）两类。

1. 碱基切除修复

一些碱基在自发或诱变下会发生脱酰胺反应，转变为另一种碱基，即碱基的转变，如 C 转变为 U、A 转变为 I（次黄嘌呤）等，进而改变了碱基配对性质。碱基切除修复依赖于生物体内存在的一类特异的 DNA 糖基水解酶，可特异性切除此类受损核苷酸上的 N-β-糖苷键，在 DNA 链上形成去嘌呤或去嘧啶位点，统称为 AP 位点。研究者发现，细胞内有不同类型的 DNA 糖苷水解酶特异性识别此类型损伤。1974 年，林达尔（Lindahl）首次发现大肠杆菌（$E.\ coli$）中参与碱基切除修复的第一个蛋白质——尿嘧啶-DNA 糖基化酶（UNG），它能特异性识别 DNA 中胞嘧啶自发脱氨形成的尿嘧啶，而不会水解 RNA 分子中尿嘧啶上的 N-β-糖苷键。随后，由 AP 核酸内切酶切开损伤核苷酸的糖苷-磷酸键，移去包括 AP 位点的单个损伤核苷酸（短修补）或 2~10 个核苷酸小片段（长修补），再借助 DNA 聚合酶合成新的片段，最终由 DNA 连接酶把正常部分与修复部分连接形成被修复的 DNA 链（图 2-53）。

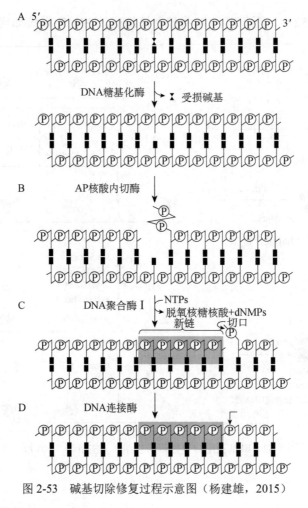

图 2-53　碱基切除修复过程示意图（杨建雄，2015）

2. 核苷酸切除修复

核苷酸切除修复主要用来修复导致 DNA 结构发生扭曲并影响到 DNA 复制的损伤，包括紫外线造成的 DNA 发生大约 30°弯曲的嘧啶二聚体，化学分子或蛋白质与 DNA 间的键结，或者 DNA 与 DNA 的交联等。

原核生物与真核生物核苷酸切除修复的基本过程是相似的（图 2-54），主要由 5 步反应组成：①由特殊的蛋白质检测损伤部位，并引发一系列蛋白质与损伤部位的有序结合。②由特殊的内切酶在损伤部位的两侧切开 DNA 链（图 2-54A）。③去除两个切口之间带有损伤的 DNA 片段，形成缺口（图 2-54B）。④由 DNA 聚合酶填补缺口（图 2-54C）。⑤由 DNA 连接酶连接切口（图 2-54D）。例如，大肠杆菌主要通过特异的核酸内切酶 UvrA-UvrB 辨认并结合 DNA 损伤扭曲位点，UvrB 能够使损伤碱基附近 DNA 变性，形成单链突起。同时 UvrB 募集 UvrC 切开错误碱基两侧，UvrD 除去 12～13 个受损核苷酸小片段，由 DNA 聚合酶 I 和 DNA 连接酶填补空隙并补平切口。类似地，真核生物 XP 类蛋白辨认并切除 DNA 损伤部位，产生 27～29 个受损核苷酸小片段，并由 DNA 聚合酶 δ 和 DNA 聚合酶 ε 填补空隙并补平切口。

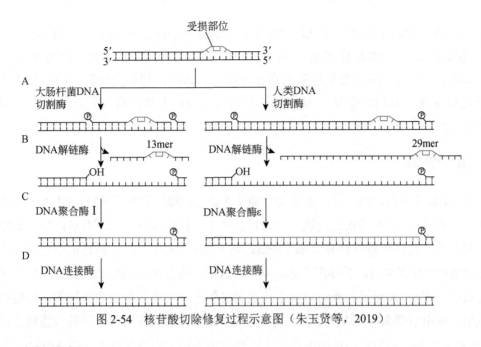

图 2-54　核苷酸切除修复过程示意图（朱玉贤等，2019）

2.6.3　直接修复

除上述需要切除碱基或核苷酸的修复机制外，生物体内还存在 DNA 损伤的直接修复（direct repair），也称为损伤逆转（damage reversal），其修复的方式是用特定的化学反应使受损伤的碱基恢复为正常的碱基，是最简单、最直接的修复方式。

在光下或经紫外线照射形成的环丁烷胸腺嘧啶二聚体及 6-4 光化物（图 2-55），可导致双螺旋发生扭曲，而影响 DNA 的复制和转录。广泛存在于细菌、真菌、果蝇、植物和

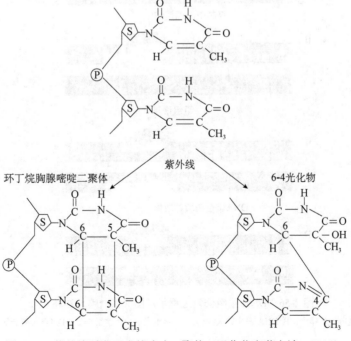

图 2-55　紫外线诱发形成的嘧啶二聚体（冯作化和药立波，2015）

很多脊椎动物中的 DNA 光复活酶（DNA photoreactivating enzyme）或 DNA 光裂解酶（DNA photolyase）是相对分子质量为 $5.5 \times 10^4 \sim 6.5 \times 10^4$ 的单体酶，经可见光（波长 3000～6000Å）照射可激活光复活酶识别并作用于二聚体，利用光所提供的能量使环丁酰环打开进而完成这类损伤修复。但是，目前在哺乳动物中却没有发现这种酶，因而不能进行嘧啶二聚体的直接修复。

2.6.4　重组修复

当 DNA 损伤较大、较严重，无法及时修复或缺乏切除修复酶系统时，DNA 复制无法正常进行，可通过对 DNA 模板的交换，跨越模板链上的损伤部位，在新合成的链上恢复正常的核苷酸序列，这属于重组修复（recombination repair）途径。在大肠杆菌中已经证实，当新链合成遇到损伤部位时，诱导产生 Rec 类重组蛋白，其中 RecA 蛋白具有交换 DNA 链的活性，且被认为在 DNA 重组和重组修复中均起关键作用。在重组蛋白的作用下，母链和子链发生重组，重组后原来母链中的缺口可以通过 DNA 聚合酶的作用，以子链为模板合成单链 DNA 片段来填补，最后在连接酶的作用下衔接新旧链而完成修复过程（图 2-56）。重组修复虽然没有消除模板链上的损伤，损伤的 DNA 片段仍然保留在亲代 DNA 链上，只是重组修复后合成的 DNA 分子是不带损伤的，但经多次复制后，损伤就被"冲淡"了，在子代细胞中只有一个细胞带有损伤的 DNA，这说明没有在复制过程中扩大损伤。同时，模板链上的损伤可以在复制完成后，利用其他途径进行修复。

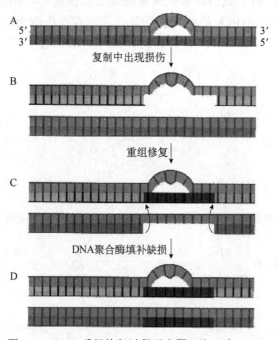

图 2-56　DNA 重组修复过程示意图（张一鸣，2018）

A. DNA 复制发生错误；B. DNA 发生较大损伤；C. 重组蛋白引起重组修复；D. DNA 聚合酶填补缺口

2.6.5 SOS 修复

SOS 修复是当细胞 DNA 受到严重损伤或复制系统受到抑制的紧急情况下，为求得生存而出现的应急效应，SOS 反应诱导的修复能维持基因组的完整性，提高细胞的生成率。SOS 反应诱导的修复系统包括避免差错的修复（无差错修复）和倾向差错的修复。其中，SOS 反应通过诱导光复活切除修复和重组修复中某些关键酶与蛋白质的产生，从而加强光复活切除修复和重组修复的能力，这属于避免差错的修复。此外，SOS 反应还能诱导产生缺乏校对功能的 DNA 聚合酶，它能在 DNA 损伤部位进行复制而避免了死亡，但因遗留的错误较多，会引起较广泛、长期的突变，这属于倾向差错的修复。

在 E. coli 中，SOS 反应由 RecA-LexA 系统调控，在正常情况下，RecA 蛋白的蛋白酶活性丧失，LexA 蛋白发挥阻遏作用，此系统调控处于不活动状态。当有诱导信号，如 DNA 损伤或复制受阻形成暴露的单链时，RecA 蛋白的蛋白酶活力就会被激活，分解阻遏物 LexA 蛋白，使 SOS 反应有关的基因去阻遏而先后开放，进而产生一系列细胞效应（图 2-57）。

RecA 蛋白可以形成螺旋状多聚体，并与损伤区的 DNA 单链结合，从而促使 DNA pol III 的核心酶和 γ-滑动钳装载复合物脱离复制叉，DNA pol V 随即取代 DNA pol III 结合到复制叉上，在损伤部位的互补位置上随机插入核苷酸，以克服损伤对 DNA 复制造成的阻碍。当复制完成后，已经被 SOS 反应激活的切除修复系统可被用来修复 DNA 的损伤。当细胞内的 DNA 损伤被修复后，RecA 失活，不再促进 LexA 的自我切割，此时含量增加的 LexA 与 SOS 结合，从而关闭 SOS 反应（图 2-58）。

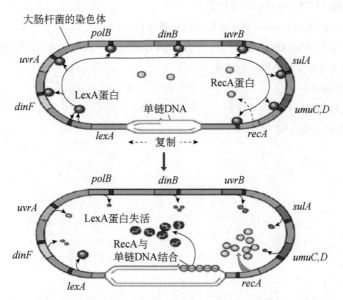

图 2-57 大肠杆菌 RecA-LexA 系统调控 SOS 修复示意图（杨建雄，2015）

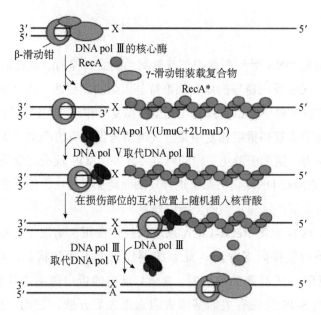

图 2-58　大肠杆菌 SOS 修复过程示意图（杨建雄，2015）

思 考 题

1. 请概括原核生物 DNA 聚合酶的分类及各自的特点。

2. SSB 指的是什么？它在 DNA 解链过程中的作用是什么？

3. 引物酶作用的底物是什么？引物的本质是什么？在 DNA 的合成过程中为什么要有引物的参与？

4. DNA 聚合酶、DNA 连接酶和拓扑异构酶都可以催化形成磷酸二酯键，试说明它们的不同点。

5. 原核生物 DNA 复制时解链的主要过程是什么？

6. 说明原核生物 DNA 复制过程中后随链子链的合成特点是什么。

7. 从理论上讲，真核生物 DNA 通过多次复制，DNA 变得越来越短，这与引物切除导致单链 DNA 被水解有关。试说明机体应对这种情况的机制是什么。

8. 简述 DNA 损伤修复的类型。

9. 真核生物与原核生物的复制有哪些不同？

10. θ 型复制和滚环复制有哪些不同点？

第 3 章

基因的转录与翻译

本章彩图

　　自美国生物学家沃森（J. Watson）和英国生物学家克里克（F. H. C. Crick）提出 DNA 为双螺旋结构模型，其碱基的排列顺序代表着遗传信息的密码之后，研究人员又提出了新的问题：细胞是如何控制遗传信息表达的，是利用何种机制将氨基酸合成为蛋白质的？

　　1957 年，克里克所撰写的《论蛋白质合成》论文，针对以上问题提出了序列假设、中心法则、RNA 模板的构想和连接物 RNA 的假设，以及细胞中核糖体是蛋白质合成部位的观点，这些分子生物学中最具有启发性的科学预言，在 10 年左右的时间均被一一证实。

　　首先，克里克推测 RNA 可能是 DNA 与蛋白质之间的中间体。之后在 1961 年，雅各布（F. Jacob）和莫诺德（J. Monod）正式提出"信使核糖核酸"（mRNA）的概念，并指出："在真核细胞中，由于蛋白质是在细胞质中合成，而不是在核内合成的，蛋白质结构信息的转移自然要求有一个由基因决定的化学中间物的存在，这个假设的中间体被称为结构信使"。随后，布伦纳（S. Brenner）、梅塞尔森（M. Meselson）和雅各布用 T$_2$ 噬菌体感染大肠杆菌不久之后，发现有一种短半衰期的病毒特异性 RNA 被合成，且能够与细菌内含有 rRNA 的核糖体结合，此实验结果证明了 mRNA 的存在。

　　其次，克里克提出著名的连接物假说，并假设连接物 RNA 是衔接模板 RNA 与运输氨基酸至蛋白质肽链合成的中间受体。克里克所设想的受体很快被证实为 tRNA。

　　同时，克里克还首次阐述了蛋白质合成的"中心法则"，认为核酸中的核苷酸序列规定了蛋白质中的氨基酸序列，信息可以从核酸转移到核酸，或者从核酸转移到蛋白质，但是不可能从蛋白质转移到蛋白质，或者从蛋白质转移到核酸。1976 年，沃森的《基因分子生物学》一书中，对中心法则有了更为具体的描述，RNA、DNA 与蛋白质之间的关系被概括为图 3-1 所示的形式。

【微课】
中心法则

　　箭头方向表示遗传信息传递的方向，水平的方向表示所有细胞的 RNA 分子是以 DNA 为模板产生的（转录过程），所有细胞蛋白质中氨基酸排序是由 RNA 模板决定的（翻译过程）。在这个传递过程中，DNA 以它自身为复制模板（图 3-1）。当然，之后研究者还发现，在某些生物如烟草花叶病毒中，它们的 RNA 能自我复制。在某些生物如致癌病毒中，它们能以 RNA 为模板反转录成 DNA，这些过程都是对中心法则的补充。

　　中心法则第一次阐明了生物体内信息传递的规律，它是现代生物学中最基本、最重要的规律之一。该法则的产生对探索生命现象的本质与规律起到了巨大的推动作用，也为进一步阐明遗传信息的编码、贮存、转录及翻译方式指明了方向。

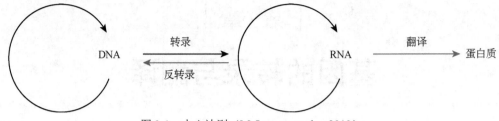

图 3-1　中心法则（McLennan et al.，2019）

3.1　转录的基本概念与特点

　　DNA 是遗传信息的主要载体，遗传信息的作用通常由蛋白质的功能来实现。在 DNA 和蛋白质之间，RNA 起着中间介质作用。与 DNA 相比，RNA 种类繁多，分子质量相对较小，除了一些小的 RNA 病毒，大部分 RNA 主要以单链形式存在。RNA 骨架含有核糖，其碱基组成特点是含有尿嘧啶（uracil，U）而不含胸腺嘧啶，RNA 碱基组成之间无一定的比例关系，且稀有碱基较多。

　　此外，在碱基堆积作用下，RNA 单链结构中个别区段借助碱基的互补配对，将自身折叠并且形成一个短的双螺旋区，从而形成局部二级结构。其中，成对碱基之间组成的双链区域形成"茎"，而不能配对的单链部分则形成"环"，因此，RNA 二级结构也称为茎环结构（stem-loop structure），一般由单链结构、茎、发卡环、凸环、内环及多分支环等基本构件组成（图 3-2）。除了典型的"A=U"和"G≡C"配对，还存在一些非典型的配对，如"G=U"配对等（图 3-3）。在热力学方面，"G=U"配对有稳定性的特点，即同上面两个典型 Watson-Crick 配对很接近，因此"G=U"配对又称为晃动配对。那么，如果从稳定性上将上述配对放一起做比较的话，通常情况下应为"G≡C"＞"A=U"＞"G=U"。

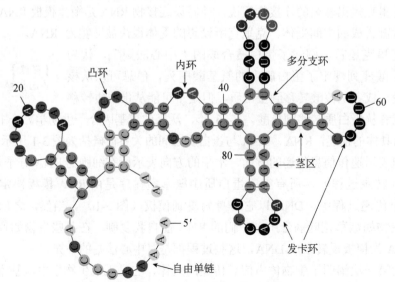

图 3-2　RNA 二级结构示意图（Allison，2015）

黑色底纹.保守碱基；深灰色.半保守碱基；淡灰色.可变碱基

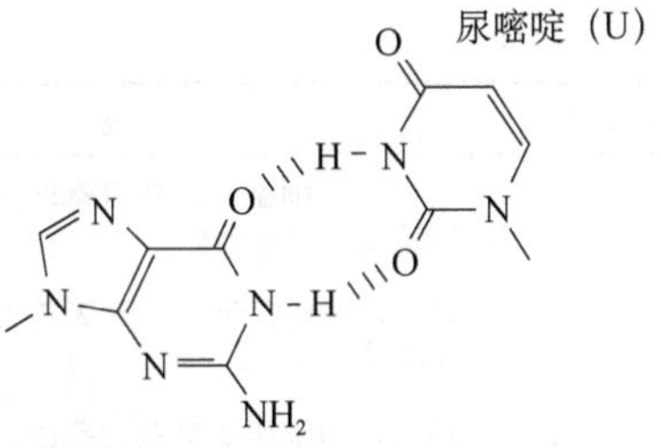

尿嘧啶（U）

鸟嘌呤（G）

图 3-3　RNA 分子中的"G＝U"碱基对（郑用琏，2018）

　　RNA 短双螺旋结构和单一的未配对链结构，与 DNA 双链双螺旋结构进行对比，其稳定性明显差很多，从而使 RNA 能形成更复杂的三级结构。构成 RNA 三级结构的主要元件有假结结构、"吻式"发夹结构和发夹环突触结构三种形式（图 3-4）。RNA 三级结构以二级结构为基石，除了碱基配对产生的相互作用力，RNA 分子内部还存在主链与主链间的相互作用力、主链与碱基间的相互作用力及孤立氢键间的相互作用力等，这些相互作用力促使平面的 RNA 二级结构折叠成紧凑的空间结构。此外，RNA 三级结构的稳定性要低于 RNA 的二级结构，其结构极易受到温度、环境等因素的影响。例如，tRNA 的三叶草形状的二级结构在这些相互作用的影响下在空间折叠成倒"L"形。

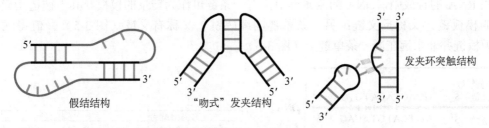

假结结构　　　　　"吻式"发夹结构　　　　发夹环突触结构

图 3-4　RNA 三级结构主要元件示意图（Alerts et al.，2002）

　　RNA 在分子组成、大小、生物学功能及细胞或亚细胞定位等方面都有所不同，因此，细胞 RNA 在遗传信息表达和功能调控过程中发挥着不同的作用。表 3-1 列举了目前细胞中发现的一些 RNA 种类及其生物学功能。

表 3-1　RNA 种类及其生物学功能（杨荣武，2017）

英文缩写或全称	中文全称	功能	存在部位
mRNA	信使 RNA	翻译模板	所有细胞
tRNA	转移 RNA	携带氨基酸，参与翻译	所有细胞
rRNA	核糖体 RNA	核糖体组分，参与翻译	所有细胞
snRNA	核小 RNA	参与真核 mRNA 前体的剪接	真核细胞
snoRNA	核仁小 RNA	参与真核 rRNA 前体的后加工	真核细胞
tmRNA	转移信使 RNA	兼有 mRNA 和 tRNA 的功能	原核细胞
micRNA	信使干扰互补 RNA	调节 mRNA 的翻译	原核细胞
RNAi（microRNA 和 siRNA）	干扰 RNA	调节基因的表达	真核细胞
ribozyme	核酶	催化特定的生化反应	原核细胞、真核细胞和某些 RNA 病毒
gRNA	指导 RNA	参与真核 mRNA 的编辑	某些真核细胞
vRNA	病毒 RNA	作为 RNA 病毒的遗传物质	RNA 病毒

续表

英文缩写或全称	中文全称	功能	存在部位
Y RNA		不明，与细胞质某些特殊的蛋白质形成核糖核酸蛋白复合物	脊椎动物
Xist RNA		调节雌性哺乳动物一条 X 染色体转变成巴氏小体	哺乳动物
V RNA		不明，与细胞质某些特殊的蛋白质形成鞍马状复合物	真核细胞

DNA 上的遗传信息通过转录（transcription）过程传递到 RNA。

转录是指以 DNA 为模板，在依赖于 DNA 的 RNA 聚合酶催化下，以 4 种核苷三磷酸 rNTPs（ATP、CTP、GTP 和 UTP）为原料，按碱基配对的方式合成一条 RNA 链的过程。由此可知，转录与 DNA 复制过程相似，都是一种酶促的核苷酸聚合反应，而且它们均以 DNA 为模板，以核苷酸为原料，从 5′→3′方向延伸，遵守碱基配对原则，并产生多聚核苷酸链产物。

当然，转录过程也有其自身的特点。

1. 转录的不对称性

在 RNA 的合成中，DNA 的两条链中仅有一条链可作为转录的模板。其中被选为模板的单链叫模板链，又称反义链；另一条单链叫编码链，又称有义链（图 3-5）。值得注意的是，模板链并非永远在同一条单链上（图 3-6）。

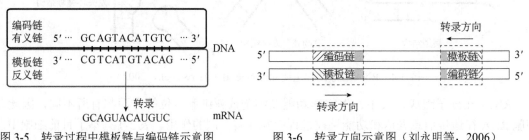

图 3-5　转录过程中模板链与编码链示意图　　　图 3-6　转录方向示意图（刘永明等，2006）
（郑用琏，2018）

2. 转录的单向性

RNA 转录合成时，只能向一个方向进行聚合，所依赖的模板 DNA 链的方向为 3′→5′，而 RNA 链的合成方向为 5′→3′。

3. 转录的连续性

RNA 转录合成时，以 DNA 作为模板，在 RNA 聚合酶的催化下，无须提供引物即可连续合成一段 RNA 链，且各条 RNA 链之间无须进行连接。合成的 RNA 中，如只含一个基因的遗传信息，称为单顺反子（monocistron）；如含有几个基因的遗传信息，则称为多顺反子（polycistron）。

一般情况下，各种 RNA 都要由转录过程合成，即 DNA→RNA，但是在生物体内，转录并不是形成 RNA 的唯一途径。许多 RNA 病毒可以其 RNA 为模板复制新的 RNA，即 RNA→RNA，在还原病毒中还能以 RNA 为模板进行反转录，从而产生互补的 DNA 链，即 RNA→DNA。

3.2 RNA 聚合酶与启动子

转录的基本过程包括模板识别、转录起始、转录延伸及转录终止。其中，决定模板识别的关键因素包括：①确定 DNA 模板与转录方向的关键物质——RNA 聚合酶；②定位 DNA 模板转录起始的精确部位——启动子。

3.2.1 RNA 聚合酶

【微课】
RNA 聚合酶

RNA 聚合酶，仅以 DNA 双链中一条链作为模板，以二价金属离子 Mg^{2+}、Mn^{2+} 作为必需辅因子，并以 4 种核苷三磷酸 rNTPs（ATP、GTP、CTP、UTP）作为底物，不需引物即催化两个游离 NTP 或一个游离 NTP 与 RNA 链形成磷酸二酯键，从而发生 $5'\rightarrow3'$ 方向的聚合反应。

通常可根据生物的类别，将 RNA 聚合酶分为原核生物 RNA 聚合酶、真核生物 RNA 聚合酶。原核生物和真核生物的 RNA 聚合酶有共同特点，但在结构、组成和性质等方面又不尽相同。

1. 原核生物 RNA 聚合酶

目前研究得最清楚的是大肠杆菌 RNA 聚合酶。该酶是由 5 种亚基组成的六聚体（$\alpha_2\beta\beta'\omega\sigma$），分子质量高达 500kDa。图 3-7 显示，$\alpha_2\beta\beta'\omega$ 形成核心酶（core enzyme）结构，σ 亚基与核心酶结合形成全酶（holoenzyme）结构。

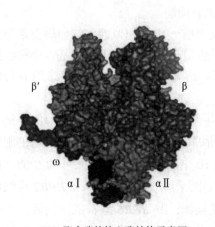

RNA聚合酶的核心酶结构示意图

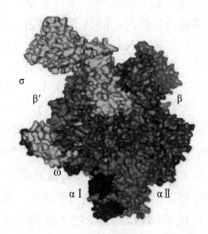

RNA聚合酶的全酶结构示意图

图 3-7 大肠杆菌 RNA 聚合酶结构示意图（杨荣武，2017）

其中，全酶中的 σ 因子，又称起始因子，由 *rpoD* 基因编码，分子质量约为 70kDa。它能够提高全酶和 DNA 模板上启动子识别的特异性，同时也降低全酶和非特异位点的亲和力。当σ因子与启动子的特定碱基序列结合后，DNA 双链局部解链，促使转录开始。目前已经鉴定出大肠杆菌有 7 种 σ 因子，不同的 σ 因子能够响应各种信号和环境条件并竞争结合核心酶，来识别并结合不同的启动子序列，从而启动特定基因的转录。例如，最常见的调控因子是由 *rpoD* 基因所编码的 σ^{70}，参与对数生长期和大多数碳代谢过程基因的调控；由 *rpoN*

编码的 σ^{54}，参与多数氮源利用基因的调控；由 *rpoH* 编码的 σ^{38}，参与分裂间期特异基因的表达调控；由 *rpoF* 编码的 σ^{28}，参与鞭毛趋化相关基因的表达调控；由 *rpoS* 编码的 σ^{32}、*rpoE* 编码的 σ^{24}，分别和热休克与过度热休克启动子所控制的基因转录有关。

此外，在转录延伸阶段，σ 亚基与核心酶 α$_2$ββ′ω 解离，仅由核心酶参与延伸过程，促进已开始合成 RNA 链的延长。其中，由 *rpoA* 基因编码的核心酶 α 亚基，分子质量约为 36.5kDa，功能多样，主要参与核心酶的组装、辅助启动子的识别、双链的解链聚合，以及转录因子的结合等过程；β 亚基由 *rpoB* 基因编码，分子质量约为 151kDa，可促进核苷酸底物的结合，并催化磷酸二酯键的形成；由 *rpoC* 基因编码的 β′亚基，分子质量约为 155kDa，由于 β′亚基的强碱特性，可促进其与模板链结合；ω 亚基可能是用于 RNA 聚合酶折叠的分子伴侣。

核心酶与 DNA 双链的作用比较松散，结合半衰期约为 1h。核心酶不区分启动子和其他序列。σ 因子加入后，全酶与松散结合位点的结合力下降，半衰期小于 1s；但与启动子结合可增强1000倍，半衰期达几小时。因此，RNA 全酶与启动子结合常数基本反映了启动子的强度。

2. 真核生物 RNA 聚合酶

1969 年，研究者利用 DEAE-Sephadex 离子交换层析在真核细胞中分离出三种 RNA 聚合酶，将其分别命名为 RNA 聚合酶Ⅰ、Ⅱ、Ⅲ（RNA polymerase Ⅰ、Ⅱ、Ⅲ）。进一步分析表明，聚合酶Ⅰ主要定位于核仁中，其功能主要是负责合成大的 rRNA 前体 5.8S rRNA、18S rRNA、28S rRNA；聚合酶Ⅱ主要定位于核质中，负责合成不均一核 RNA（hnRNA）、大多数核小 RNA（snRNA）等；RNA 聚合酶Ⅲ也存在于核质中，其功能是合成 tRNA、5S rRNA，以及转录某些特殊序列，如 Alu 序列。这三种 RNA 聚合酶最初是根据它们对一种抑制剂（α-鹅膏蕈碱）的敏感性来区分的，RNA 聚合酶Ⅰ不受抑制；RNA 聚合酶Ⅱ对其敏感，低剂量即产生抑制；RNA 聚合酶Ⅲ在高剂量时才被抑制。

真核生物三种 RNA 聚合酶结构非常复杂，但又具有一定的相似性。它们均由多个蛋白质亚基组成，为多组分复合物，可分为两个相对分子质量超过 1×10^5 的大亚基，即核心组分与外周组分。其中，核心组分包含 10 个蛋白质亚基，形成活性位点，且有 5 个组分与原核生物 RNA 聚合酶中的 α$_2$ββ′ω 组分具有同源性。

目前，研究较成熟的是酵母 RNA 聚合酶Ⅱ，其分子质量为 500kDa，由 12 个亚单位（Rpb1~Rpb12）组成，分别由 *RPB1*~*RPB12* 基因所编码，这 12 个亚单位在真核细胞中高度保守。除 *RPB4* 和 *RPB9* 是非必需的基因外，其他 10 个亚单位的基因是必不可少的，任何基因的删除将对细胞的生存能力有影响。此外，该酶中两个大亚基 *RPB1* 和 *RPB2* 与细菌核心酶的 β 和 β′亚基同源；其 *RPB3* 和 *RPB11* 与 α 亚基同源；其 *RPB6* 与 ω 亚基同源。

近来，科学家已获得了 RNA 聚合酶Ⅱ三维晶体结构，10 个核心组分构成了类似"蟹钳"的结构（图 3-8）。蟹爪的两个钳子主要由最大的两个亚基 *RPB1* 和 *RPB2* 构成，钳环抱着 DNA 模板和 RNA 产物，从而避免转录过程中酶与模板脱离；钳子的基部是由两个亚基的一些共域共同组成，也属于高度保守区域，被称为"活性中心裂隙"。催化中心存在两个 Mg^{2+}，参与酶和核苷酸底物的结合过程。当"蟹钳"使裂隙处于开放或关闭状态时，启动或终止基因转录过程。同时，钳子结构域延伸出的三个平滑结构域能够起到促进 RNA 螺旋及帮助 DNA 重新形成螺旋的作用。而催化中心区域形成叉环、桥螺旋和启动环等元件，具有促使 RNA 聚合酶维持转录泡结构、允许核苷酸增添及随着模板链移动、稳定 DNA 与 RNA 杂交链等作用，从而保证转录的正常进行。

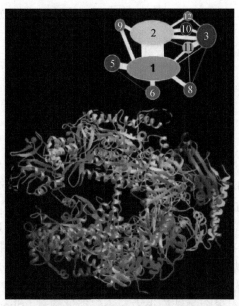

图 3-8　RNA 聚合酶 II 三维晶体结构示意图（韦弗，2010）

除细胞核中的 RNA 聚合酶之外，真核生物线粒体和叶绿体还存在着不同的 RNA 聚合酶，催化合成自己所需的部分 RNA。然而，它们在功能和性质上与原核细胞 RNA 聚合酶更为类似。

【微课】
启动子

3.2.2　启动子

启动子（promoter）对基因的表达非常重要，可以决定基因在什么组织、什么生长阶段或什么条件下表达，也可以决定表达的频率等。启动子可以看作 DNA 上的一段保守序列，能够指出转录的起点、解开双螺旋的位点、提供 RNA 聚合酶及各种转录相关蛋白的结合位点。根据这些序列信息，转录才能顺利开始。

1. 原核生物启动子结构特点

RNA 转录合成时，只能以 DNA 分子中的某一段作为模板，故存在特定的起始位点和终止位点，特定的起始位点和终止位点之间的 DNA 链区构成一个转录单位（transcription unit）。

在转录单位中，能被 RNA 聚合酶与转录因子特异性识别结合并启动基因转录所需的一段 DNA 保守序列称为启动子。转录开始进行时，最先转录成 RNA 的一个碱基对是转录起点（start point），通常为一个嘌呤（A 或 G），启动子序列围绕在它周围。常把起点前面，即 5′端的序列称为上游序列，而把其后面，即 3′端的序列称为下游序列。从转录起点开始，RNA 聚合酶沿着模板链不断合成 RNA，直到遇见终止子序列，最终根据 DNA 上的信息转录出 RNA 分子。

因此，转录单元可理解为，一段从启动子开始至终止子结束的 DNA 序列。

那么，RNA 聚合酶如何有效地找到启动子并与之结合呢？实际上，启动子的结构直接影响了它与 RNA 聚合酶的亲和力，从而影响基因表达水平。

目前，研究者发现两个保守区是决定原核生物启动子强度的重要因素（图 3-9）。

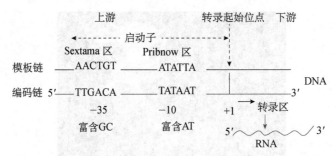

图 3-9　原核生物启动子结构示意图（臧晋和蔡庄红，2012）

1）Pribnow 区　　Pribnow 区（Pribnow box）位于转录起始位点上游-10bp 处，所以又称-10 区。其保守序列为 TATAAT，它是 RNA 聚合酶的牢固结合位点，简称为结合位点。Pribnow 区中 AT 含量丰富，有助于 DNA 双螺旋局部解链。借助 RNA 聚合酶的诱导作用，Pribnow 区裂解形成单链泡状，结果形成所谓的开放性启动子复合物，从而为 RNA 聚合酶定向，使之按照转录方向移动而行使其转录功能。此外，这个序列的碱基组成能够影响启动子的精确起始和开放速度，从而影响到转录的速度，对转录起到了控制作用。

2）Sextama 区　　RNA 聚合酶结构很大，不仅能够覆盖 Pribnow 区，而且能够覆盖另外一个重要的区域，即 Sextama 区（Sextama box）。该序列位于 Pribnow 区的上游，在转录起始位点-35bp 处，又称-35 区，其保守序列为 TTGACA，这段序列是 RNA 聚合酶的最初识别位点，而且 RNA 聚合酶是依靠 σ 因子识别该位点，从而控制转录起始频率的。

此外，-35 区的重要性还在于，这一序列的核苷酸结构在很大程度上决定了启动子的强度，RNA 聚合酶很容易识别强启动子，而对弱启动子的识别能力较差。

2. 真核生物启动子结构特点

真核生物主要存在三种不同的 RNA 聚合酶，相应地会识别三类启动子，且启动子结构更为复杂多样。

研究最多的还是 RNA 聚合酶 II 的启动子，它负责转录合成 mRNA 及大多数 snRNA 和 microRNA 的前体分子（图 3-10）。但其结构与原核生物启动子有很大的不同，主要包括近端启动子元件与核心元件，此外，部分启动子还含有远端调控元件，如增强子、减弱子或沉默子等。

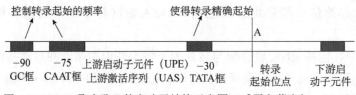

图 3-10　RNA 聚合酶 II 的启动子结构示意图（臧晋和蔡庄红，2012）

其中，近端启动子元件（promoter proximal element，PPE），又叫上游启动子元件（upstream promoter element，UPE），或称为上游激活序列（upstream activating sequence，UAS）。它是位于结构基因上游-250～-35 区的保守序列，包括通常位于-70bp 附近的 CAAT 框和 GC 框，以及距转录起始位点更远的上游元件。这些元件与相应的蛋白因子结合能提高或改变转录效率。

CAAT 框（CAAT box），由高度保守的一致序列 GGC（T）CAATCT 9 个碱基组成，其中只有 1 个碱基可以变化。它是最早被人们描述的常见启动子元件之一，也是真核生物基因常有的调节区。CAAT 框通常位于转录起始位点上游-80～-70bp 的位置，但是它在离起始位点较远的距离仍能起作用，且两种取向均可发挥作用。该区作为 RNA 聚合酶的结合区域，控制着转录起始的频率，其作用与原核生物启动子上-35 区相当。此外，有些基因的启动子没有 CAAT 框，具有一系列为 GGCGGG 的 GC 框（即富含 G 和 C 核苷酸序列），或者八聚体（octamer box），以及一些应答元件（response element）等。

核心元件是保证 RNA 聚合酶 II 转录正常起始所必需的 DNA 序列，一般包括转录起始位点及转录起始位点上游的 TATA 框。TATA 框（TATA box / Goldberg-Hogness box），基本上由 AT 碱基对组成，且具有较短的共有序列 TATAATAAT。TATA 框主要位于多数真核生物基因转录起始位点上游约-30bp（-32～-25bp）处，与 RNA 聚合酶的定位有关。通常 RNA 聚合酶牢固结合该区域之后才能起始转录，决定基因转录的精确起始，相当于原核生物的-10 区。此外，值得注意的是，在某些果蝇基因中发现，当不含有 TATA 框时，在转录起始位点下游含有的保守序列，起到类似于 TATA 框的作用，称为下游启动子元件。

此外，RNA 聚合酶 I 负责转录 5.8S、18S、28S 三种 rRNA，这三者共同转录在一个转录物上，因此，它们共用一个启动子，也可称为 I 类（class I）启动子，主要是由核心启动子（-45～+20bp）和上游调控元件（-180～-107bp）构成（图 3-11）。

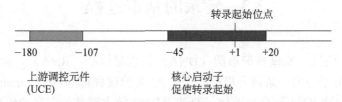

图 3-11　RNA 聚合酶 I 的启动子结构示意图（Watson et al.，2015）

RNA 聚合酶 III 负责转录 tRNA、5S RNA、部分 snRNA，它们对应的 III 类启动子有三种类型。其中 snRNA 使用与其他启动子结构相同的上游启动子，然而 5S rRNA 基因和 tRNA 基因却使用一种"内部启动子"，也就是说启动子位于基因内部，可归属于下游启动子，即位于转录起始位点下游，其内部包含 A 框（box A）、B 框（box B）、C 框（box C）等元件（图 3-12）。

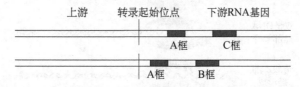

图 3-12　RNA 聚合酶 III 的启动子结构示意图（袁红雨，2012）

3. 真核生物的远端调控元件

1981 年，班纳吉（J. Banerji）在猿猴病毒 40（SV40）的 DNA 中发现了一个 140bp 的序列，它能大大提高 SV40 DNA/兔 β-血红蛋白融合基因的表达水平，但有别于启动子的结构特性，这就是第一个被发现的基因转录的远端调控元件——增强子（enhancer）。

SV40 增强子位于 SV40 早期基因转录起始位点上游约 200bp 处，由两个正向重复序列组成，每个长约 72bp。同时，它含有一个长 8～12bp 的"核心"序列 5′-GGTGTGGAAAG-3′。

研究者还发现，将 β-珠蛋白基因放在含有 72bp 重复的 DNA 分子中，它的转录作用在活体内将增高 200 倍以上，甚至当此 72bp 序列位于距离转录起始位点上游 1400bp 或下游 3000bp 时仍有转录调控作用。

实际上，增强子广泛存在于原核与真核生物基因结构中，是通过启动子来增强特定基因转录发生的一种远端遗传性顺式作用元件。研究者发现，一般增强子的长度为 100～200bp，其基本核心元件常由 8～12bp 组成，可形成回文序列，并以单拷贝或者多拷贝的串联形式存在。而且有效的增强子可以位于 5′端、3′端，甚至基因内部的内含子中，同时大部分增强子中均含有一段由嘧啶与嘌呤交替组成的 DNA，极易形成 Z-DNA 结构，这可能与增强子的调控作用密切相关。此外，增强子还具有组织特异性。例如，免疫球蛋白基因的增强子只有在 B 淋巴细胞内活性才最高。

与之相反，某些基因的上游远端或下游远端具有负调节序列，能抑制该基因的转录表达，这类 DNA 序列称为沉默子（silencer）。其作用特征与增强子类似，不受距离和方向的影响，在组织细胞特异性或发育阶段特异性的基因转录调控中起重要的转录调控作用。除此之外，还有诸如静息子、绝缘子、减弱子等远端转录调控元件。

3.3　转录的基本过程

细胞中的遗传信息从脱氧核糖核酸（DNA）到核糖核酸（RNA），再由 RNA 到蛋白质。以 DNA 双链分子中的一条链为模板，合成 RNA 的过程称为转录（transcription）。转录是以 DNA 为模板，由 RNA 聚合酶催化，通过和 DNA 链上碱基配对来合成 RNA，是将 DNA 上的遗传信息传递给 RNA 的反应。合成的 RNA 链与 DNA 双链中一条链具有完全相同的序列，只是尿嘧啶（U）与腺嘌呤（A）配对，RNA 中无胸腺嘧啶（T）。

整个转录过程可分为三个阶段：起始（initiation）、延伸（elongation）和终止（termination）（图 3-13）。

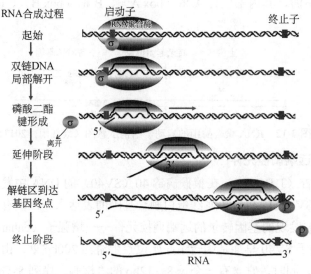

图 3-13　转录的三个阶段（张一鸣，2018）

3.3.1　转录起始

【微课】
转录的起始和延伸

　　启动子（promoter）是最初结合 RNA 聚合酶的 DNA 序列。转录起始前，RNA 聚合酶与启动子 DNA 相互作用并与之结合。启动子附近的 DNA 双链分开形成转录泡（图 3-14）。

　　以 DNA 单链作为模板，用 4 种核苷三磷酸（ATP、GTP、CTP、UTP）作底物，按碱基配对原则接上第一个核苷酸。这第一个核苷酸的位置就是基因转录的起始位点（start point）。

3.3.2　转录延伸

　　延伸阶段，RNA 聚合酶离开启动子，核苷酸逐个加到前一个核苷酸的 3′端，RNA 链不断伸长，形成 RNA-DNA 杂合分子。随着 RNA 聚合酶向前移

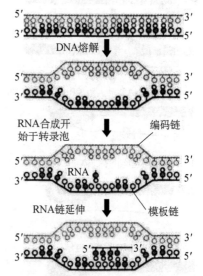

图 3-14　转录泡的形成（郑用链，2018）

动，双螺旋逐渐打开，模板链不断显露出来，新生的 RNA 链的 3′端不断延伸。而合成后的 DNA 重新恢复双螺旋结构。

3.3.3　转录终止

【微课】
转录的终止

　　当 RNA 链延伸到转录终止位点时，RNA 聚合酶不再形成新的磷酸二酯键，RNA-DNA 杂合物分离，转录泡瓦解，DNA 恢复成双链状态，而 RNA 聚合酶和 RNA 链都被从模板上释放出来，这就是转录的终止。

　　当转录进行到终止子序列时，就进入了终止阶段。终止子（terminator）的序列引发 RNA 聚合酶从 DNA 模板上脱离并释放出它已经合成的 RNA 链。终止过程中维持 RNA-DNA 杂合的键断裂，然后 DNA 重新形成双螺旋结构。

　　在大肠杆菌中有两种终止类型，分别是不依赖 ρ 因子的终止和依赖 ρ 因子的终止：第一种类型不需要其他因子的参与就可以引发 RNA 聚合酶的终止反应（termination reaction）；第二种类型需要一个 ρ 因子来诱发终止反应。

1. 不依赖 ρ 因子的终止

　　在不依赖 ρ 因子的终止中，"内在终止子"（intrinsic terminator）具有两个特点，一是二级结构中的发夹；二是转录单位末端的连续约 6 个 U 残基组成的区段。这两个特点都是终止所必需的。发夹靠近基部通常有一个 GC 富含区。发夹和 U 区段的典型距离为 7～9 个碱基。在大肠杆菌基因组中，符合这些标准的序列约有 1100 个，说明约一半基因拥有内在终止子。

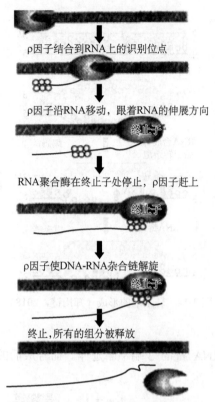

ρ因子结合到RNA上的识别位点

ρ因子沿RNA移动，跟着RNA的伸展方向

RNA聚合酶在终止子处停止，ρ因子赶上

ρ因子使DNA-RNA杂合链解旋

终止，所有的组分被释放

图 3-15　ρ 因子参与 RNA 合成终止的模型
（臧晋和蔡庄红，2012）

当 RNA 聚合酶遇到发夹而暂停时，U 富含区是 RNA-DNA 解离所必需的。RNA-DNA 杂合链之间的 rU·dA 碱基配对的结构异常弱，所以破坏它比破坏其他 RNA-DNA 杂合链所需要的能量少。当聚合酶暂停时，RNA-DNA 杂合链从终止区的弱键 rU·dA 处解开。

2. 依赖 ρ 因子的终止

在依赖 ρ 因子的终止中，必须在 ρ 因子存在的条件下才能实现转录的终止。ρ 因子作为 RNA 聚合酶的辅助因子行使其功能。ρ 因子最初结合到终止子上游 70 个碱基附近一个伸展的单链区，依靠其 ATP 水解酶活性可以水解 ATP 以提供其在 RNA 链上滑动的能量，直到它到达 RNA-DNA 杂合链区。ρ 因子沿 RNA 的移动速度可能比 RNA 聚合酶沿 DNA 的移动速度快，当聚合酶遇到终止子时会发生暂停，此时 ρ 因子在此处赶上 RNA 聚合酶，这时 ρ 因子就利用 ATP 水解产生的能量将 RNA 从模板和 RNA 聚合酶上解离下来，引发终止反应（图 3-15）。

抗终止作用（antitermination）是转录过程中能够控制 RNA 聚合酶越过终止子并继续转录后续基因的一种外部作用，是细菌操纵子和噬菌体调控回路中的一种调控机制。抗终止作用可以通过破坏终止位点 RNA 的发夹结构或通过某些具有抗终止转录作用的蛋白质来实现。

3.4　转录后修饰与加工

3.4.1　原核生物的转录后加工

原核生物 mRNA 的转录和翻译是前后相连的。原核生物的 mRNA 一般不需要进行转录后加工，可以直接作为翻译的模板。但原核生物的 rRNA 和 tRNA 需要进行转录后加工。

1. 原核生物 rRNA 的转录后加工

原核生物有三种 rRNA，分别为 5S rRNA、16S rRNA 和 23S rRNA。另外，rRNA 前体被大肠杆菌 RNaseⅢ、RNaseE 等剪切成一定链长的 rRNA 分子；rRNA 在修饰酶催化下进行碱基修饰；rRNA 与蛋白质结合形成核糖体的大小亚基。

2. 原核生物 tRNA 的转录后加工

原核生物的 tRNA 均来源于一个长的前体，其 5'端和 3'端都要经过切割加工，才形成成熟的 tRNA。原核生物 tRNA 的前体经常包含多个 tRNA，或者是 tRNA 与 rRNA 共存于一个前体中。因此，原核生物 tRNA 加工的第一步便是将前体 RNA 切割成小片段，每一个小片段只含有单一的 tRNA。此切割步骤是由 RNase Ⅲ 完成的，该酶既可以切割含有多个 tRNA 的前体，也可以切割含有 tRNA 和 rRNA 的前体。经 RNase Ⅲ 切割的 tRNA，5'端和 3'端仍然含有多余的核苷酸序列。tRNA 5'端多余序列的切除由 RNase P 一步酶切完成，酶切后即得成熟 tRNA 的 5'端。tRNA 3'端的形成比 5'端要复杂，需要多种 RNA 酶参与完成。

3.4.2 真核生物的转录后加工

真核生物的 rRNA、tRNA 和 mRNA 都要进行转录后加工过程。

1. 真核生物 rRNA 的转录后加工

真核生物有 4 种 rRNA，即 5.8S rRNA、18S rRNA、28S rRNA 和 5S rRNA。其中，前三者的基因组成一个转录单位，产生 47S 的前体，并很快转变成 45S 前体（图 3-16）。真核生物 rRNA 的成熟过程比较缓慢，所以其加工的中间体易于从各种细胞中分离得到，使得对其加工过程也易于了解。真核生物 5S rRNA 是和 tRNA 转录在一起的，经过加工处理后成为成熟的 5S rRNA。

2. 真核生物 tRNA 的转录后加工

真核生物酵母菌 tRNA 的加工过程：tRNA 前体带有一个含 16 个核苷酸的 5'端前导序列、一个含 14 个核苷酸的内含子和两个额外的 3'端核苷酸。初生的转录物形成一个具发夹的二级结构。在加工过程中，5'端前导序列由 RNase P 切除，该酶存在于细菌至各种生物体内，由 RNA 和蛋白质组成；真核生物成熟 tRNA 3'端的 CCA 不是像原核生物一样由基因编码产生的，而是当 3'端的两个核苷酸被外切核酸酶 D 切除后，由 tRNA 核苷酸转移酶将 5'-CCA-3'序列添加到 tRNA 的 3'端，产生出成熟 tRNA 的 3'端。然后由内切核酸酶将内含子两端切除后，再通过连接酶将 tRNA 分子连接在一起。真核生物 tRNA 的加工机制在进化中是高度保守的。

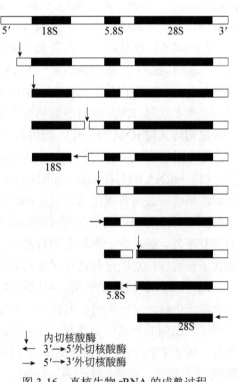

↓ 内切核酸酶
← 3'→5'外切核酸酶
→ 5'→3'外切核酸酶

图 3-16 真核生物 rRNA 的成熟过程
（袁红雨，2012）

3. 真核生物 mRNA 的转录后加工

真核生物的 mRNA 是在转录时或转录后的短时间内在细胞核内被加工修饰的。真核生物 mRNA 的 5'端被加上帽子结构，多数在 3'端加 poly（A）尾巴，并且 mRNA 还有去除内含子、连接外显子等过程。只有在所有的修饰和加工完成之后，mRNA 才能由细胞核转运到细胞质进行翻译。

1）5'端帽子的生成 由于帽子结构经常出现在核内不均一 RNA（heterogeneous nuclear RNA，hnRNA）中，说明 5'端的修饰是在核内完成的，而且先于 mRNA 链的剪接过程。加帽过程是在磷酸酶的作用下，将 RNA 的 5'端磷酸基水解，以 5'-5'的形式加上鸟苷三磷酸，形成 GpppN 的结构。帽子结构能被核糖体小亚基识别，促使 mRNA 和核糖体的结合；m7Gppp 结构能有效地封闭 mRNA 的 5'端，以保护 mRNA 免受 5'-外切核酸酶的降解，增强 mRNA 的稳定性；在某些细胞中能够引发病毒 RNA（+）链的复制。

2）3′端 poly（A）尾的生成　　poly（A）尾的添加位点不是在 RNA 转录终止的 3′端，而是首先由切割和聚腺苷酸化特异因子（cleavage and polyadenylation specificity factor，CPSF）识别并结合在切点上游 13～20bp 处的保守序列 AAUAAA，另一个切割刺激因子（cleavage stimulation factor，CstF）结合到下游的 GU 丰富区。一旦 CPSF 和 CstF 结合到 mRNA 前体上，其他蛋白质也被募集，然后引起 RNA 的切割。在此基础上，由 RNA 末端腺苷酸转移酶催化添加 poly（A）。RNA 末端腺苷酸转移酶又称为 poly（A）聚合酶［poly（A）polymerase］。因此，AAUAAA 也称为多聚腺苷酸化信号（polyadenylation signal），其保守性很强，这段序列的突变可阻止 poly（A）尾的形成。

3）mRNA 的剪接　　大多数真核生物的基因为断裂基因。所谓断裂基因或不连续基因（interrupted gene），是指编码某一 RNA 的基因中有些序列并不出现在成熟 RNA 的序列中，成熟 RNA 的序列在基因中被其他的序列隔开，这些序列称为内含子（intron）。被内含子隔开的出现在成熟 RNA 中的序列称为外显子（exon）。一个基因的外显子和内含子都转录在一条原初转录物 RNA 分子中，把内含子切除，把外显子连接起来，才能产生成熟的 RNA 分子，这个过程叫 RNA 剪接（RNA splicing）。

（1）mRNA 的剪接位点。mRNA 的剪接位点（splicing site）是指内含子与外显子的交接区域，包含断裂与再连接的位点。mRNA 的内含子和外显子的接头点有一些特点：一个内含子的两端并没有很广泛的序列同源性或互补性，连接点序列尽管非常短，却是有极强保守性的共有序列。在内含子两端分别有两个非常保守的碱基，左剪接点为 GU，右剪接点为 AG，内含子在剪接位点的这种特征又称为 GU-AG 规则（GU-AG rule）。

（2）mRNA 的剪接机制。可以用体外的剪接来研究剪接机制。体外的剪接过程可以分为三个阶段进行。第一阶段，内含子的 5′端切开，形成游离的左侧外显子和右侧的内含子-外显子分子。左侧的外显子呈线状，而右侧的内含子-外显子并不呈线状。在距内含子 3′端约 30bp 处有一高度保守的 A，称为分支位点（branching site）。右侧内含子游离的 5′端以 5′-3′磷酸二酯键与 A 相连，形成一个套索（lariat）结构。第二阶段，内含子的 3′剪接点被切断，内含子以套索状释放，与此同时，右侧外显子与左侧外显子连在一起。第三阶段，内含子的套索被切开，形成线状并很快被降解。

mRNA 前体的剪接由剪接体介导，此复合体包含多种蛋白质和 5 种 RNA。这 5 种 RNA 包括 U1、U2、U4、U5 和 U6，统称为核小 RNA（small nuclear RNA，snRNA）。每种 snRNA 长 100～300bp，与几种蛋白质形成复合体。这些 snRNA 与蛋白质结合的复合物称为核内小核糖核蛋白（small nuclear ribonucleoprotein，snRNP），剪接体就是由这些 snRNP 形成的复合体。

mRNA 链上每个内含子的 5′端和 3′端分别与不同的 snRNP 相结合。一般情况下，由 U1 snRNA 以碱基互补的方式识别 mRNA 前体 5′剪接点，由结合在 3′剪接点上游的 U2AF（U2 auxiliary factor）识别 3′剪接点并引导 U2 snRNP 与分支点相结合，形成剪接前体（pre spliceosome），并进一步与 U4、U5、U6 snRNP 三聚体相结合，形成 60S 的剪接体（spliceosome），进行 RNA 前体分子的剪接。

4）mRNA 编辑　　mRNA 编辑（mRNA editing）是指某些 mRNA 前体的核苷酸序列需要改变，如插入、删除或取代一些核苷酸残基，才能生成具有正确翻译功能的模板。一般有脱氨基作用和尿嘧啶的插入或删除两种方式。

3.5　翻译的基本概念与特点　【微课】 从 mRNA 到蛋白质

蛋白质是生物体中主要的功能分子，蛋白质翻译是基因表达的第二步。蛋白质的生物合成又称翻译（translation），它是以 mRNA 为模板合成的，其本质是将 mRNA 中来自 DNA 的遗传信息转换成蛋白质分子的氨基酸排列序列，mRNA 在核糖体上由 tRNA 解读，将贮存于 mRNA 中的密码序列转变为氨基酸序列，合成多肽的过程。参与细胞内蛋白质生物合成的物质除氨基酸外，还有 mRNA、tRNA、rRNA、核糖体、酶及多种蛋白质因子。另外，还需要 ATP 和 GTP 提供能量。

3.5.1　mRNA 的结构与功能

信使 RNA（messenger RNA，mRNA）是蛋白质合成的直接模板。以 DNA 为模板按碱基互补规律合成 mRNA，这些 mRNA 就携带了 DNA 分子中的遗传信息，其核苷酸排列顺序取决于相应 DNA 的碱基排列顺序，又决定了所形成的蛋白质多肽中氨基酸的排列顺序。

所有 mRNA 都具有两个基本特征，即一段可翻译的密码序列［即可读框（open reading frame，ORF）］和一个核糖体结合位点（ribosome binding site，RBS）。ORF 为编码蛋白质的区域，即从起始密码子到终止密码子之间的核苷酸序列。RBS 在原核生物和真核生物间有重要的差别（图 3-17～图 3-19）。原核生物 mRNA 的第一个密码子 AUG 上游的一个重要特征是存在 SD（Shine-Dalgarno）序列，而真核生物 mRNA 除第一个密码子 AUG 的上游是核糖体小亚基扫描 AUG 的信号序列（CCACC）外，5′端非翻译区上游为帽子结构，3′端非编码区有多腺苷酸化信号 AAUAAA 及其下游的多聚 A 尾巴。

在原核细胞中，一个转录物包含多个顺反子，每个顺反子可翻译出一个独立的多肽链。每个顺反子相当于一个真核生物的 mRNA，原核生物的 mRNA 位点含有保守序列 5′-AGGAGGU-3′，位于起始密码子上游 3～10 个核苷酸处。

在真核细胞中，一个转录物只有一个顺反子，包括多个编码区域（外显子）和非编码区域。其中将外显子隔开的非编码区域称为内含子。经过转录和转录后加工，成熟 mRNA 含有可连续阅读的编码区。

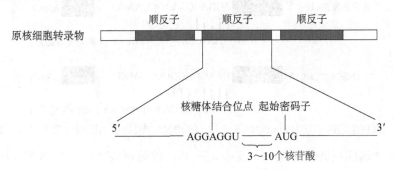

图 3-17　大肠杆菌的 mRNA（郑用琏，2018）

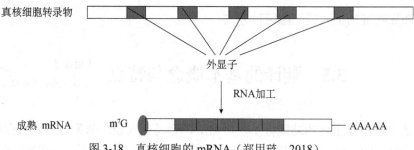

图 3-18　真核细胞的 mRNA（郑用琏，2018）

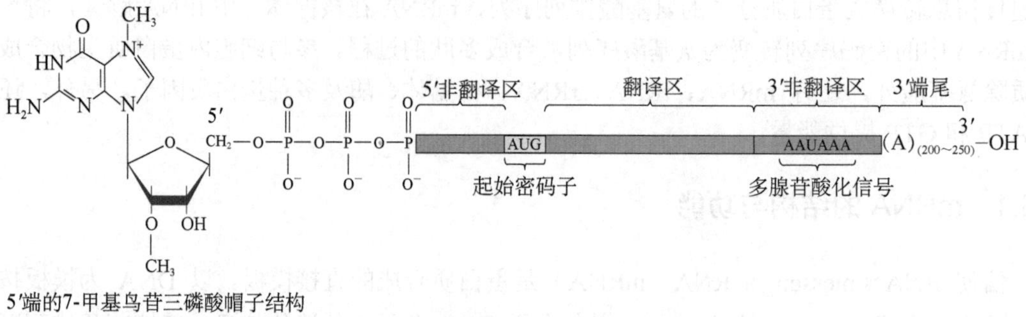

5′端的7-甲基鸟苷三磷酸帽子结构

图 3-19　真核生物成熟 mRNA 的典型结构（郑用琏，2018）

　　虽然 mRNA 在所有细胞内执行着相同的功能，并通过密码子翻译生成蛋白质，但其生物合成的具体过程、成熟 mRNA 的结构和寿命在原核生物与真核生物细胞内是不同的。原核生物 mRNA 的转录和翻译的发生在时间与空间上具有相对同一性，其 mRNA 通常不稳定，在合成后的几分钟内翻译成蛋白质。真核生物 mRNA 的合成与成熟过程都在核内，成熟的 mRNA 被运往细胞质，作为模板翻译蛋白质，其稳定性相对较高。

3.5.2　原核生物和真核生物 mRNA 5′端特有序列结构

　　原核生物起始密码子 AUG 上游 7～12 个核苷酸处有一个被称为 SD 序列（图 3-20）的保守区，因为该序列与 16S rRNA 3′端反向互补，所以被认为在核糖体与 mRNA 的结合过程中起作用。各种 mRNA 的核糖体结合位点中能与 16S rRNA 配对的核苷酸数目及这些核苷酸到起始密码子之间的距离是不一样的，反映了起始信号的不均一性。一般来说，互补的核苷酸越多，30S 亚基与 mRNA 起始位点的结合效率也越高。互补的核苷酸与 AUG 之间的距离也会影响 mRNA-核糖体复合物的形成及其稳定性。

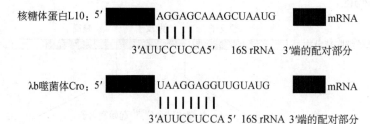

图 3-20　原核生物两个基因的 mRNA 5′端与 16S rRNA 3′端的序列比较（朱玉贤等，2013）

　　16S rRNA 3′端序列既非常保守，又高度互补，能够形成"发夹"结构（图 3-21）。与mRNA 保守序列互补的也是"发夹"结构中的一部分。研究者推测，在 rRNA 的 3′端与

mRNA 5′端配对形成起始复合物时，"发夹"结构被改变，先形成 mRNA-rRNA 杂合体，促使小亚基与之结合，进而引入大亚基，而在启动蛋白质翻译以后，这个杂合体解体，核糖体在 mRNA 模板上运动。发夹结构的动态改变可能有利于翻译起始复合物的形成和移动。

真核细胞 mRNA（不包括叶绿体和线粒体）的 5′端有一个 7-甲基鸟苷三磷酸帽子结构（图 3-22），其通式为 5′m^{7}GpppNm。其中，N 代表 mRNA 分子原有的第一个碱基；m^{7}G 是转录后加上去的。不同真核生物的 mRNA 5′端帽子也不同。帽子可分为三种不同的类型：①O 型，为 m^{7}GpppN。②I 型，为 m^{7}GpppNm，即转录出的 mRNA 第一位碱基也被甲基化（C$_2$ 甲基化）。③II 型，为 m^{7}GpppNmNm，即 mRNA 的第一个碱基和第二个碱基均被甲基化。帽子结构中

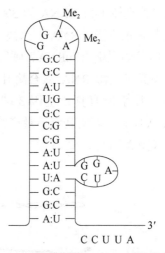

图 3-21　大肠杆菌 16S rRNA 3′端的发夹结构
（杨荣武，2017）

m^{7}Gppp 与下一个核苷酸的连接是以 5′与 5′相连的方式，这和一般的多核苷酸中 5′与 3′连接方式不同，这种特殊的连接方式称为相对核苷酸结构（confronted nucleotide structure）。

真核生物中的相对核苷酸结构至少有两种功能：一是对翻译起识别作用，促进起始反应；二是稳定 mRNA 的作用。

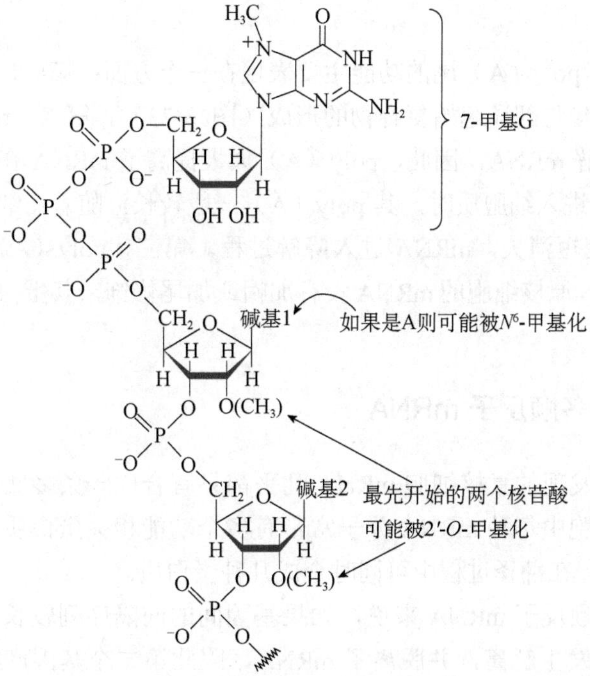

图 3-22　真核生物 mRNA 5′端的帽子结构（McLennan et al., 2019）

3.5.3　原核生物和真核生物 mRNA 3′端特有序列结构

大多数真核生物 mRNA 的 3′端都有 50～200 个腺苷酸残基组成的 poly（A）结构。poly（A）也是转录后当 mRNA 还未离开细胞核时（此时称 hnRNA）就加上去的。有些真核细胞的 mRNA（如组蛋白 mRNA、呼肠弧病毒及一些植物病毒）没有 poly（A）。目前，还没有发现有关真核生物 RNA 聚合酶 II 所转录基因的终止位点有保守的序列特征，但经过比较研究发现，几乎所有真核基因 3′端 poly（A）的上游 15～30bp 处，均有一个非常保守的 AAUAAA 序列，其对初级转录产物的准确切割和加上 poly（A）是必需的，因此认为其是加尾信号（图 3-23）。

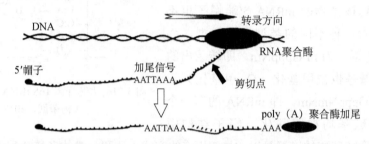

图 3-23　帽子结构和 poly（A）促进翻译起始复合物的形成（郑用琏，2018）

真核生物 mRNA 加 poly（A）时，需要由内切核酸酶切开 mRNA 3′端的特定部位，然后由 poly（A）聚合酶催化多聚腺苷酸的合成。实验研究表明，若通过点突变将 AAUAAA 变为 AAGAAA 序列，该基因的转录活性不会改变，但由于 mRNA 的剪接加工受阻，因而没有功能性的 mRNA 产生。

真核生物 mRNA poly（A）尾的功能主要表现在三个方面：第一，poly（A）与 mRNA 分子 5′端的帽子共同参与翻译起始复合物的形成（图 3-23）。第二，poly（A）尾可以抵抗外切核酸酶从 3′端降解 mRNA，因此，poly（A）大大提高了 mRNA 在细胞质中的稳定性，当 mRNA 刚从细胞核进入细胞质时，其 poly（A）一般较长，随着在细胞质中逗留的时间延长，poly（A）逐渐变短消失，mRNA 进入降解过程。第三，poly（A）是 mRNA 由细胞核进入细胞质所必需的。原核细胞的 mRNA 没有加帽或加尾修饰，其蛋白质合成的起始主要通过 SD 序列进行。

3.5.4　原核生物的多顺反子 mRNA

到目前为止，所发现的真核细胞 mRNA 几乎都只有合成一条多肽链的信息，是单顺反子的形式。而原核细胞中每种 mRNA 分子常带有多个功能相关蛋白质的编码信息，以一种多顺反子的形式排列，在翻译过程中可同时合成几种蛋白质。

对于原核生物多顺反子 mRNA 来说，如果基因间的间隔序列较长，则核糖体在第一个基因的终止密码子处发生解离，并脱离了 mRNA，因此第二个基因产物合成的起始是独立的，同样需要全部的起始过程。如果基因间间隔序列的长度只相当于正常的 SD 序列到起始密码子的距离并具有 SD 序列特征，则核糖体大小亚基分离后，小亚基不离开 mRNA，大业基暂时离开，但又会很快地结合上来。如果前一基因的终止密码子与后一基因的起始密码子部分重叠，则核糖体两个亚基可能都不离开 mRNA，而是去翻译第二个基因产物。因而在原核生物的多顺反子 mRNA 中，各基因产物的数量并不一定都相等，特别是基因间间隔序列较长的情况下更是如此，这时各基因 SD 序列则起关键作用。

3.6　遗传密码与 tRNA

　　贮存在 DNA 上的遗传信息通过 mRNA 传递到蛋白质，mRNA 与蛋白质之间的联系是通过遗传密码的破译来实现的。在 mRNA 分子中，按 5′→3′方向，从 AUG 开始，每三个核苷酸翻译成蛋白质多肽链上的一个氨基酸，这三个核苷酸就称为密码，也叫三联体密码。翻译时从起始密码子 AUG 开始，沿着 mRNA 5′→3′方向连续阅读密码子，直至终止密码子为止，生成一条具有特定序列的多肽链——蛋白质。

3.6.1　三联体密码的破译

　　遗传密码是联系核酸的碱基序列和蛋白质的氨基酸序列的纽带。由三个碱基代表一种氨基酸，4 种碱基可以组合成 64 种密码子，但体内只有 20 种主要氨基酸，这就存在一种氨基酸有多个密码子的现象。实际上每个密码子的三个位置上都有 4 种可能的碱基，因此共有 4^3=64 种可能的三联体核苷酸序列，即 64 个密码子。其中编码氨基酸的有 61 个密码子，有三个密码子是蛋白质合成终止的密码子。密码子的破译主要归功于两项技术：一是 1961 年尼伦伯格（Nirenberg）的人工合成多聚核苷酸体外翻译技术，二是尼伦伯格和莱德（Leder）发明的核糖体结合技术。

　　1954 年，物理学家加莫夫（Gamov）从数学上进行分析，认为只有用三个碱基决定一个氨基酸，才足够编码 20 种氨基酸，所以密码子应该是排列在 mRNA 上决定一个氨基酸信息的三个核苷酸，即三联体密码。此后，遗传学家和生物化学家各自从不同的角度提供了确切的证据支持三联体密码假说。

　　经过反复研究，1961 年，克里克及其同事首先从遗传学的角度证实三联体密码的构想是正确的。他们发现 T_4 噬菌体 rⅡ 位点上两个基因的正确表达与它能否侵染大肠杆菌有关，用吖啶类试剂（诱导核苷酸插入或从 DNA 链上丢失）处理使 T_4 噬菌体 DNA 发生移码突变（frameshift mutation），从而指导生成一个完全不同的、没有功能的蛋白质，使噬菌体丧失感染能力。若在模板 mRNA 上插入或删除一个碱基，会改变密码子以后的全部氨基酸序列。若同时对模板进行插入和删除实验，保证后续密码子序列不变，翻译得到的蛋白质序列就保持不变（除了发生突变的那个密码子所代表的氨基酸外）。若同时删去三个核苷酸，翻译产生少了一个氨基酸的蛋白质，但序列不发生变化（图 3-24）。

　　虽然遗传密码是三联体，但还要回答以下几个问题：①20 个不同的氨基酸对应哪些密码子？②64 个可能的密码子使用了多少？③遗传密码是如何终止的？④各类生物中使用的密码子是否相同？

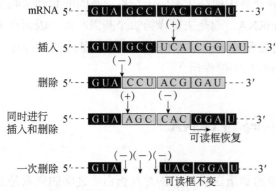

图 3-24　用核苷酸的插入或删除实验证明 mRNA 模板上每三个核苷酸组成一个密码子（朱玉贤等，2019）

遗传密码的破译，在 20 世纪 60 年代初是一项困难的任务。尽管如此，由于体外蛋白质合成体系的建立和人工合成技术的发展，科学家实际上只花了几年时间就解开了这个谜团。

1. 利用多聚核苷酸破译遗传密码

1961 年，尼伦伯格（Nirenberg）等建立了无细胞反应系统。他们利用 DNA 酶处理大肠杆菌抽提物，使 DNA 降解，除去原有的细菌模板。抽提物中含有核糖体、ATP 及各种氨基酸，除 mRNA 以外，是一个完整的翻译系统。

当他们把人工合成的 poly（U）加入这种无细胞系统中代替天然的 mRNA 时，发现合成了单一的多肽，即多聚苯丙氨酸，它的氨基酸残基全是苯丙氨酸。这一结果不仅证明了无细胞系统的成功，同时还证明 UUU 是苯丙氨酸的密码子。他们用同样的方法分别加入 poly（A）和 poly（C），结果相应地获得了多聚赖氨酸、多聚脯氨酸。由于 poly（G）的鸟嘌呤残基会配对，形成三链结构，所以不能作为体外翻译系统中的 mRNA。

幸运的是，由于上述无细胞反应体系中 Mg^{2+} 浓度很高，人工合成多聚核苷酸不需要起始密码子就能指导多肽的生物合成，读码起始是随机的。在生理条件下，没有起始密码子的多核苷酸不能被用作多肽合成的模板。

2. 采用多聚重复共聚物破译密码

为了破译其他的密码，尼伦伯格及奥乔亚（Ochoa）等又采用各种随机的共聚物或特定序列共聚物作模板合成多肽。例如，以只含 A、C 的共聚核苷酸作模板，任意排列时可出现 8 种三联体，即 CCC、CCA、CAC、ACC、CAA、ACA、AAC、AAA，获得 Asn、His、Pro、Gln、Thr、Lys 共 6 种氨基酸组成的多肽。

他们发现，以多聚二核苷酸作模板合成由两个氨基酸组成的多肽，如以 poly（UG）为模板合成的是多聚 Cys 和 Val，因为 poly（UG）中含 Cys 和 Val 的密码：5′…UGU GUG UGU GUG UGU GUG UGU…3′。

无论读码从 U 开始还是从 G 开始，都只能有 UGU（Cys）及 GUG（Val）两种密码子。以多聚三核苷酸作为模板可得到三种氨基酸组成的多肽。如以 poly UUC 为模板，可能有三种起读方式：5′…UUC UUC UUC UUC UUC UUC UUC…3′、5′…UCU UCU UCU UCU UCU UCU UCU…3′或 5′…CUU CUU CUU CUU CUU CUU CUU…3′。

根据读码起点不同，产生的密码子可能是 UUC（Phe）、UCU（Ser）、CUU（Leu），所有得到的多肽可能是多聚苯丙氨酸、多聚丝氨酸或多聚亮氨酸，由此可知 UUC、UCU、CUU 分别是苯丙氨酸、丝氨酸及亮氨酸的密码子。当然，以多聚三核苷酸为模板也可能只合成两种均聚多肽，以 poly GUA 为例：5′…GUA GUA GUA GUA GUA GUA GUA…3′或 5′…UAG UAG UAG UAG UAG UAG UAG…3′或 5′…AGU AGU AGU AGU AGU AGU AGU…3′。由第二种读码方式产生的密码子 UAG 是终止密码子，不编码任何氨基酸，因此只产生两种密码子 GUA（Val）或 AGU（Ser），所以合成的多肽要么是多聚缬氨酸，要么是多聚丝氨酸。

3. 核糖体结合技术

尼伦伯格和莱德（Leder）还用了核糖体结合技术来解决密码问题。这个方法是以人工合成的三核苷酸，如 UUU、UCU、UGU 等为模板，在含核糖体、氨酰 tRNA（AA-tRNA）的适当离子强度的反应液中保温，然后使反应液通过硝酸纤维素滤膜。他们发现，游离的 AA-tRNA 因相对分子质量小而能自由通过滤膜，加入三核苷酸模板可以促使其对应的 AA-tRNA 结合到核糖体上，体积超过膜上的微孔而被滞留，这样就能把已结合到核糖体上的 AA-tRNA 与未结合的 AA-tRNA 分开。若用 20 种 AA-tRNA 做同样的实验，每组都含 20 种 AA-tRNA 和各种三核苷酸，但只有一种氨基酸用 ^{14}C 标记，看哪一种 AA-tRNA 被留在滤膜上，进一步分析这一组的模板是哪个核苷酸，从模板三核苷酸与氨基酸的关系可测知该氨基酸的密码子。例如，模板是 UUU 时，Phe-tRNA 结合于核糖体上，可知 UUU 是 Phe 的密码子（表 3-2）。采用这种方法完成了 61 个遗传密码子的破译。

表 3-2　三核苷酸密码子能使特定的氨酰 tRNA 结合到核糖体上（朱玉贤等，2019）

密码子	与核糖体结合的 ^{14}C 标记的氨酰 tRNA		
	Phe-tRNA^{Phe}	Lys-tRNA^{Lys}	Pro-tRNA^{Pro}
UUU	4.6*	0	0
AAA	0	7.7	0
CCC	0	0	3.1

*数字代表特定氨酰 tRNA 与带有模板三核苷酸的核糖体相结合的效率，随机结合的效率为 1

由于没有一种 tRNA 能识读终止密码子，终止密码子又是如何破译的呢？1961 年，布伦纳（Brenner）获得 T_4 噬菌体头部蛋白基因的琥珀突变（amber）。进一步研究发现突变体头部蛋白较野生型的变短，因此他推测头部蛋白基因发生了终止突变，使蛋白质合成中断。1965 年，加伦（Garen）获得了 *E. coli* 碱性磷酸酯酶基因（*phoA*）琥珀突变株的大量回复突变株，通过分析回复突变株中对应"回复"的氨基酸，证明了终止突变密码为 UAG（amber，琥珀突变）。后来也证实了其他两个终止突变 UAA（ocher，赭石突变）和 UGA（opal，蛋白石突变）。

3.6.2　三联体密码的性质

【微课】
遗传密码的性质

1. 密码子的连续性

按 5′→3′方向，翻译由 mRNA 上的起始密码子 AUG 开始，一个密码子接一个密码子连续地阅读直到遇到终止密码子，密码子之间无任何核苷酸加以隔开和重叠。如插入（insertion）或删除（deletion）碱基，就会使该位点以后的密码发生移码突变（frameshift mutation），使氨基酸的排列顺序发生改变，产生变异的蛋白质。

2. 密码子的简并性

表 3-3 总结了生物共有的 64 个遗传密码子，编码 20 种氨基酸。密码子数量远远大于氨基酸的种数，因此许多氨基酸所对应的密码子不止一个，只有色氨酸（Trp）及甲硫氨酸（Met）仅有一个密码子。一种氨基酸由几个密码子所编码的现象称为密码子的简并性（degeneracy）。编码同一种氨基酸的一组密码子称为同义密码子（synonymous codon）。同义密码子中密码子使用的频率有所不同，即翻译过程中对密码子的使用有偏爱性（bias preference）。将 4 个简并密码子间仅第三个核苷酸不同的密码子称为密码子家族（codon family）。例如，丝氨酸的同义密码子有 UCU、UCC、UCA、UCG、AGU、AGC 6 个，前 4 个为一个密码子家族。另外，AUG 和 GUG 既是甲硫氨酸及缬氨酸的密码子，又是起始密码子，这种双重功能在生物学上的意义尚不清楚。

表 3-3　生物通用密码子表（McLennan et al.，2019）

第一位（5'端）	第二位								第三位（3'端）
	U		C		A		G		
U	Phe	UUU	Ser	UCU	Tyr	UAU	Cys	UGU	U
	Phe	UUC	Ser	UCC	Tyr	UAC	Cys	UGC	C
	Leu	UUA	Ser	UCA	终止密码子	UAA	终止密码子	UGA	A
	Leu	UUG	Ser	UCG	终止密码子	UAG	Trp	UGG	G
C	Leu	CUU	Pro	CCU	His	CAU	Arg	CGU	U
	Leu	CUC	Pro	CCC	His	CAC	Arg	CGC	C
	Leu	CAU	Pro	CCA	Gln	CAA	Arg	CGA	A
	Leu	CUG	Pro	CCG	Gln	CAG	Arg	CGG	G
A	Ile	AUU	Thr	ACU	Asn	AAU	Ser	AGU	U
	Ile	AUC	Thr	ACC	Asn	AAC	Ser	AGC	C
	Ile	AUA	Thr	ACA	Lys	AAA	Arg	AGA	A
	Met	AUG	Thr	ACG	Lys	AAG	Arg	AGG	G
G	Val	GUU	Ala	GCU	Asp	GAU	Gly	GGU	U
	Val	GUC	Ala	GCC	Asp	GAC	Gly	GGC	C
	Val	GUA	Ala	GCA	Glu	GAA	Gly	GGA	A
	Val	GUG	Ala	GCG	Glu	GAG	Gly	GGG	G

　　同义密码子一般都不是随机分布的，因为其第一、第二位核苷酸往往是相同的，而第三位核苷酸的改变并不一定影响所编码的氨基酸，这种安排减少了变异对生物的影响。一般来说，编码某一氨基酸的密码子越多，该氨基酸在蛋白质中出现的频率也越高，只有精氨酸（Arg）是个例外，因为在真核生物中 CG 双联子出现的频率较低，所以尽管有 4 个同义密码子，蛋白质中出现精氨酸的频率仍然不高，如图 3-25 所示。

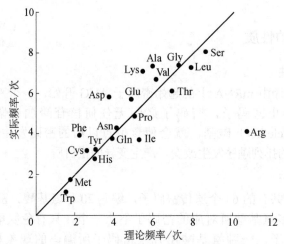

图 3-25　除 Arg 以外，编码某一特定氨基酸的密码子个数与该氨基酸在
蛋白质中出现的频率相吻合（朱玉贤等，2019）

　　常见的 20 种基本氨基酸的密码子和终止密码子的简并现象归纳见表 3-4。

表 3-4　密码子的简并性（臧晋和蔡庄红，2012）

氨基酸	密码子数目	氨基酸	密码子数目
Ala，A（丙氨酸）	4	Leu，L（亮氨酸）	6
Arg，R（精氨酸）	6	Lys，K（赖氨酸）	2
Asn，N（天冬酰胺）	2	Met，M（甲硫氨酸）	1
Asp，D（天冬氨酸）	2	Phe，F（苯丙氨酸）	2
Cys，C（半胱氨酸）	2	Pro，P（脯氨酸）	4
Gln，Q（谷氨酰胺）	2	Ser，S（丝氨酸）	6
Glu，E（谷氨酸）	2	Thr，T（苏氨酸）	4
Gly，G（甘氨酸）	4	Trp，W（色氨酸）	1
His，H（组氨酸）	2	Tyr，A（酪氨酸）	2
Ile，I（异亮氨酸）	3	Val，V（缬氨酸）	4

　　图 3-26 显示第三个碱基对密码子简并性的贡献。通常情况下，密码子的第三位碱基对遗传信息的编码是不重要的，特别是对密码子家族而言更是如此。密码子的第三位碱基可明显区别为嘌呤和嘧啶两类。这种简并寓意了 tRNA 反密码子的摇摆选择，从而大大节省了 tRNA 的种类。

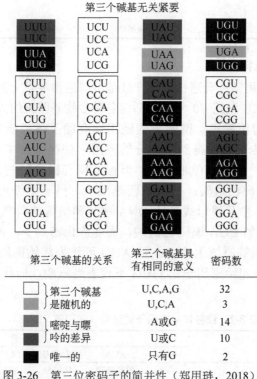

图 3-26　第三位密码子的简并性（郑用琏，2018）

　　某些基因组中密码子的编码与简并特点略有不同。例如，线粒体的甲硫氨酸和色氨酸各有两个密码子，增加的密码子分别来自异亮氨酸密码子（AUA）和终止密码子（UGA）。除线粒体外，有些生物的基因组密码也出现一定的变异。在原核生物支原体中，UGA 也被用于编码色氨酸。十分特殊的是在真核生物中少数纤毛类原生动物—终止密码子 UAA 编码谷氨酰胺（表 3-5，表 3-6）。

表 3-5　生物体密码子变异（臧晋和蔡庄红，2012）

密码子	通常含义	变异的	存在的细胞器或生物
AGA	精氨酸	终止密码子，丝氨酸	一些动物的线粒体
AGG			
AUA	异亮氨酸	甲硫氨酸	线粒体
CGG	精氨酸	色氨酸	植物线粒体
CUN	亮氨酸	苏氨酸	酵母线粒体
AUU	异亮氨酸		
GUG	缬氨酸	起始密码子	一些原核生物
UUG	亮氨酸		
UAA	终止密码子	谷氨酰胺	草履虫、一些纤毛虫
UAG	终止密码子	谷氨酸	草履虫核细胞核基因组
UGA	终止密码子	色氨酸	线粒体,支原体

表 3-6　线粒体与核 DNA 密码子使用情况的比较（臧晋和蔡庄红，2012）

生物	密码子	线粒体 DNA 编码的氨基酸	核 DNA 编码的氨基酸
所有	UGA	色氨酸	终止密码子
酵母	CUA	苏氨酸	亮氨酸
果蝇	AGA	丝氨酸	精氨酸
哺乳类	AGA/G	终止密码子	精氨酸
哺乳类	AUA	甲硫氨酸	异亮氨酸

3. 密码子的通用性与特殊性

高等和低等生物都使用同一套遗传密码，只是不同生物对同义密码子的使用存在偏好，所以密码子具有通用性。20 世纪 70 年代以后对各种生物基因组的大规模测序结果也充分证明生物界基本共用一套遗传密码。密码子的通用性有助于我们研究生物的进化。同时，遗传密码的通用性在遗传工程中得到了充分的应用，如在细菌中大量表达人类的外源蛋白——胰岛素等。虽然密码子具有通用性，但也发现有极少数的例外。在支原体中，终止密码子 UGA 被用来编码色氨酸；在嗜热四膜虫中，另一个终止密码子 UAA 被用来编码谷氨酰胺。通过对人、牛及酵母线粒体 DNA 序列和结构的研究还发现，在线粒体中也有一些例外（表 3-7），如 UGA 编码色氨酸，而非终止密码子；AUA 为起始密码子，也可编码甲硫氨酸。在细菌等原核生物中，除 AUG 可作为起始密码子外，有时 GUG 也可作为起始密码子，但作为起始密码子的 GUG 不代表缬氨酸，而代表甲硫氨酸。这些都体现了遗传密码的特殊性。

表 3-7　线粒体中密码子的改变（郑用琏，2018）

生物体	密码子						
	UGA	AUA	AGA/AGG	CUN	CGG	UAA	UAG
通用密码动物	终止	异亮氨酸	精氨酸	亮氨酸	精氨酸	终止	终止
脊椎动物	色氨酸	甲硫氨酸	终止	+	+	+	+
黑腹果蝇（*Dropsophila melanogaster*）	色氨酸	甲硫氨酸	丝氨酸	+	+	+	+
酿酒酵母（*Saccharomyces cerevisiae*）	色氨酸	甲硫氨酸	+	苏氨酸	+	+	+
光滑球拟酵母（*Torulopsis galabrata*）	色氨酸	甲硫氨酸	+	苏氨酸	未知	+	+
彭贝裂殖酵母（*Schizosaccharomyces pombe*）	色氨酸	+	+	+	+	+	+
丝状真菌	色氨酸	+	+	+	+	+	+

注："+"表示与通用密码相同

4. 密码子的摆动性

上述简并性往往表现在密码子第三位碱基上，如甘氨酸密码子是 GGU、GGC、GGA 和 GGG，丙氨酸的密码子是 GCU、GCC、GCA 和 GCG，它们前两位碱基都相同，只是第三位碱基不同。摆动性也指密码子的专一性主要由前两位碱基决定，而第三位碱基有较大的灵活性。克里克对第三位碱基的这一特性给予了一个专门术语，称"摆动性"（wobble），当第三位碱基发生突变时，仍能翻译出正确的氨基酸来，从而使合成的多肽链不变，有利于维持物种的稳定性，可减少有害突变的发生。表 3-8 给出了 tRNA 上的反密码子与 mRNA 上密码子的配对与"摆动"分析。

表 3-8　反密码子与密码子碱基配对时的摆动现象（张一鸣，2018）

反密码子第一个碱基	A	C	G	U	I
密码子第三个碱基	U	G	C、U	A、G	A、C、U

根据摆动假说，在密码子与反密码子的配对中，前两位严格遵守碱基配对原则，第三位有一定的自由度，可以"摆动"，因而使某些 tRNA 可以识别一个以上的密码子。tRNA 反密码子第一位碱基常为稀有碱基，如次黄嘌呤 I，与反密码子第三位碱基 A、C 或 U 均可配对，此为常见的摆动现象（表 3-8）。根据这种规则，61 个密码子至少需要 32 个 rRNA。研究者已经发现，原生动物中有 30~45 种 tRNA，真核细胞中可能只存在 50 种 rRNA。

3.6.3　tRNA 的结构与功能

【微课】
tRNA 的结构、功能与种类

tRNA 即转运 RNA（transfer RNA）。tRNA 实际上是多肽链和 mRNA 之间的"桥梁"。这种桥梁作用既是实体的，也是信息的，因为它们能把 mRNA 和多肽链结合在一起，并保证多肽链的合成是按照所提供的氨基酸的顺序进行的。tRNA 的这种双重功能与它的结构是统一的。

1. tRNA 的三叶草式二级结构

所有的 tRNA 都有相似的结构。最简单的 tRNA 只有 74 个核苷酸，而最大的也很少超过 94 个核苷酸。这个特点使得 tRNA 成为最先被测序的核酸。序列测定的结构揭示 tRNA 是序列相似性相对较高的 RNA 分子，tRNA 分子含有大量修饰核苷酸和可能存在的各种碱基配对的二级结构。tRNA^{phe} 是第一个通过 X 射线衍射技术测定空间结构的 tRNA，其他的 tRNA 都与它相似。除了少数例外（如脊椎动物线粒体基因组编码的 tRNA），所有 tRNA 都具有三叶草式二级结构（图 3-27）。这种结构上的一致性是其功能所必需的，即不同的 tRNA 具有相同的功能特征，如均能结合核糖体的 A 位点和 P 位点，具有相似的氨基酸接受臂、DHU 环（臂）或 D 环(臂)、TΨC 环（臂）及反密码子环（臂）等。

tRNA 分子的结构特征和有关部位的功能如图 3-27 所示：①氨基酸接受臂（amino acid acceptor），tRNA 分子的 5'端和 3'端的 7 个碱基形成氨基酸接受臂。活化的氨基酸被连接到 tRNA 3'端一个高度保守的 CCA 序列腺苷酸残基的 3'-OH 上。②DHU 环（D loop），环中含有修饰碱基——二氢尿嘧啶（dihydrouracil），直接与氨酰 tRNA 合成酶结合。③反密码子环（anticodon loop），含有能在翻译期间与 mRNA 三联体密码进行碱基配对的反密码子（第 34~36 位核苷酸），担负识读密码的功能。其中第 34 位的核苷酸表现为对密码子的第三位核苷酸的摇摆选择配对，也称为摇摆位点。这是由反密码子环的空间结构决定的，反密码子第一位碱基处于倒"L"形 tRNA 的顶端，受到的碱基堆积力的束缚较小，因此有更大的自由度。④额外环或可变换（extra loop 或 variable loop），含有 3~5 个核苷酸（Ⅰ类 tRNA）或 13~21 个核苷酸（Ⅱ类 tRNA），用于 tRNA 分类。⑤TΨC 环，该环的命名是因为环中始终含有胸腺嘧啶-假尿嘧啶-胞嘧啶的序列。其功能主要表现为与构成核糖体大亚基的 5S rRNA 结合，稳定蛋白质翻译装置。

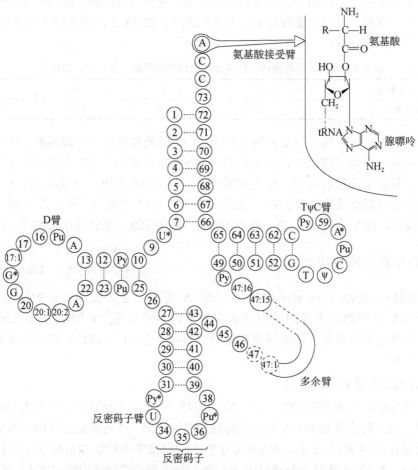

图 3-27   tRNA 的三叶草式二级结构（臧晋和蔡庄红，2012）

2. tRNA 的倒"L"形三级结构

如图 3-27 所示保守的二级结构一样，维持 tRNA 三叶草式二级结构的碱基位置及配对关系通常比较恒定，但也有少部分是 G-U 和 A-Ψ 配对，修饰核苷酸的位置也几乎是相同的。这些高度保守的核苷酸及其排列对 tRNA 的进一步折叠，形成 tRNA 的空间结构十分重要。X 射线衍射分析显示了 tRNA 具有倒"L"形的空间结构（图 3-28）。

倒"L"形结构中的每一个臂的长度约为 7nm，直径 2nm，氨基酸接受臂和反密码子环分别位于"L"形结构的两端。DHU 环和 TΨC 环在分子折叠过程中发生碱基配对，位于"L"形结构两臂的交界处。连续的碱基配对所产生的碱基堆积力，以及在二级机构中非双链的 DHU 环和 TΨC 环在倒"L"形结构中形成氢键结合，保障了 tRNA 分子空间拓扑结构的相对稳定。

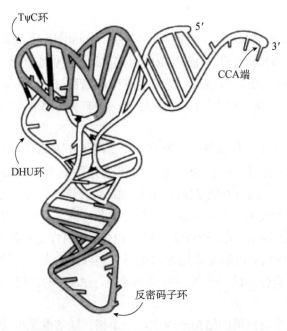

图 3-28　tRNA 的高级空间结构图（McLennan et al.，2019）

在与核糖体结合形成翻译装置后，位于倒"L"一端的氨基酸接受臂，契合于核糖体的肽酰转移酶结合位点，以利于肽键的形成。位于倒"L"另一端的反密码子环与结合在核糖体小亚基上的 mRNA 的密码子配对。第 34 位的摇摆碱基位于堆积力小、自由度大的倒"L"结构末端，正是这种特殊的结构才赋予了反密码子第 34 位碱基对密码子的配对摇摆功能（图 3-29）。

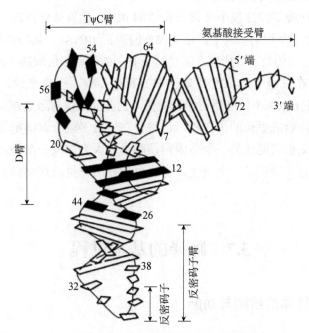

图 3-29　tRNA 的倒"L"形三级结构（臧晋和蔡庄红，2012）

3. tRNA 的种类

1）起始 tRNA 和延伸 tRNA　　能特异地识别目标 mRNA 上起始密码子的一类 tRNA 称为起始 tRNA，其他 tRNA 统称为延伸 tRNA。起始 tRNA 具有独特的有别于其他所有 tRNA 的结构特征。原核生物起始 tRNA 携带甲酰甲硫氨酸（fMet），真核生物起始 tRNA 携带甲硫氨酸（Met）。原核生物中 Met-tRNA^{fMet} 必须首先甲基化生成 fMet-tRNA^{fMet} 才能参与蛋白质的生物合成。

2）同工 tRNA　　由于一种氨基酸可能有多个密码子，因此有多个 tRNA 来识别这些密码子，即多个 tRNA 代表同一氨基酸，将几个代表相同氨基酸的 tRNA 称为同工 tRNA（cognate tRNA）。在一个同工 tRNA 组内，所有 tRNA 均专一于相同的氨酰 tRNA 合成酶。同工 tRNA 既要有不同的反密码子以识别该氨基酸的各种同义密码，又要有某种结构上的共同性，能被 AA-tRNA 合成酶识别。所以说，同工 tRNA 组内肯定具备了足以区分其他 tRNA 组的特异构造，保证合成酶能准确无误地加以选择。到目前为止，科学家还无法从一级结构上解释 tRNA 在蛋白质合作中的专一性。有证据说明，tRNA 的二级和三级结构对它的专一性起着举足轻重的作用。

3）矫正 tRNA　　在蛋白质的结构基因中，一个核苷酸的改变可能使代表某个氨基酸的密码子变成终止密码子（UAG、UGA、UAA），使蛋白质合成提前终止，合成无功能的或无意义的多肽，这种突变称为无义突变（nonsense mutation），而无义突变的矫正 tRNA 可通过改变反密码子区来矫正无义突变。

错义突变（missense mutation）是由于结构基因在某个核苷酸的变化使一种氨基酸的密码子变成另一个氨基酸的密码子。错义突变的矫正 tRNA 通过反密码子区的改变把正确的氨基酸加到肽链上，合成正常的蛋白质。

矫正 tRNA 在进行矫正的过程中必须与正常的 tRNA 竞争结合密码子，无义突变的矫正 tRNA 必须与释放因子竞争识别密码子，错义突变的矫正 tRNA 必须与该密码子的正常 tRNA 竞争，这些都会影响矫正的效率。所以，某个矫正基因的效率不仅取决于反密码子与密码子的亲和力，也取决于它在细胞中的浓度及竞争中的其他参数。一般来说，矫正效率不会超过 50%。无义突变的矫正 tRNA 不仅能矫正无义突变，也会抑制该基因 3′端正常的终止密码子，导致翻译过程的通读，合成更长的蛋白质，这种蛋白质过多就会对细胞造成伤害。同样，一个基因错义突变的矫正也可能使另一个基因错误翻译，因为如果一个矫正基因在突变位点通过取代一种氨基酸的方式矫正了一个突变，它也可能在另一位点这样做，从而在正常位点引入新的氨基酸。

3.7　翻译的基本过程

3.7.1　rRNA 和核糖体的结构与功能

核糖体（ribosome）是蛋白质合成的场所，是一种大而复杂的核蛋白复合物，在细胞中含量丰富。它是由几十种蛋白质和几种核糖体 RNA（ribosomal RNA，rRNA）组成的亚细胞颗粒。大肠杆菌细胞内含有约 2×10^4 个核糖体，真核细胞内可达 $10^6 \sim 10^7$ 个，在未成熟的蟾蜍卵细胞内则高达 10^{12} 个。它们或者在胞质中以游离的形式存在，或者结合在真核细胞糙面内质网膜上，一条 mRNA 上可以先后结合多个核糖体从而形成多聚核糖体结构（图 3-30）。虽然核糖体在体内的量很大，但在蛋白质合成的间隙，它们均以大亚基和小亚基的形式分散存在于细胞质中，而只有在蛋白质合成过程中，才装配成完整的核糖体。

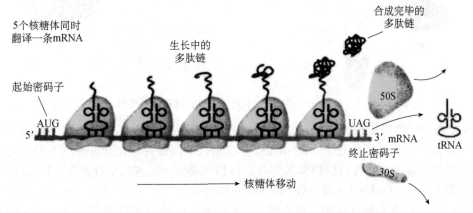

图 3-30　蛋白质合成的多聚核糖体结构（Watson et al.，2015）

细菌核糖体的大小为 29nm×21nm，真核生物核糖体的大小为 32nm×22nm。所有核糖体都由大小不同的两种亚基组成，大亚基的大小大约是小亚基的 2 倍。大亚基（large subunit）与小亚基（small subunit）分别由几种核糖体 RNA（rRNA）和多种核糖体蛋白（ribosomal protein，r-protein）组成，rRNA 组分的相对分子质量占整个亚基的 60%～65%。核糖体的相对大小常常用沉降系数单位来表示。大肠杆菌和其他原核生物的核糖体为 70S，分子质量为 2.5×10^6 Da，由 50S 大亚基和 30S 小亚基结合而成，大亚基包括 5S、23S 两种 rRNA 和 36 种蛋白质，小亚基包括 16S rRNA 和 21 种蛋白质。真核生物的核糖体为 80S，由 60S 大亚基和 40S 小亚基组成，大亚基包含 5S、5.8S 和 28S 三种 rRNA 及 49 种蛋白质，小亚基包含 18S rRNA 和 33 种蛋白质。真核生物 5.8S rRNA 与细菌核糖体中的 5S rRNA 存在部分序列相似（表 3-9）。图 3-31 为原核与真核细胞核糖体大小亚基的比较。

表 3-9　原核生物与真核生物核糖体的组分比较（郑用琏，2018）

组分	原核生物	真核生物
核糖体	70S	80S
小亚基	30S	40S
rRNA	16S	18S
蛋白质	21 种	33 种
大亚基	50S	60S
rRNA	23S	28S
	5S	5.8S
		5S
蛋白质	36 种	49 种

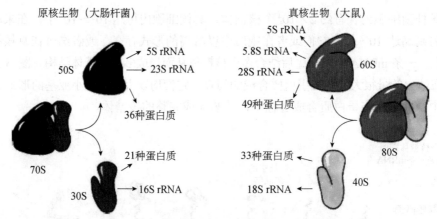

图 3-31　原核与真核细胞核糖体大小亚基的比较（杨建雄，2015）

rRNA 的 GC 含量在 60%左右，其 rDNA 序列通常是中度重复序列，不同生物中的重复频率相差较大，从几百到几万个。5S rRNA 与 tRNA 的 TΨC 环存在部分序列互补，可以氢键配对的方式稳定氨酰 tRNA 与核糖体的结合。原核生物中 16S rRNA 的 3′端具有 CCU 保守序列（图 3-32），可与 mRNA 5′端 AGG 的 Shine-Dalgarno 序列（SD 序列）配对，以保证核糖体对蛋白质合成的准确翻译起始。而真核生物的 18S rRNA 3′端序列尽管与原核生物高度同源，但没有富含 CCU 的保守序列，因为真核生物 mRNA 的 5′端没有 SD 序列（图 3-33）。

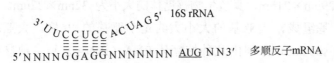

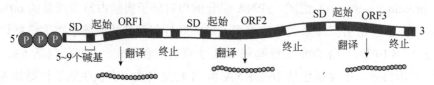

图 3-32　原核生物 mRNA 的结构（杨建雄，2015）

5′N N$^{\text{G}}_{\text{A}}$N N N A̲U̲G̲ G N N 3′　单顺反子mRNA

图 3-33　真核生物 mRNA 的结构（杨建雄，2015）

核糖体存在于每个进行蛋白质合成的细胞中。虽然在不同生物体内，其大小有别，但组织结构基本相同，而且执行的功能也完全相同。由大、小亚基组建成的核糖体具有 8 个重要的功能域或位点（图 3-34），它们分别是：①小亚基与 mRNA 的结合位点。②大亚基与氨酰 tRNA 结合的 A 位点（aminoacyl-tRNA site）。③在肽链延长过程中大亚基与肽链结合的 P 位点（peptide site）。④空载 tRNA 离开核糖体的出口 E 位点（exit site）。⑤大亚基的肽酰转移酶结构域，提供肽键形成的催化活性位点（peptidyl transferase site）。⑥延伸因子-氨酰tRNA-GTP 复合体进入核糖体位点（EF-Tu-aa-tRNAᵃᵃ-GTP site，EF-Tu 位点）。⑦肽链转位因子结合位点 EF-G 位点（EF-G site）。⑧核糖体大亚基与 5S rRNA 结合位点（5S rRNA site）。核糖体与 mRNA 结合后能覆盖约 20 个核苷酸区域。

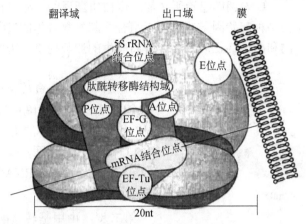

图 3-34　具有生物活性的核糖体的 8 个功能域或位点（郑用琏，2018）

3.7.2　多肽链的合成

蛋白质的生物合成包括氨基酸的活化，以及肽链合成的起始、延伸、终止。

1. 氨基酸的活化

翻译的起始必须具备两个重要前提：一是产生氨酰 tRNA，即将氨基酸负载（loading）到 tRNA 上；二是核糖体大、小亚基的解离。氨酰 tRNA 的合成由两步反应完成，并均由氨酰 tRNA 合成酶（AARS）催化。第一步反应是氨基酸的活化（activation）。由 AARS 识别特定的氨基酸并与 ATP 反应生成氨酰-AMP 和焦磷酸。第二步反应由氨酰-AMP 与 tRNA 反应生成氨酰 tRNA 和 AMP。细胞中的焦磷酸酶不断分解反应生成的 PPi，促进反应向右持续进行。其反应式如下。

第一步，氨基酸活化生成酶–氨酰腺苷酸复合物：AA+ATP+酶（E）$\longrightarrow$ E-AA-AMP+PPi。

第二步，氨酰基转移到 tRNA 3′端腺苷酸残基的 2″-羟基或 3′-羟基上：E-AA-AMP + tRNA $\longrightarrow$ AA-tRNA+E+AMP。

两步反应合起来，即 AA+tRNA+ATP $\longrightarrow$ AA-tRNA+AMP+PPi。

催化氨酰 tRNA 合成的 AARS 具有高度的特异性。自然界中只有 20 种 AARS，各对应一种氨基酸。

蛋白质合成时的真实性主要取决于 tRNA 能否把正确的氨基酸放到新生多肽链的正确位置，而这一步主要取决于氨酰 tRNA 合成酶是否能使氨基酸

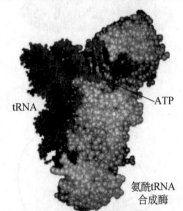

图 3-35　氨酰 tRNA 合成酶与 tRNA 的结合
（Alerts et al.，2002）

与对应的 tRNA 相结合。尽管氨酰 tRNA 合成酶都是负责把氨基酸连接到相应的 tRNA 上，但各合成酶却有很大的差异，其多肽长度从 334 个到 1000 多个氨基酸。氨酰 tRNA 合成酶是在 tRNA 倒 "L" 形的侧面与之结合，并有各自的氨基酸结合位点（图 3-35）。

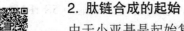

2. 肽链合成的起始

由于小亚基是起始复合体的装配位点，因此大、小亚基的分离为翻译起始所必需。蛋白质翻译的起始是核糖体的大亚基、小亚基、tRNA 和 mRNA 在多种起始因子的协助下组合成起始复合体的过程。参与翻译起始过程的核糖体亚基由游离的和翻译终止后核糖体解离产生的亚基提供，因此起始和终止是密切关联的。

1）原核生物蛋白质合成的起始　　在细菌中，起始氨基酸是甲酰甲硫氨酸，所以，与核糖体小亚基相结合的是 N-甲酰甲硫氨酸-tRNA^{fMet}，它由以下两步反应合成。

第一步，Met+tRNA^{fMet}+ATP $\longrightarrow$ Met-tRNA^{fMet}+AMP+ PPi。

第二步，由甲基转移酶转移一个甲酰基到 Met 的氨基酸上：N^{10}-甲基四氢叶酸+Met-tRNA^{fMet} $\longrightarrow$ 四氢叶酸+fMet-tRNA^{fMet}。

原核生物翻译起始又可被以下分成以下三步（图 3-36）。

第一步，30S 小亚基首先与翻译起始因子 IF-1、IF-3 结合，通过 SD 序列再与 mRNA 模板结合。

第二步，在 IF-2 和 GTP 的帮助下，fMet-tRNA^{fMet} 进入小亚基的 P 位，tRNA 上的反密码子与 mRNA 上的起始密码子配对。

第三步，带有 tRNA、mRNA、三个翻译起始因子的小亚基复合物与50S 大亚基结合，GTP 水解，释放翻译起始因子。

2）真核生物蛋白质合成的起始　　真核生物蛋白质合成的起始机制与原核生物相似，其差异主要是核糖体更大，有更多的起始因子参与，翻译与转录不偶联，其 mRNA 具有 7-甲基三磷酸鸟苷形成的帽子结构，3'端有由聚腺苷酸［poly（A）］形成的尾，为单顺反子，只含一条多肽链的遗传信息，合成蛋白质时只有一个起始位点和一个合成的终止位点，无 SD 序列，Met-tRNA^{Met} 不甲酰化，mRNA 分子 5'端的"帽子"和 3'端的 poly（A）都参与形成翻译起始复合物。有些步骤也更复杂。

帽子在 mRNA 与 40S 亚基结合过程中还起稳定作用。实验表明，带帽子的 mRNA 5'端与

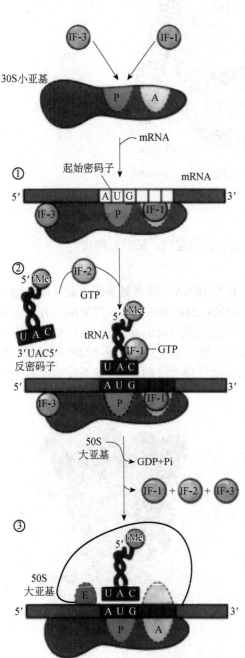

图 3-36　翻译起始复合物的形成
（朱玉贤等，2019）

18S rRNA 的 3′端序列之间存在不同于 SD 序列的碱基配对型互补作用。

40S 起始复合物通过帽子结合蛋白（eIF-4E）与 mRNA 的 5′端结合生成蛋白质-mRNA 复合物，并利用该复合物对 eIF-3 的亲和力与含有 eIF-3 的 40S 亚基结合。

除了帽子结构，40S 小亚基还能识别 mRNA 上的起始密码子 AUG。科扎克（Kozak）等提出另一个"扫描模型"来解释 40S 小亚基对 mRNA 起始密码子的识别作用（图 3-37）。按照这个模型，40S 小亚基先识别 mRNA 5′端的甲基化帽子，然后沿着 mRNA 移动，当 40S 小亚基遇到 AUG 时，由于 Met-tRNA^{Met} 反密码子与 AUG 配对，移动暂停。位于-4 位和+1 位的碱基对于 AUG 是否被识别为起始密码子具有重要的影响。在 AUG 之前的第三个嘌呤（G 或 A）及紧跟其后的 G，可以显著影响翻译效率。最后一步，60S 大亚基与 40S 复合物结合形成 80S 起始复合物。在第一个 40S 小亚基离开起始位点之前，会有更多的小亚基识别 5′端，形成 40S 小亚基的队伍。

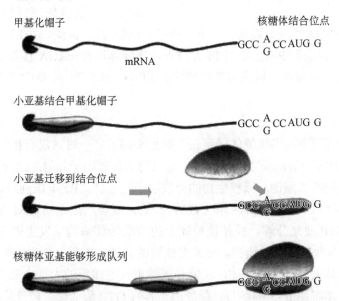

图 3-37　真核生物核糖体从 mRNA 的 5′端向下游含有起始密码子 AUG 的
核糖体结合位点滑动（朱玉贤等，2019）

在起始过程中，mRNA 与 40S 小亚基结合时还需要 ATP，这可能是因为蛋白质合成中消除 mRNA 二级结构是一个耗能过程，需由 ATP 水解提供能量。另外，根据"扫描模型"，在 40S 小亚基沿 mRNA 移动过程中也需要能量。

【微课】
肽链的延伸

3. 肽链的延伸

原核生物和真核生物蛋白质合成的延伸过程十分相似，所涉及的因子及机制也大体相同。起始复合物生成，第一个氨基酸（fMet/Met-tRNA）与核糖体结合以后，肽链开始伸长。按照 mRNA 模板密码子的排列，氨基酸通过新生肽键的方式（图 3-38）被有序地结合上去。肽链延伸由许多循环组成，每加一个氨基酸就是一个循环，每个循环包括 AA-tRNA 与核糖体结合、肽键的生成和移位。

1）后续 AA-tRNA 与核糖体结合　当完整的核糖体在起始密码子处形成后，第二个 AA-tRNA 进入核糖体 A 位点的反应周期即开始。结合有 GTP 的延伸因子（EF-Tu）与 AA-tRNA 结合形成 AA-tRNA·EF-Tu·GTP 复合物，并进入 A 位点。AA-tRNA 和 A 位点的结

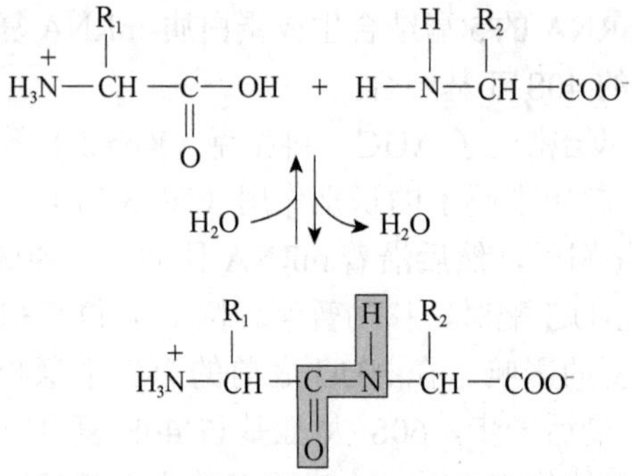

图 3-38 肽链上多肽键的形成——缩合反应
（臧晋和蔡庄红，2012）

合需要 GTP，但是直到肽键形成，GTP 才会水解。除了起始的 fMet/Met-tRNA 之外的任何 AA-tRNA 都能进入 A 位点，这个过程由延伸因子（EF）介导，按照 mRNA 模板密码子的排列，氨基酸通过新生肽键的方式被有序地结合上去。

2）肽键的生成　　在肽酰转移酶（peptidyl transferase）的催化下，A 位点上的 AA-tRNA 转移到 P 位点，与 fMet/Met-tRNA 上的氨基酸生成肽键，这一步需要 Mg^{2+} 与 K^+ 的存在。起始 tRNA 在完成使命后离开核糖体 P 位点，A 位点准备接受新的 AA-tRNA，开始下一轮的合成反应。

3）移位　　肽链延伸过程的最后一步是移位，即核糖体向 mRNA 3′端方向移动一个密码子。已卸载的 tRNA 转移到 E 位点进而被释放，随后肽酰 tRNA 移位到 P 位点，空出 A 位点，核糖体沿着 mRNA 移动三个碱基的距离，使下一个密码子处于 A 位点。移位需要延伸因子 EF-G（eEF-2）及 GTP 参与。eEF-2 可被白喉毒素所抑制。

4. 肽链的终止

在肽链的延伸过程中，当核糖体遇到三个终止密码子之一时，没有相应的 AA-tRNA 能与之结合，而释放因子（release factor，RF）能识别这些密码子并与之结合，水解 P 位点上多肽链与 tRNA 之间的二酯键。原核生物的释放因子有三种：RF-1 识别终止密码子 UAA 和 UAG；RF-2 可辨认终止密码子 UAA 和 UGA，并进入受位与之结合；RF-3 不识别任何终止密码子，可结合 GTP 使之分解，并使核糖体上的肽酰转移酶构象发生改变，表现出酯酶的活性，水解 tRNA 与肽链之间的酯键，协助多肽链的释放。接着，新生的肽链和 tRNA 从核糖体上释放，核糖体大、小亚基解体，肽链合成结束。解体后的大、小亚基重新进入核糖体循环。核糖体的解体需要 IF-3 的参与。释放因子具有 GTP 酶活性，能催化 GTP 水解，使肽链与核糖体解离。

3.8　翻译运转及翻译后修饰

不论是原核生物还是真核生物，在核糖体上合成的蛋白质需被定向输送到合适部位才能行使生物学功能。在细胞质内合成的蛋白质，除一部分仍停留在胞质之中外，所有的蛋白质都要被运转到特殊的位置，以行使各自的生物学功能。一般来说，蛋白质运转可分为两大类：若蛋白质从核糖体上释放后才发生运转，则属于翻译后运转机制；若某个蛋白质的合成和运转是同时发生的，则属于翻译运转同步机制。这两种运转方式都涉及蛋白质分子内特定区域与细胞膜结构的相互关系。

分泌蛋白大多是以翻译运转同步机制运输的；在细胞器发育过程中，由细胞质进入细胞器的蛋白质大多是以翻译后运转机制运输的；而参与生物膜形成的蛋白质，则依赖于上述两种不同运转机制镶入膜内。

新合成的多肽链不一定具有生物学活性,需要经过加工修饰才能形成活性蛋白质。与翻译过程相比,蛋白质产物的翻译后修饰显得更加复杂。一般来说,蛋白质的成熟过程涉及信号肽的切除、多肽链内二硫键的正确形成、多肽链的正确折叠、某些氨基酸残基的修饰、寡聚体的形成等一系列翻译后的加工过程。这通常在特定的细胞器或亚细胞结构中完成。

3.8.1 翻译后运转机制

研究者发现,叶绿体和线粒体中有许多蛋白质和酶是由细胞质提供的,其中绝大多数以翻译后运转机制进入细胞器内。蛋白质运转的目的地取决于这些蛋白质是否具有特殊的定位信号。若没有任何的特殊信号,这种蛋白质只有以唯一可溶的形式留在胞液中。移向不同目的地的蛋白质具有各种不同的信号。这种信号以一种短的"模体"形式存在,信号是在蛋白质合成完成之后才发挥作用的,即蛋白质是在翻译后进行的,在运转过程中没有蛋白质的合成。

1. 前导肽的作用与性质

蛋白质通过 N 端的一段前导肽(leader peptide)与膜结合,这个与膜相互作用的内在保守序列负责蛋白质穿过膜进入它的特异位置。拥有前导肽的线粒体蛋白质前体能够运转进入线粒体,在这一过程中前导肽被水解,前体转变为成熟蛋白,失去继续跨膜能力。因此,前导肽对线粒体蛋白质的识别和跨膜运转显然起着关键作用。

前导肽一般具有如下特性:通常是疏水的,由非电负性(即不带电荷)氨基酸构成,中间夹有带正电荷的碱性氨基酸,缺少带负电荷的酸性氨基酸,羟基氨基酸含量特别高(特别是Ser),易形成双亲(既有亲水又有疏水部分)α螺旋结构。带正电荷的碱性氨基酸在前导肽中有重要的作用,如果它们被不带电荷的氨基酸所取代,就不能发挥牵引蛋白质过膜的作用。

2. 线粒体蛋白质跨膜运转

大部分线粒体蛋白质都由核 DNA 编码,在细胞质自由核糖体上合成,然后被释放至细胞质,再跨膜运转到线粒体各部分。蛋白质运转到线粒体中可能被定位在外膜、内外膜的间隔、内膜或基质中。若一种蛋白质是膜的一种成分,对于内膜,它可被定向在膜的外侧或内侧表面。一个蛋白质定位在膜间质中或在内膜需要一个附加的信号,此信号对于其在细胞器中的定位位置是特异的。蛋白质是通过穿越两层膜进入基质的,此特点是由前导肽 N 端所赋予的。前导肽部分被合成后即被细胞质中的分子伴侣(又称 HSP70 蛋白家族)识别并结合,肽链完全合成后被释放到细胞质中,分子伴侣的作用是保持合成的蛋白质处于非折叠状态,因为折叠的蛋白质不能穿过线粒体或叶绿体膜。HSP70 是将非折叠的新生肽链运转到线粒体外膜上的运输受体蛋白,受体蛋白沿着膜滑动到达线粒体内外膜相接触的部位,新生肽通过该处转位蛋白形成的蛋白质通道进入线粒体,进入线粒体的新生肽被线粒体 HSP60 结合,接着线粒体 HSP60 替换 HSP70,并帮助新生肽正确折叠成活性肽(图 3-39)。

蛋白质向线粒体和膜间隙的定位需要双重信号,分别负责不同层次的定位功能。前导肽的第一部分负责将蛋白质运送到线粒体基质,然后在前导肽的第二部分信号的作用下返回定位到内膜或膜间隙。前导肽的这两部分可被连续切除。

N 端的基质导向信号的功能可能在所有线粒体蛋白质中都是相同的,被外膜受体识别,导致蛋白质穿越过两层膜。因此所有进入线粒体的蛋白质运转在开始都是相同的,无论它的最终定位在何处。而前导肽的特点决定了随后的运转和定位,位于基质中的蛋白质除基质导向信号外没有其他信号，因此这些蛋白质定位于基质中。如有膜导向信号，需要切除基质导向信号后才能显示其功能，切除后前导肽保留的部分（新的 N 端）即膜导向信号就将蛋白质导入外膜膜间隔或内膜的合适位置。

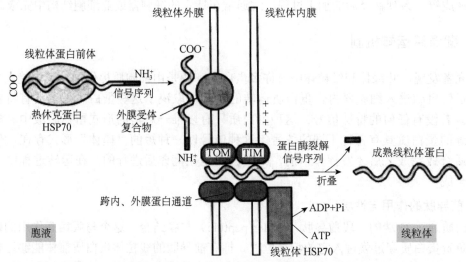

图 3-39　真核细胞线粒体蛋白的靶向运输机制（朱玉贤等，2019）

基质导向信号的剪切是单独加工的，这一加工对于定位在基质中的蛋白质来说是必要的。

基质导向信号的剪切是由位于基质中的蛋白酶来完成的，这种蛋白酶是水溶性的 Mg^{2+} 依赖性酶。因此，定位于线粒体基质中的蛋白质需提供这种蛋白质所识别的前导肽 N 端且 N 端序列必须要到达基质。

3. 叶绿体蛋白质的运转

叶绿体蛋白质需要穿越两层膜，图 3-40 所示为各种定位的叶绿体蛋白质。这些蛋白质穿过外被的外膜和内膜进入基质，此过程与蛋白质跨膜运转到线粒体基质的情况相同。但有的蛋白质还要穿越类囊体膜进入腔中。定位于类囊体膜或腔中的蛋白质运转途中必须经过基质。叶绿体的导向信号和线粒体的相似。前导肽由 50 个氨基酸残基组成，N 端的第一部分是叶绿体被识别所需，决定该蛋白质能否进入叶绿体基质。在穿越外被时或穿越后在 20～25 个氨基酸残基位点发生剪切。定位在类囊体或腔中的蛋白质，其 N 端的第二部分指导类囊体膜的识别。

叶绿体蛋白质运转过程有如下特点：①活性蛋白水解酶位于叶绿体基质内，这是识别翻译后运转的指标之一。②叶绿体膜能够特异地与叶绿体蛋白的前体结合。叶绿体膜上有识别叶绿体蛋白质的特异受体，保证叶绿体蛋白质只能进入叶绿体内。③叶绿体蛋白质前体内可降解序列因植物和蛋白质种类不同而表现出明显的差异。

4. 核定位蛋白的运转机制

对于真核细胞，核孔是进行双向运转的分子通道，在细胞质中合成的蛋白质一般通过核孔进入细胞核。所有核糖体蛋白都首先在细胞质中被合成，运转到细胞核内，在核仁中被装配成 40S 和 60S 核糖体亚基，然后运转回到细胞质中行使作为蛋白质合成机器的功能。RNA、DNA 聚合酶、组蛋白、拓扑异构酶及大量转录、复制调控因子都必须从细胞质进入细胞核才能正常发挥功能。

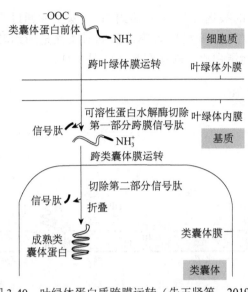

图 3-40　叶绿体蛋白质跨膜运转（朱玉贤等，2019）

在绝大部分多细胞真核生物中，每当细胞发生分裂时，核膜被破坏，等到细胞分裂完成后，核膜被重新建成，分散在细胞内的核蛋白必须被重新运入核内。真核细胞核膜上的核孔复合体（nuclear pore complex，NPC）是细胞核内外进行物质交换的主要通道，相对分子质量较小的蛋白质可以自由通过 NPC 或采用被动扩散的方式进入细胞核，而相对分子质量大于 4×10^4 的蛋白质则需要通过主动运转进出细胞核。以这种方式进出细胞核的蛋白质需要在其氨基酸序列上带有特殊的核定位信号（nuclear localization signal，NLS）序列和出核信号（nuclear export signal，NES）序列，才能被相应的核运转蛋白识别。

目前已经发现有多种类型的核定位信号，包括经典核定位信号和其他类型的 NLS。这些信号都具有一个带正电荷的肽核心，通常是一段富含碱性氨基酸的序列，它能与入核载体相互作用，将蛋白质运进细胞核。第一个被确定 NLS 序列的蛋白质是 SV40 的 T 抗原，它在细胞质中合成后很快积累在细胞核中，是病毒 DNA 在核内复制所必需的。

NLS 可以位于核蛋白的任何位置，也能够引导其他非核蛋白进入细胞核。入核信号与前导肽的区别在于：①由含水的核孔通道来鉴别；②入核信号是蛋白质的永久部分，在引导入核过程中，并不被切除，可以反复使用，有利于细胞分裂后核蛋白重新入核。

对于核蛋白输入细胞核机制的研究主要集中在酵母系统。蛋白质向核内运输的过程需要一系列循环于核内和细胞质的蛋白因子，包括核运转因子（importin）α、β 和一个低相对分子质量的 GTP 酶（Ran）参与。

经典的 NES 由疏水性氨基酸，尤其是亮氨酸和异亮氨酸富集的区域构成，其保守性氨基酸排序为 $\varphi X_{1 \sim 3} \varphi X_{2 \sim 3} \varphi X \varphi$，其中，φ 代表疏水性氨基酸 L、I、F 或 M，而 X 代表任意氨基酸。经典的 NES 大多为 CRM1 依赖型，它能够被出核因子（chromosome region maintenance）/CRM1/exporting/X pol1 识别并结合，从而携带该蛋白出核。

对于原核细胞来说，同样存在蛋白质运转的问题。研究表明，细菌同样能通过位于蛋白质 N 端的信号肽将新合成的多肽运转到内膜、外膜、双层膜之间或细胞外等不同部位。细菌中新翻译产生的蛋白质与胞质中的分子伴侣 SecB 相结合后就能被运送到细胞膜运转复合物 SecA-SecYEG 上，结合有新生肽的 SecA 在自身 ATP 酶活性作用下水解 ATP 并嵌入细胞膜中，导致与 SecA 相结合的被运转蛋白 N 端约 20 个氨基酸通过膜运转复合物到达胞外。SecA 再与另一个 ATP 相结合，变构嵌入膜内的同时再次把所运转蛋白的第二部分运出胞外，如此反复，直到把所运蛋白质全部运到胞外（图 3-41）。

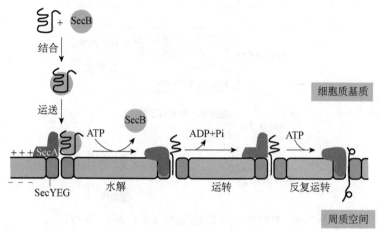

图 3-41　细菌中蛋白质的跨膜运转（朱玉贤等，2019）

3.8.2　翻译运转同步机制

在真核细胞中，一部分核糖体以游离状态停留在细胞质中，另一部分核糖体，受新合成多肽 N 端上的信号序列（signal sequence）所控制而进入内质网，使原来表面光滑的内质网（smooth ER，SER）变成有局部凸起的糙面内质网（rough ER，RER）。对于这些蛋白质来说，肽链合成起始后就转移到糙面内质网，新生肽边合成边转入糙面内质网腔中，随后经高尔基体运至溶酶体、细胞膜或分泌到胞外，内质网与高尔基体本身的蛋白质成分的运转也是通过这一途径完成的。因为蛋白质的合成和运转是同时发生的，所以属于翻译运转同步机制。

一般认为，蛋白质定位的信息存在于该蛋白自身结构中，并且通过与膜上特殊受体的相互作用得以表达，这就是信号肽假说的基础。

1. 信号肽假说的建立

1972 年，米尔斯坦（Milstein）等发现免疫球蛋白 IgG 轻链的前体要比成熟的 IgG 在 N 端多 20 个氨基酸，推测这 20 个氨基酸可能与其通过内质网进而分泌有关。此后，美国 Blobel 实验室完成的三项重要实验支持了以上推测，他们的实验表明 mRNA 5′端核糖体上合成的新生肽尚未来得及加工，而 3′端核糖体上合成的新生肽在核糖体未分离前已经部分进入 RER，经过了加工，切除了 N 端的部分。在此基础上，布洛贝尔（G. Blobel）和萨巴蒂尼（D. Sabatini）于 1975 年提出了信号肽假说（signal hypothesis），认为分泌蛋白 N 端有一段信号肽，当新生肽延伸有 50～70 个氨基酸后，信号肽从核糖体的大亚基中露出，立即被 RER 膜上的受体识别并与之结合，在信号肽越膜进入 RER 内腔后被信号肽酶水解，正在合成的新生肽随着信号肽通过 RER 膜上的蛋白质孔道穿过双层磷脂进入 RER 腔内。这一假说经过多年的继续研究又有了新的发展，但基本观点仍是正确的。Blobel 因这项成就而获得了 1999 年的诺贝尔生理学或医学奖。

2. 信号肽的结构和功能

绝大部分被运入内质网内腔的蛋白质都带有一个信号肽，该序列常常位于蛋白质的氨基端，长度一般为 13～36 个残基，有如下三个特点：①一般带有 10～15 个疏水氨基酸；②在靠近该序列 N 端常常有一个或数个带正电荷的氨基酸；③在其 C 端靠近蛋白酶切割位点常常有数个极性氨基酸，离切割位点最近的那个氨基酸往往带有很短的侧链（丙氨酸或甘氨酸）。

信号肽在蛋白质运输过程中发挥如下作用：①完整的信号多肽是保证蛋白质运转的必要条件。信号序列中疏水性氨基酸突变成亲水性氨基酸后，会阻止蛋白质运转而使新生蛋白质以前体形式积累在胞质中。②信号肽还不足以保证蛋白质运转的发生。要使蛋白质顺利跨膜，还要求运转蛋白质在信号序列以外的部分有相应的结构变化。③信号序列的切除并不是运转所必需的。如果把细菌外膜脂蛋白信号序列中的甘氨酸残基突变成天冬氨酸残基，能抑制该信号肽的水解，但不能抑制其跨膜运转。④并非所有的运转蛋白质都有可降解的信号肽。卵清蛋白是以翻译运转同步机制进入微粒体中的，但它没有可降解的信号序列。据此，"信号肽"应当被定义为：能启动蛋白质运转的任何一段多肽。

Blobel 等已证明，识别信号肽的是一种核蛋白体，称为信号识别蛋白（signal recognition protein，SRP）。SRP 有两个功能域：一个用于识别信号肽，结合含有疏水核心的信号肽使其不能折叠而保留其穿越内质网；另一个是使核糖体的翻译暂停，干扰氨酰 tRNA 和肽酰转移酶的反应，以终止多肽链的延伸作用，避免延长的分泌肽在细胞质中错误折叠。信号肽与 SRP 结合发生在蛋白质合成的开始阶段，即 N 端的新生肽链刚一出现时。一旦 SRP 与带有新生肽链的核糖体相结合，肽链的延伸作用暂时停止，或延伸速度大大降低。SRP-核糖体复合体就移动到内质网上并与那里的 SRP 受体——停泊蛋白（docking protein，DP）相结合。只有当 SRP 与 DP 相结合时，多肽才恢复合成，信号肽部分通过膜上的核糖体受体及蛋白质运转复合物跨膜进入内质网内腔，蛋白质合成的延伸作用又重新开始，此时 SRP 及其受体的作用已完成，二者分离并恢复游离态，从而进入新的循环自由地发动另一些新生肽和膜的结合（图 3-42）。整个蛋白质跨膜以后，信号肽被水解，形成高级结构和成熟蛋白质，并被运送到相应的细胞器。

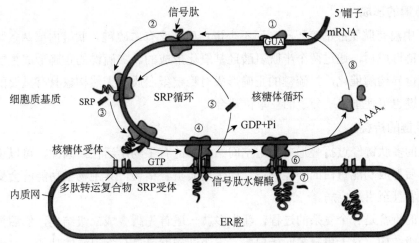

图 3-42 分泌蛋白的靶向输送（钱晖和侯筱宇，2017）

①翻译起始；②信号肽先被翻译出来；③SRP 与信号肽、核糖体识别结合；④核糖体-SRP 复合物与膜上受体识别结合；
⑤释放的 SRP 进入下一轮循环；⑥肽链合成重新开始并进入内腔；⑦信号肽被切除；⑧核糖体解体

被运转到内质网中的多肽除少部分留在内质网腔中，多数还要运往他处。在运输过程中，蛋白质在不同亚细胞结构之间传递的同时还伴随一系列翻译后加工修饰。运输和修饰这两个部分是相互偶联的。

3.8.3　翻译后加工

新生的多肽链大多数是没有功能的，必须经过一系列翻译后的加工修饰才能转变为有活性的蛋白质，这个过程称翻译后加工（post-translational processing）或翻译后修饰（post-translational modification）。对于不同的蛋白质来说，该加工过程各异，没有统一的模式。与翻译过程相比，蛋白质产物的翻译后处理显得更加复杂。一般来说，蛋白质的成熟过程涉及信号肽的切除、多肽链内二硫键的正确形成、多肽链的正确折叠、某些氨基酸残基的共价修饰、寡聚体的形成等一系列翻译后加工过程。这通常是在特定的细胞器或亚细胞结构中完成的。氨基酸残基的共价修饰，包括羟基化（如胶原蛋白）、糖基化（糖蛋白）、脂基化（脂蛋白）、磷酸化（如糖原磷酸化酶）、乙酰化（如组蛋白）、羧基化和甲基化（如细胞色素 c 与肌肉蛋白）等。这些共价修饰作用通常在内质网中进行。由于这些共价修饰，组成蛋白质的氨基酸种类显著增多，已发现 100 多种，这些修饰对蛋白质生物功能的发挥起着重要作用。

1. N 端 fMet 或 Met 的切除

细菌蛋白质的 N 端一般不保留 fMet，由氨肽酶（aminopeptidase）水解切除，也有少数肽链 N 端的 fMet 由脱甲酰酶（deformylase）去除甲酰基。不管是原核生物还是真核生物，N 端的甲硫氨酸往往在多肽链合成完毕之前就被切除。在真核生物中，常常在多肽链合成到一定长度（15～30 个氨基酸）时，其 N 端的甲硫氨酸被除去。这一步反应也是由氨肽酶来完成的。水解的过程有时发生在肽链合成的过程中，有时在肽链从核糖体上释放以后。因此，成熟的蛋白质分子 N 端一般没有甲酰基，或没有甲硫氨酸。

2. 二硫键的形成

mRNA 中没有胱氨酸的密码子，而不少蛋白质都含有二硫键。肽链内或两条肽链间的二硫键是在肽链形成后，通过两个半胱氨酸羟基氧化形成的。二硫键的正确形成主要由内质网的蛋白二硫键异构酶催化，二硫键的正确形成对稳定蛋白质的天然构象具有重要的作用。链间形成二硫键也可使蛋白质分子的亚单位聚合。

3. 多肽链的折叠

新合成的多肽链经过折叠形成一定空间结构才能有生物学活性。因此，可以说蛋白质的折叠是翻译后形成功能蛋白的必经阶段。如蛋白质折叠错误，其生物学功能就会受到影响或丧失，严重者甚至引起疾病。

多肽链的折叠是一个复杂的过程，新生多肽一般首先折叠成二级结构，然后再进一步折叠盘绕成三级结构。对于单链多肽蛋白质，三级结构就已具有蛋白质的功能；对于寡聚蛋白质，一般需要进一步组装成为更复杂的四级结构，才能表现出天然蛋白质的活性或功能。

过去认为，多肽链的氨基酸序列（一级结构）是确定蛋白质空间结构的唯一因素。近些年来发现，有些蛋白质只有在另一些蛋白质存在的情况下才能正确完成折叠过程，形成功能蛋白质。分子伴侣（molecular chaperone）是目前研究比较多的能够在细胞内辅助新生肽链正确折叠的蛋白质。分子伴侣是一大类参与蛋白质的运转、折叠、聚合、解聚、错误折叠后的重新折叠及原始蛋白质活性调控等一系列过程的保守蛋白家族。目前认为细胞内至少有两类分子伴侣家族，即热休克蛋白（heat shock protein）家族和伴侣素（chaperonin）。

分子伴侣在新生肽链折叠中主要通过防止或消除肽链的错误折叠，增加功能性蛋白质折叠产率来发挥作用的，而并非加快折叠反应速度。分子伴侣本身并不参与最终产物的形成。

4. 特定氨基酸的修饰

氨基酸侧链的修饰作用包括羟基化、磷酸化、糖基化、甲基化、乙酰化、脂基化、泛素化和类泛素化修饰、剪切、寡聚体的形成等。

1）羟基化　肽链中某些氨基酸的侧链可被专一化的酶催化进行修饰。例如，在结缔组织的蛋白质内常出现羟脯氨酸、羟赖氨酸，这两种氨基酸并无遗传密码，是在肽链合成后脯氨酸、赖氨酸残基经过羟基化产生的。羟基化有助于胶原蛋白螺旋的稳定，有一些赖氨酸则被进一步糖基化。

2）磷酸化　主要由多种蛋白激酶催化，将磷酸基团连接于丝氨酸、苏氨酸和酪氨酸的羟基上。磷酸化后的蛋白质可以增加或降低它们的活性。酶、受体、介质（mediator）和调节因子等蛋白质的可逆磷酸化使普遍存在的蛋白质在细胞生长和代谢调节中有重要功能。而磷酸酯酶则催化脱磷酸作用。

3）糖基化　它是真核细胞蛋白质的特征之一。大多数糖基化是由内质网中的糖基化酶（glycosylase）催化进行的。许多分泌蛋白和膜蛋白均为糖基化蛋白质。糖基化是多种多样的，可以在同一条肽链上的同一位点连接上不同的寡糖，也可以在不同位点上连接上寡糖。糖基化过程是在酶促反应下进行的。

4）甲基化　蛋白质的甲基化是由甲基转移酶催化的。甲基化包括发生在 Arg、His 和 Gln 侧基的 N-甲基化，以及 Glu 和 Asp 侧基的 O-甲基化。有些蛋白质多肽链中赖氨酸可被甲基化，如细胞色素 c 中含有一甲基赖氨酸、二甲基赖氨酸。大多数生物的钙调蛋白含有三甲基赖氨酸。有些蛋白质中的一些谷氨酸羧基也发生甲基化。

5）乙酰化　蛋白质的乙酰化普遍存在于原核生物和真核生物中。发生在赖氨酸侧链上的 ε-NH_2，由乙酰基转移酶催化。

6）脂基化　某些蛋白质，如膜结合蛋白在合成后可以共价键与疏水性脂肪酸链或多异戊二烯链连接形成脂基化蛋白。

7）泛素化和类泛素化修饰　发生在赖氨酸残基侧链上，由 E1、E2 和 E3 一系列酶催化。

8）剪切　有些新合成的多肽链要在专业性的蛋白酶作用下切除部分肽段才能具有活性。例如，分泌蛋白要切除 N 端信号肽从而形成有活性的蛋白质；无活性的酶原变为有活性的酶，需要切去一部分肽链。有些动物病毒如脊髓灰质炎病毒的 mRNA 可翻译成很长的多肽链，含有多种病毒蛋白，经蛋白酶在特定位置上水解后可得到几个有活性的蛋白质分子（图 3-43）。新合成的胰岛素前体是前胰岛素原，必须先切去信号肽变成胰岛素原，再切去

B 肽，才变成有活性的胰岛素（图 3-44）。

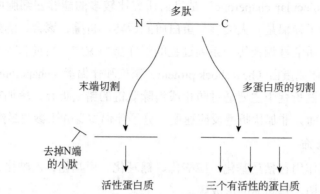

图 3-43　新生蛋白质经蛋白酶切割后变成有功能的成熟蛋白质（朱玉贤等，2019）

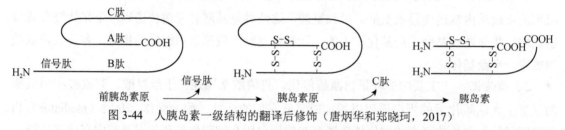

图 3-44　人胰岛素一级结构的翻译后修饰（唐炳华和郑晓珂，2017）

9）寡聚体的形成　　一般来说，由多个肽链及其他辅助成分构成的蛋白质，在多肽链合成后还需经过多肽链之间及多肽链与辅基之间的聚合过程，才能成为有活性的蛋白质。具有四级结构的蛋白质由几个亚基组成，因此必须经过亚基之间的聚合过程才能形成具有稳定构象和生物功能的蛋白质。结合蛋白含有辅基成分，所以也要与辅基部分结合才能具有生物功能。

3.8.4　蛋白质的降解

在所有的细胞中，为了防止异常的或不需要的蛋白质的积累，加速氨基酸的循环，蛋白质总是不断地被降解。越来越多的证据表明，生物体内蛋白质的降解过程是一个有序的过程。

1. 泛素化修饰

蛋白质的半衰期为 30s 到许多天。在真核生物中，除了通过溶酶体及自噬通路，蛋白质的降解主要依赖于泛素蛋白（ubiquitin）。泛素是一类低相对分子质量的蛋白质，只有 76 个氨基酸残基，序列高度保守。泛素化是指泛素分子在泛素激活酶、结合酶、连接酶等的作用下，对靶蛋白进行特异性修饰的过程，在该过程中，泛素 C 端甘氨酸残基通过酰胺键与底物蛋白赖氨酸残基的 ε 氨基结合。在蛋白质分子的一个位点上可结合单个或多个泛素分子。

蛋白质的泛素化修饰是翻译后修饰的一种常见形式，该过程能够调节不同细胞途径中的各种蛋白。其中，泛素-蛋白酶体途径是最先被发现的，也是一种较普遍的内源蛋白质降解方式。

有些泛素化修饰还能参与多种生物功能的调控，在蛋白质的定位、代谢、功能、调节和降解中都起着十分重要的作用，能参与细胞周期、增殖、凋亡、分化、转移、基因表达、转录调节、信号传递、损伤修复炎症免疫等几乎一切生命活动的调控，在肿瘤、心血管等疾病发病中起着十分重要的作用。此外，蛋白质的泛素化也是研究、开发新药物的新靶点。

2. SUMO 化修饰

除了泛素化修饰，细胞内还有一些与泛素化修饰类似的反应，称为类泛素化修饰，如 SUMO 化修饰（小泛素化修饰，SUMOylation）和 NEDD 化修饰（NEDDylation）等。小泛素化修饰相关修饰物（small ubiquitin-related modifier，SUMO）是泛素类蛋白家族的重要成员之一，由 98 个氨基酸组成，在进化上高度保守。SUMO 化修饰类似于但又不同于泛素化修饰。SUMO 化修饰既能协同泛素化，又能拮抗泛素化修饰。与泛素介导的蛋白质降解不同，SUMO 阻碍泛素对底物蛋白的共价修饰，提高了底物蛋白的稳定性（图 3-45）。它能修饰许多基因表达调控中发挥重要作用的蛋白质，包括转录因子、转录辅助因子及染色体结构调控因子。SUMO 化修饰影响蛋白质亚细胞定位和蛋白质构象，广泛参与细胞内蛋白质与蛋白质相互作用、DNA 结合、信号转导、核质运转、转录因子激活等重要过程。

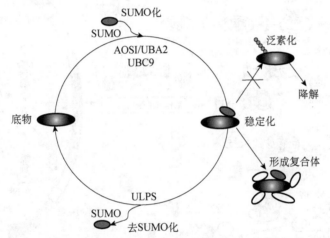

图 3-45　SUMO 化修饰的通路及其与泛素化的关系（朱玉贤等，2019）

ULPS. 泛素相似蛋白加工酶；AOSI/UBA2. SUMO 活化酶；UBC9. SUMO 结合酶

3. NEDD 化修饰

NEDD8 含有 81 个氨基酸，是一种类泛素蛋白修饰分子，与泛素分子的一致性为 59%，相似性高达 80%，其相似程度是众多类泛素分子中最高的。研究表明，NEDD8 能像泛素一样在体内固有酶簇作用下被共价结合到底物蛋白上，参与蛋白质翻译后修饰，这一过程称为 NEDD 化修饰（图 3-46）。NEDD 化修饰的发生机制与泛素化相似，需要酶 E1、E2、E3 介导的一系列酶促反应。NEDD 化修饰可能参与细胞增殖分化、细胞发育、细胞周期、信号转导等重要生命过程的调控，NEDD 化修饰异常会导致人类的神经退行性疾病和癌症。

目前发现的 NEDD 化底物蛋白只有 Cullin 家族蛋白、原癌基因产物 Mdm2、p53 肿瘤抑制因子、p73、表皮生长因子受体（EGFR）、乳腺癌相关蛋白 3（BCA3）等。因为 NEDD8 参与 NEDD 化修饰过程的关键点是赖氨酸残基，该残基同时也可以发生乙酰化、甲基化和泛素化，人们普遍认为，在不同的生理条件下，在蛋白质的同一赖氨酸残基上可能发生不同的修饰以满足不同的生理需求（图 3-47）。

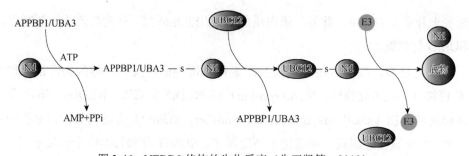

图 3-46　NEDD8 修饰的生化反应（朱玉贤等，2019）

APPBP1/UBA3. E1 连接酶；UBC12. E2 连接酶；Nd. NEDD8；s. 半胱氨酸残基

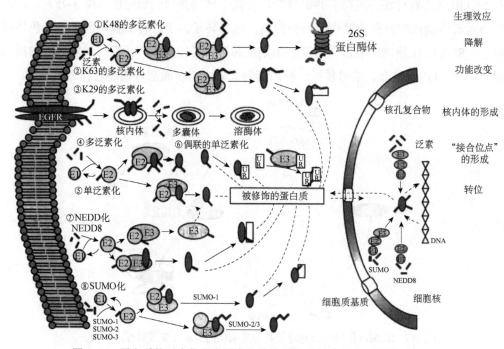

图 3-47　蛋白质的泛素化和类泛素化修饰的生理效应（朱玉贤等，2019）

思 考 题

1. 大肠杆菌的终止子有几类？分别简述一下它们的结构特点。

2. 简述 RNA 内含子的自我剪接类型和机制。

3. 真核生物的 mRNA 与原核生物的 mRNA 有何不同？

4. 增强子具有哪些特点？

5. 原核生物的转录可分为哪些阶段？简述各阶段的主要事件。

6. 试述核基因组编码线粒体蛋白质的跨膜运转机制。

7. 简述遗传密码子的特点。

8. 核糖体在蛋白质翻译过程中有哪些功能位点，各自起什么作用？

9. 简述蛋白质生物合成的过程。

10. 论述真核生物和原核生物在翻译起始中的异同。

第 4 章

基因的表达调控与表观遗传修饰

【微课】
基因表达调控的基本概念

本章彩图

4.1 基因的表达调控模式与特点

基因表达（gene expression）是指生物在一定调节因素的作用下，DNA 分子上特定的基因被激活并转录生成特定的 RNA，或由此引起特异性蛋白质合成的过程（图 4-1）。简言之，其是从 DNA 到蛋白质或者到功能 RNA 的过程。生物的基因在表达过程中呈现规律性变化，受某些特定因素的调控。

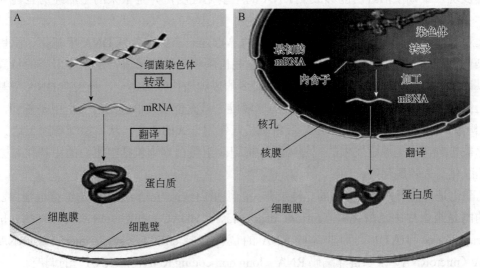

图 4-1　基因的表达过程（Allison，2015）

A. 原核生物；B. 真核生物

基因表达调控（gene expression regulation）是指对生物体内基因表达过程的调节控制，使基因表达在时空上处于有序状态，应对环境条件的变化作出反应的过程。基因表达调控可在多个层次上进行，主要包括基因水平、转录水平、转录后水平、翻译水平等方面。

基因表达调控就是各种因素调节基因表达的过程。

对不同生物而言，调控的手段存在一定差异。原核生物的调控主要是营养状况和环境因素，而真核生物则是激素水平和发育阶段。调控的因素（因子）主要是蛋白质。例如，AP-2 是一个分子质量为 52kDa 的转录因子，N 端是富含脯氨酸和谷氨酸的转录激活域，C 端的

helix-span-helix 结构可以形成二聚体并与特异的 DNA 序列结合，调控下游基因转录。在某些环节，小分子 RNA 也会参与基因的表达调控。例如，miR-210 通过直接靶向这些基因的 3′-UTR，从而抑制基因的表达，扰乱有丝分裂进程，导致有丝分裂异常。

基因表达调控（点）可见于从基因激活到蛋白质生物合成的各个阶段，因此基因表达的调控可分为转录水平（基因激活及转录起始）、转录后水平（加工及转运）、翻译水平及翻译后水平，但以转录水平的基因表达调控最重要。在 DNA 水平，有基因缺失、基因重排、甲基化修饰、染色质结构状态等调控基因表达的方式。在 RNA 水平，有转录水平调控、RNA 的转录后加工、mRNA 从核内向胞质转运、mRNA 稳定性等调控基因表达的方式。*PTEN*、*RB1* 和 *PIK3CA* 等癌症基因，在转录后调控水平上都有助于癌症的发生。而且许多 *pisSNVs* 基因，包括 *UBR4*、*EP400* 和 *INTS1*，主要通过转录后水平在致癌过程中发挥其功能。在蛋白质水平，有翻译过程、翻译后加工、蛋白质的稳定性等调控基因表达的方式。蛋白酶体（proteasome）负责处理不必要的和有潜在毒性的蛋白。蛋白酶体持久地处于活跃状态，负责破坏超出寿命期的蛋白质，实现在翻译后水平的调控。

表观遗传（epigenetics）是指 DNA 自身序列不发生改变，但基因对应的遗传信息发生了可遗传的改变，并最终导致表型发生变化。表观遗传机制主要涉及 DNA 修饰、基因组印记、染色质重塑、组蛋白修饰、非编码 RNA 调控等。表观遗传的核心部分是 DNA 修饰。研究者发现，早期生活经历能够改变 DNA 的甲基化程度，并且未来的生活经历也能够修饰 DNA，提示环境可能影响 DNA。

表观遗传修饰是目前研究基因表达调控的热点之一，主要包括 DNA 甲基化、组蛋白修饰、染色体重塑、非编码 RNA 的调控等，这些机制相互作用形成特定功能所需的特异染色质，以调节基因表达。DNA 甲基化是研究最多的表观遗传修饰之一，是指在 DNA 甲基化转移酶的作用下，在基因组 CpG 二核苷酸的胞嘧啶 5 号碳位以共价键结合一个甲基基团，引起 DNA 构象、DNA 稳定性及 DNA 与蛋白质相互作用方式的改变，从而控制基因表达。DNA 甲基化被普遍认为是癌症发生的一种警示性标记。组蛋白修饰包括组蛋白的甲基化与去甲基化、乙酰化与去乙酰化等。

乙酰化是目前研究得最深入的与转录有关的组蛋白修饰方式。主要参与维持组蛋白乙酰化平衡的酶是组蛋白去乙酰化酶（histone deacetylase，HDAC）和组蛋白乙酰转移酶（histone acetyltransferase，HAT）。而非编码 RNA 的调控包括 siRNA（small interfering RNA）、miRNA（microRNA）及长链非编码 RNA（long non-coding RNA，lncRNA）的调控。

一般认为，在真核生物中，主动转录的基因与组蛋白 H3 和 H4 的不同赖氨酸残基上的乙酰化及转录活跃指示区 H3K4 的甲基化有关。

生物在 DNA、RNA、蛋白质等多个水平上存在各种各样的表达调控，使基因呈现规律性表达：时间特异性和空间特异性。①某一特定基因的表达严格按特定的时间顺序发生，称为基因表达的时间特异性。多细胞生物基因表达的时间特异性又称阶段特异性（stage specificity）。②在个体生长全过程，某种基因产物在个体按不同组织空间顺序出现，称为基因表达的空间特异性。基因表达伴随时间顺序所表现出的这种分布差异，实际上是由细胞在器官的分布决定的，所以空间特异性又称细胞特异性或组织特异性。

4.2　原核生物基因的表达调控

原核生物的调控主要发生在转录水平，根据调节机制的不同分为负转录调控和正转录调控。在负转录调控系统中，调节基因的产物是阻遏蛋白（repressor），起着阻止结构基因转录的作用。根据作用特征又可分为负诱导作用和负阻遏作用。在负诱导系统中，阻遏蛋白不与效应物（诱导物）结合时，结构基因不转录；在负阻遏系统中，阻遏蛋白与效应物结合时，结构基因不转录。在正转录调控系统中，调节基因的产物是激活蛋白（activated protein）。在正诱导系统中，诱导物的存在使激活蛋白处于活性状态；在正阻遏系统中，效应物分子的存在使激活蛋白处于非活性状态。

4.2.1　操纵子模式

【微课】
乳糖操纵子

1. 乳糖操纵子

大肠杆菌在生长过程中，一般是将葡萄糖作为碳源。然而，雅各布（F. Jacob）和莫诺（J. Monod）发现，当大肠杆菌生活的环境中没有葡萄糖而存在乳糖时，大肠杆菌会合成与乳糖代谢相关的酶：β-半乳糖苷透性酶（促使乳糖通过细胞膜进入细胞）、β-半乳糖苷酶（催化乳糖水解成半乳糖和葡萄糖）、β-半乳糖苷乙酰基转移酶（也称硫代半乳糖苷乙酰基转移酶）。在这些酶的作用下，大肠杆菌能够将环境中的乳糖分解成葡萄糖和半乳糖，并加以利用。当大肠杆菌生活的环境中没有乳糖后，这些酶的合成就会停止。从这些现象可以看出，大肠杆菌能够根据周围环境中有没有乳糖，决定是否合成 β-半乳糖苷酶。

酶的合成受某些特定基因的控制，β-半乳糖苷酶的合成是 β-半乳糖苷酶基因表达的结果。由此可见，乳糖对大肠杆菌 β-半乳糖苷酶基因的表达起到了诱导作用。这种诱导作用是如何进行的呢？Jacob 和 Monod 根据实验结果提出了操纵子（operon）和操纵基因（operator gene）的概念，很好地解释了这种诱导和调控过程。操纵子学说（operon theory）可以让人们从分子水平认识基因表达的调控，是一个划时代的突破。同时，Jacob 和 Monod 利用大肠杆菌的 F 因子的性导试验和互补遗传实验进行了大量的分析，于 1961 年发现了大肠杆菌的乳糖操纵子（Lac operon）。乳糖操纵子是在原核生物中发现的第一种基因表达调控模式。

在原核生物中，很多功能上相关的基因前后相连成串，由一个共同的控制区进行转录的控制，包括结构基因（structural gene）和控制区（regulative region）及调节基因（regulative gene）的整个核苷酸序列叫作操纵子。其中，控制区包括操作子（operator，O）和启动子（promoter，P）。

结构基因是被调控基因，可以转录产生 mRNA 并作为模板合成蛋白质。调节基因则可以通过转录和翻译产生一种阻遏蛋白（repressor protein）与操纵子相互作用，这个操纵子一般总是与它所控制的结构基因相毗邻。阻遏蛋白与操纵子结合从而阻碍了结构基因的转录，在诱导过程中，诱导物（inducer）通过与阻遏蛋白相结合而阻止阻遏蛋白与操纵子的结合。

在乳糖操纵子中，三个结构基因（*lacZ*、*lacY* 和 *lacA*）分别编码三种酶——β-半乳糖苷酶、β-半乳糖苷透性酶和β-半乳糖苷乙酰基转移酶。这三种酶实际上同属于一个代谢过程，它们的功能是相关的。这三个酶一字排列，在它们的前面，也就是上游，有一个操纵位点，叫作操作子（*O*）。在操作子的前面，有一个公用的启动子（*P*），在启动子的上游有一个调节基因 *lacI*。*O* 和 *P* 有 7 个碱基的重复，使这段序列可能无法同时结合 RNA 聚合酶和阻遏蛋白，也可能虽然可以同时结合，但无法形成开放的转录起始复合物。在启动子上游还有一个分解（代谢）物基因激活蛋白（CAP）结合位点，由启动子、操作子和 CAP 结合位点共同构成乳糖操纵子的调控区（图 4-2）。

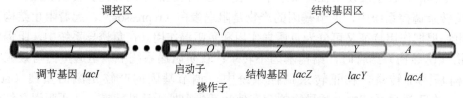

图 4-2　乳糖操纵子结构（McLennan et al.，2019）

没有乳糖的时候，调节基因 *lacI* 表达的产物是一种阻遏蛋白单体，这种单体可以组装成四聚体结合在操作子上，而操作子又与启动子发生部分区域重叠，四聚体结合上去后，占据了一定的核苷酸序列，以至于占据了 RNA 聚合酶在启动子上应该占据的一定位置，这样就阻止了 RNA 聚合酶与启动子的结合。由于不能形成有效的转录起始复合物，后面的基因不能转录，基因表达受到阻遏（图 4-3）。

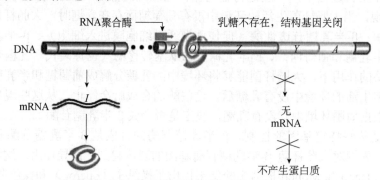

图 4-3　没有乳糖时大肠杆菌乳糖操纵子的作用机制（杨建雄，2015）

乳糖存在时，调节基因 *lacI* 表达的阻遏蛋白单体与乳糖结合，形成复合体，使得阻遏蛋白构象发生变化不能识别、结合操作子。RNA 聚合酶便与启动子顺利结合，形成有效的转录起始复合物，后面的结构基因顺利转录和表达（图 4-4）。

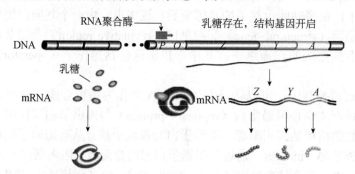

图 4-4　乳糖存在时大肠杆菌乳糖操纵子的作用机制（杨建雄，2015）

当环境中葡萄糖与乳糖二者共同存在时，细胞总是对乳糖视而不见，优先利用葡萄糖，乳糖操纵子不表达，即葡萄糖的存在抑制了乳糖操纵子。

研究者发现，乳糖操纵子中还存在精细调控结构，即 CAP
正调控位点（图 4-5）。但这个位点并不是所有的启动子都有
的。以大肠杆菌乳糖启动子为例，CAP 结合位点（CAP

【微课】
乳糖操纵子的精细调控

binding site）有两个：一个位于 -70～-50bp，另一个位于 -50～-40bp。在调控乳糖代谢过程
中，乳糖可以诱导 RNA 聚合酶结合启动子，是否结合取决于 CAP 位点上是否结合 cAMP-
CAP，这又取决于 cAMP-CAP 是否被合成，最终取决于细胞中有没有葡萄糖。

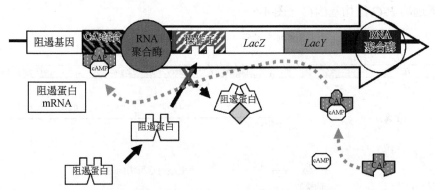

图 4-5　大肠杆菌乳糖代谢 CAP 调节作用机制（杨建雄，2015）

cAMP 含量与葡萄糖的分解代谢有关，当利用葡萄糖分解供给能量时，cAMP 生成少而
分解多，cAMP 含量低；相反，当环境中无葡萄糖可供利用时，cAMP 含量就升高。细胞中
有一种能与 cAMP 特异结合的 cAMP 受体蛋白（cAMP receptor protein，CRP），当 CRP 未
与 cAMP 结合时，它是没有活性的；当 cAMP 浓度升高时，CRP 与 cAMP 结合并发生空间构
象的变化而活化，称为 CAP（CRP cAMP activated protein），能以二聚体的方式与特定的
DNA 序列结合。

没有葡萄糖时，腺苷酸环化酶将 ATP 转变成 cAMP，cAMP 与 CAP 形成复合物，与启
动子上的 CAP 位点结合，启动子上的 -35 序列才能与 RNA 聚合酶结合；相反，有葡萄糖
时，腺苷酸环化酶不能将 ATP 转变成 cAMP，CAP 位点就是空的，RNA 聚合酶就不能与 -35
序列结合，后面的基因就不能启动。

CAP 是一种全局性的调节子，可以激活乳糖操纵子、半乳糖操纵子、阿拉伯糖操纵子和
麦芽糖操纵子的表达。当 CAP 与 cAMP 结合后，cAMP-CAP 形成二聚体，结合至启动子的
上游识别位点，协助 RNA 聚合酶与启动子结合。

由于 lacP 是弱启动子，单纯因乳糖的存在发生去阻遏使 lac 操纵子转录开放，还不能使
细胞很好地利用乳糖，必须同时有 CAP 来加强转录活性，大肠杆菌才能合成足够的酶来利
用乳糖。lac 操纵子的强诱导既需要有乳糖的存在，又需要没有葡萄糖可供利用。通过这种
机制，大肠杆菌优先利用环境中的葡萄糖，只有无葡萄糖而又有乳糖时，大肠杆菌才去充分
利用乳糖。

总的来说，大肠杆菌乳糖操纵子从基因表达调控的水平来看，发挥了 4 个作用：抑制基
因的阻遏作用、CAP 位点的正调控作用、代谢底物（别构乳糖）的诱导作用及代谢终产物
（葡萄糖的代谢物）的反馈抑制作用。

2. 色氨酸操纵子

色氨酸操纵子（trp operon）是原核生物调控基因表达的另一个重要操纵子。研究人员发现，在培养大肠杆菌环境中加入色氨酸时，色氨酸合成酶的含量就大大下降甚至不产生色氨酸合成酶。色氨酸的加入阻遏了色氨酸合成酶基因的表达，进而提出了色氨酸操纵子。

【微课】
色氨酸操纵子

色氨酸操纵子中，色氨酸合成所需酶类的主要基因 *trpE*、*trpD*、*trpC*、*trpB*、*trpA* 等头尾相接串联排列组成结构基因群，受其上游的启动子 *trpP* 和操纵子 *O* 的调控，调控基因 *trpR* 的位置远离 *P-O*-结构基因群（图4-6）。

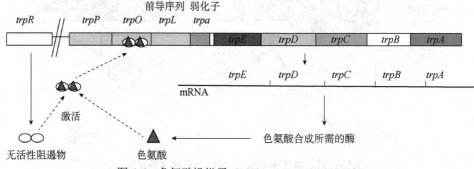

图 4-6　色氨酸操纵子（McLennan et al.，2019）

调节基因 *R* 产生的蛋白质并没有与 *O* 结合的活性，当环境能提供足够浓度的色氨酸时，*R* 与色氨酸结合后构象变化而活化，就能够与 *O* 特异性亲和结合，阻遏结构基因的转录，因此色氨酸操纵子属于一种负性调控的、可阻遏的操纵子（repressible operon）。

在 *trp* mRNA 5′端 *trpE* 基因的起始密码前有一个长 162bp 的 mRNA 片段，称为前导序列（leader）。前导序列包括起始密码子 AUG 和终止密码子 UGA，编码了一个含 14 个氨基酸的多肽。该多肽有一个特征，其第 10 位和第 11 位有相邻的两个色氨酸密码子。前导序列中有 4 个富含 GC 片段，以两种不同的方式进行碱基配对，有时是 1—2 和 3—4 配对，有时只以 2—3 方式配对，其中序列 4 后面还有一连串的 UUUUUU，于是 3 和 4 配对形成的发夹结构就形成了一个典型的终止子结构，即衰减子或弱化子（attenuator）。当转录进行到这里时就会发生终止。后面的 5 个基因就不能表达了。因此，在色氨酸操纵子中，调控的关键是序列 3 和序列 4 能不能配对（图4-7）。

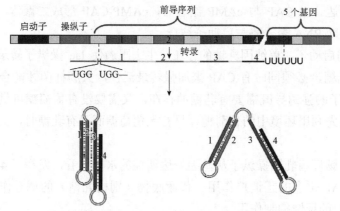

图 4-7　色氨酸操作子前导序列作用机制（Watson et al.，2013）

色氨酸操纵子中，核糖体对细胞中的色氨酸浓度很敏感，当它翻译前导肽遇到色氨酸密码子时，发现细胞中有相对较高浓度的色氨酸，就迅速占据了序列 1 和序列 2，于是序列 3 和序列 4 就配对，形成了终止子发夹结构，转录终止。

当它翻译前导肽遇到色氨酸密码子，但是发现细胞中并没有相对较高浓度的色氨酸，甚至没有色氨酸时，就停滞不前，结果只占据了序列 1，而转录并不停止，于是序列 2 和序列 3 就配对，那么序列 3 就不能和序列 4 配对，不能形成终止子发夹结构，转录还会继续进行。

总的来说，有高浓度色氨酸时，通过调节基因采用完全阻遏机制，基因不转录；有低浓度色氨酸时，阻遏解除，基因能转录，但是通过衰减子采用了弱化机制；更低浓度甚至没有色氨酸时，基因表达。

在色氨酸操纵子中，弱化作用是对色氨酸操纵子的精细调节。当环境中的色氨酸浓度逐渐下降时，最初的反应是解除阻遏蛋白对操纵子的抑制作用，但是色氨酸操纵子仍受到弱化作用的调节。当色氨酸的浓度进一步降低时，弱化作用被解除。

细菌通过弱化作用弥补阻遏作用的不足，因为阻遏作用只能使转录不起始，对于已经起始的转录，只能通过弱化作用使之中途停下来。阻遏作用的信号是细胞内色氨酸的多少；弱化作用的信号则是细胞内载有色氨酸的 tRNA 的多少。它通过前导肽的翻译来控制转录的进行，在细菌细胞内，这两种作用相辅相成，体现着生物体内周密的调控作用。这种机制可以保证充分地消耗色氨酸，使其合成维持在满足需要的水平，防止色氨酸堆积和过多地消耗能量。同时，也使细菌能够优先将环境中的色氨酸消耗完，然后开始自身合成色氨酸（图 4-8）。

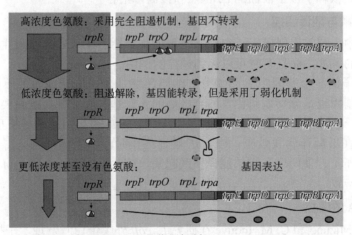

图 4-8　色氨酸操纵子的作用机制（Watson et al.，2015）

4.2.2　原核生物基因表达的其他调控方式

1. σ 亚基的替换

在枯草芽孢杆菌（*Bacillus subtilis*）中，σ 因子广泛地用于转录起始的调节。现知道有 10 种不同的因子，有的存在于营养期细胞中，有的仅在噬菌体感染的特殊环境中，或者从营养生长转变成孢子形成期。各种不同的聚合酶含有不同的 σ 因子，但是数量很少。各种聚合酶识别不同启动子的-35 区和-10 区序列。

早期基因被宿主菌的全酶所转录，宿主基因启动子能被 RNA 聚合酶 $\alpha_1\beta\beta'\sigma_{43}$ 所识别。随后，基因 *28* 的产物（称为 gp28）取代核心酶上的 σ 因子，形成的全酶能特异转录中期的基因。基因 *33*、*34* 的产物（13kDa 和 24kDa 的蛋白质），进而取代核心酶上的 gp28，在晚期启动子上起始转录。

σ 因子的相继取代具有双重的后果，每次亚基的改变使 RNA 聚合酶能够识别一组新的基因，而不再识别先前的基因。由于 σ 因子的转换，RNA 聚合酶的活性全部发生了变化。可能所有的核心酶都是短暂地和不同的 σ 因子结合，但这种变化的程序是不可逆的。在每一间隔中存在着 σ 因子连续地被新的因子所取代，导致了不同组基因的转录。调节的方式表现出一种级联调控。

2. 二级结构和翻译的调控

E. coli 的 RNA 噬菌体 MS2 只含 4 个基因：*A*、*cp*、*Rep* 和 *Lys*。*cp*（coat protein，外壳蛋白）基因所编码的蛋白质由 129 个氨基酸构成，分子质量为 13.7kDa；*A*（atachment）基因编码附着蛋白（含 393 个氨基酸，分子质量为 44kDa）；*Rep*（replicase）基因编码复制酶（含 544 个氨基酸，分子质量为 61kDa）；*Lys*（lysis）基因编码裂解蛋白，它和 *cp*、*Rep* 基因重叠，该蛋白质含 75 个氨基酸。

噬菌体基因组进入宿主细胞后，核糖体仅附着到 *cp* 基因开始的核糖体结合位点上，而不能到 *A* 基因或 *Rep* 基因的开始处，因为它们的核糖体结合位点被病毒 RNA 的二级结构所保护。相比之下，CP 蛋白的起始密码子 AUG 处被核糖体所附着，因为它暴露在二级结构的末端。

由于 *A* 和 *Rep* 两个位点被封闭在二级结构中，首先打开的是 *cp* 位点。当核糖体阅读到 *cp* 位点时，使形成二级结构的氢链断裂。随着翻译的进行，其下游的 *Rep* 位点也被冲开了。这样 *Rep* 基因总是依赖于位于前面的 *cp* 位点和核糖体结合。

3. 重叠核苷酸与翻译调控

在原核生物中，常常出现操纵子中相邻的基因有少量的 DNA 序列发生重叠，这不仅可以充分利用有限的碱基，而且有时可以起到调控的作用。

色氨酸操纵子的 5 个基因中 *E* 和 *D* 分别编码邻氨基苯甲酸合成酶的不同亚基组成四聚体；同样 *A* 和 *B* 基因也是分别编码色氨酸合成酶的 α 亚基和 β 亚基，产量要求一致，那么如何保证该产量的一致性呢？原来 *trpE* 的终止密码子和 *trpD* 的起始密码子相互重叠，在 *E*、*D* 两个基因之间存在着翻译偶联效应。当 *trpE* 翻译终止时，核糖体尚未来得及解离，已处于 *trpD* 的起始密码子上，使两个基因的翻译偶联起来，彼此协调。*trpB* 和 *trpA* 也同样以这种偶联的关系来协调一致。

4. 反义 RNA 的调控

1984 年，T. Mizuno 和 C. M. Inouye 在研究 *E. coli* 外膜蛋白时发现了干扰 mRNA 的互补 RNA（mRNA-interfering complementary RNA，micRNA）。

在 *E. coli* 中有两种外膜蛋白 OmpC 和 OmpF，在渗透压增高时，OmpC 产量增加，在渗透压减小时，OmpC 产量受到控制；与此相反，另一种膜蛋白 OmpF 在高渗透压条件下产量受控，而低渗时，其产量增加。

OmpC 和 *OmpF* 两个基因编码了 OmpC 和 OmpF 两种外膜蛋白。*EnvZ* 基因编码一种作为渗透压感受器的受体蛋白。当渗透压增加时，EnvZ 激活 *OmpR* 的产物（一种正调节蛋白），OmpR 可以激活两个基因转录，那就是 OmpF 和调节蛋白 micF 的基因，这两个基因相互连锁，但反向转录，调控区位于两个基因之间。

micF 的产物是一条长 174nt 的 RNA，称为 micRNA（mRNA-interfering complementary RNA），即干扰 mRNA 的互补 RNA，一般又称为反义 RNA（antisense RNA）。mic RNA 可以和 *OmpF* mRNA 上包含的核糖体结合位点翻译起始区互补结合，形成双链区，阻止其翻

译。同时形成的不稳定的双链区对核酸酶高度敏感，进而引起其降解。

5. 严紧反应

当细菌发现它们自己生长在饥饿的条件下，缺乏维持蛋白质合成的氨基酸时，它们将大部分活性区域都关闭掉，此就称为严紧反应（stringent response），这是它们抵御不良条件，保存自己的一种机制。

严紧反应导致 rRNA 和 tRNA 合成大量减少，使 RNA 的总量下降到正常水平的 5%～10%，部分种类 mRNA 的减少，导致 mRNA 总合成量减少约 2/3。严紧反应导致两种特殊核苷酸积聚，即 ppGpp（四磷酸鸟苷）和 pppGpp（五磷酸鸟苷）的积聚。由于其电泳的迁移率和一般的核酸不同，分别称之为"魔斑 I"和"魔斑 II"。

任何一种氨基酸的缺乏或任何氨酰-tRNA 合成酶的失活突变都足以起始严紧反应，此表明严紧反应的触发器是位于核糖体 A 位点中的空载 tRNA。当然在正常条件下仅有氨酰 tRNA 在 EE-Tu 的作用下位于 A 位点。但当氨酰 tRNA 对一个特殊的密码子不能作出有效反应时，空载 tRNA 便得以进入，当然这就阻断了核糖体的进程，从而触发了一个空转反应（idling reaction）。

（p）ppGpp 的合成都触发空载 tRNA 从 A 位点释放出来，因此（p）ppGpp 的合成是一种对空载 tRNA 水平的持续反应。在饥饿条件下，当氨酰 tRNA 不能对 A 位点的密码子作出有效反应时，核糖体便停滞不前。空载 tRNA 的进入，触发了（p）ppGpp 分子的合成，并将空载 tRNA 排出，使 A 位点重新空出来。

ppGpp 是一系列反应的效应物，如 rRNA 操纵子的启动子，其转录起始被严紧反应特异抑制了；很多或大部分模板的转录延伸阶段被 ppGpp 缩短了，这是由于 RNA 聚合酶停顿的增加而引起的。

6. mRNA 稳定性对翻译的调控

在 E. coli 中，降解 mRNA 的酶有两种，即 RNase II 和多核苷酸磷酸化酶，这两种酶都是 3′→5′的外切核酸酶，但 mRNA 的二级结构可以阻遏这些酶的作用。

在 E. coli 中发现了一种高度保守的反向重复序列（inverted repeat，IR），对 mRNA 的稳定性起着重要的作用。这种 IR 估计含有 500～1000 拷贝，它们有的位于 3′端非编码区，有的在基因间的间隔区。IR 的存在提供了形成茎环结构的可能性，从而增加 mRNA 上游部分的半衰期，对下游部分影响不大。这是由于 IR 的存在可以防止 3′→5′外切核酸酶的降解作用。因此在多顺反子的操纵子中，基因间的 IR 可以特异地使某些基因上游 mRNA 得到保护。

例如，在 E. coli 的麦芽糖操纵子中的 malE 和 malF 基因之间存在两个 IR。malE 和 malF 虽然同在一个操纵子中，而且紧密连锁，但 malE 的产物（周质结合蛋白）要比 malF 的产物（一种 40kDa 的内膜蛋白）的含量高 20～40 倍。这可能由于在 malE 的 3′端有两个 IR 存在，可以形成茎环保护其不被外切酶所降解。若 IR 区缺失，那么 malE 产物的量就会减少到原来的 1/9。

4.3　真核生物基因的表达调控

4.3.1　真核生物与原核生物基因表达调控的差别

【微课】
真核生物基因的表达调控

真核生物的基因表达调控比原核生物复杂得多。这是因为真核生物与原核生物在三个不同水平上存在着较大差别。

（1）在遗传物质的分子水平上，真核细胞基因组的 DNA 含量和基因的总数都远高于原核生物。

（2）在细胞水平上，真核细胞的染色体包在核膜里面，转录和翻译分别发生在细胞核和细胞质中，这两个过程在时间上和空间上都是分开的，而且在转录和翻译之间存在着一个相当复杂的 RNA 加工过程。

（3）在个体水平上，真核生物是由不同的组织细胞构成的，从受精卵到完整个体要经过复杂的分化发育过程，除了那些为了维持细胞的基本生命活动所必需的基因，其他不同组织细胞中的基因总是在不同的时空序列中被活化或阻遏。

在真核生物中，基因表达呈现出多级调控（图 4-9）。基因结构的活化、转录起始、转录后加工及转运、mRNA 降解、翻译及翻译后加工等均为基因表达调控的控制点。可见，基因表达调控是在多级水平上进行的复杂事件。其中转录起始是基因表达的基本控制点。

（1）基因结构的活化。DNA 暴露碱基后，RNA 聚合酶才能有效结合。活化状态的基因表现为：①对核酸酶敏感；②结合有非组蛋白及修饰的组蛋白；③低甲基化。

（2）转录起始。为最有效的调节环节，通过 DNA 元件与调控蛋白相互作用来调控基因表达。

（3）转录后加工及转运。如 RNA 编辑、剪接、转运。

（4）翻译及翻译后加工。翻译水平可通过特异的蛋白因子阻断 mRNA 翻译，翻译后对蛋白质的加工、修饰也是基本调控环节。

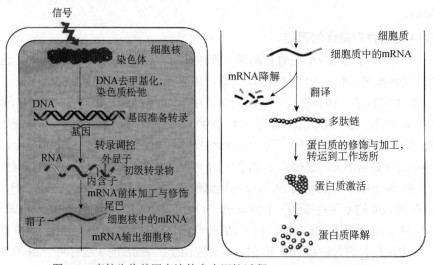

图 4-9 真核生物基因表达的多步调控过程（Alerts et al.，2002）

4.3.2 真核生物 DNA 水平的调控

【微课】
真核生物 DNA 水平的调控

真核生物 DNA 水平上的基因调控是通过改变基因组中有关基因的数量和顺序结构而实现的基因调控。

1. 染色质丢失

在发育过程中，一些体细胞失去了某些基因，这些基因便永不表达，这是一种极端形式的不可逆的基因调控。

在某些线虫、原生动物、甲壳动物的发育过程中，体细胞有遗传物质丢失的现象。在这些生物中，只有生殖细胞才保留着该种生物基因组的全套基因。例如，在马副蛔虫（*Ascaris megacephala*）卵裂的早期就发现有染色体丢失的现象。蜜蜂的工蜂和蜂后是二倍体，而单倍体则发育成为雄蜂，这也可以被认为是一种通过染色体丢失的基因调控。

2. 基因扩增

基因扩增是细胞短期内大量产生出某一基因拷贝的一种非常手段。某些脊椎动物和昆虫的卵母细胞能够专一性地增加编码核糖体 RNA 的 DNA（rDNA）序列。例如，非洲爪蟾（*Xenopus laevis*）的卵母细胞中 rDNA 的拷贝数可由平时的 1500 急剧增加至 2 000 000。这一基因扩增仅发生在卵母细胞中，这与胚胎发育中需要大量的核糖体是相适应的。当胚胎期开始时，这些染色体外的 rDNA 拷贝即失去功能并逐渐消失。

除了 rDNA 的专一性扩增，还发现果蝇的卵巢囊泡细胞中的绒毛膜蛋白质基因在转录之前也先进行专一性的扩增。通过这一手段，细胞在很短的时间内积累起大量的基因拷贝，从而合成出大量的绒毛膜蛋白质。

3. DNA 重排

DNA 重排是改变基因组中有关基因序列结构的基因调控方式。哺乳动物免疫球蛋白 Ig 的基本结构是由四肽链组成的，即由两条相同的分子质量较大的重链（H 链）和两条相同的分子质量较小的轻链（L 链）通过二硫链连接组成的。其中 L 链共有两型：kappa（κ）与 lambda（λ），同一个天然免疫球蛋白分子上 L 链的型总是相同的。现已知 5 种免疫球蛋白中 IgG、IgA 和 IgD 的 H 链各有一个可变区（variable region，V 区）和三个恒定区（constant region，C 区）CH1、CH2 和 CH3，共 4 个功能区。IgM 和 IgE 的 H 链各有一个可变区（VH）和 4 个恒定区（CH1、CH2、CH3 和 CH4）共 5 个功能区。哺乳动物的免疫球蛋白的可变区与恒定区的序列分别由不同的基因片段编码。它们处于同一染色体上，但是相距较远，中间还有一些编码连接区的 DNA 序列。在产生抗体的浆细胞成熟过程中，这三个序列通过染色体重排而成为一个完整的转录单位。由于可变区基因片段为数众多，而且不同的连接方式又带来相应的核苷酸顺序的变化，所以通过这种形式的 DNA 重排可以产生种类繁多的免疫球蛋白基因（图 4-10）。

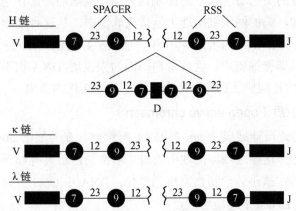

图 4-10　重排信号序列与 7 个碱基序列、无名区相间隔的序列示意图（高晓明，2001）

RSS. 重排信号序列；SPACER. 间隔区；9. 9 个碱基序列（无名区）；7. 7 个碱基序列；12. 12 个碱基序列（间隔区）；23. 23 个碱基序列（间隔区）；V、D、J. 分别为 V、D、J 片段

4. 修饰作用

真核细胞修饰 DNA 的主要途径是胞嘧啶（C）在 5 位上的甲基化反应。5-甲基胞嘧啶通常位于鸟嘌呤（G）的旁边。可见 GC 序列最容易被甲基化。在刚刚完成复制的 DNA 分子中只有母链（模板链）是甲基化的。新生 DNA 链的甲基化在母链的指导下进行。在不转录的 DNA 中，有 70% 以上的 GC 是甲基化的，而在表达活性高的 DNA 中，GC 序列只有 20%～30% 是甲基化的。这意味着 DNA 甲基化的作用也是一种基因调控手段。

蛋白质也可以被修饰，修饰作用包括乙酰化、磷酸化等。除了组蛋白和染色体 DNA 牢固结合，许多非组蛋白也可以和 DNA 相结合，对这些蛋白质进行修饰同样能改变它们与 DNA 的结合方式，并改变染色质和核小体的结构，从而影响基因的转录活性。某些非组蛋白成分还能和激素相结合而激活某些基因。此外，RNA 聚合酶也可以由于被修饰而改变活性。

4.3.3 真核生物染色质水平的调控

1. 染色质活化

按染色质上基因功能状态的不同，可将染色质分为具有转录活性的活性染色质（active chromatin）和没有转录活性的异染色质（heterochromatin）。活性染色质一般位于常染色质区域。常染色质在整个细胞核中分散存在，其中，DNA 主要以 30nm 染色质纤维的形式存在，长度为 40～100kb。

染色质处在固缩的状态称为异染色质化。在异染色质化部位的基因的转录活性显著降低。真核生物可以改变染色体某一区域的异染色质化的程度而控制基因的表达。雌性哺乳动物细胞中的一个 X 染色体的失活便是高度异染色质化的结果。基因由于改变位置而处在异染色质区附近时，转录作用也会受到阻碍。粉蚧科（Pseudococcidae）的一种介壳虫有两类个体，一类个体的细胞中 10 个染色体都没有异染色质化，因而都是有功能的；另一类个体细胞的 10 个染色体中有 5 个高度异染色质化，因而这 5 个是没有功能的。

与异染色质化相反的情况是染色质的活化。在活化的染色质中，基因 DNA 以某种不同的方式装配到染色质的核小体中，使 RNA 聚合酶能够转录染色质中的 DNA。研究结果表明，凡有基因表达活性的染色质 DNA 对限制性内切核酸酶的降解作用比没有转录活性的染色质要敏感得多。例如，鸡的网织细胞能大量合成珠蛋白，从这种细胞中分离的含珠蛋白基因的染色质 DNA 易遭受 DNA 酶 I 的降解作用，而大多数其他的染色质 DNA 则不被降解，在不合成珠蛋白的鸡输卵管细胞中，含珠蛋白基因的染色质 DNA 也不被这种酶降解。在活化的染色质中，DNA 的超螺旋状态有所改变，这是基因活化的前提。

2. 开放型活性染色质（open active chromatin）

染色质从浓缩状态逐渐伸展成 30nm 的 DNA 纤维丝，在伸展的 30nm DNA 纤维丝的某些区域，基因可以表达，这些区域即活性染色质。活性染色质具有如下特征："开放"，疏松，染色质结构较伸展；核小体组蛋白高度乙酰化；DNA 中 CpG 多为去甲基化；位于基因 5′端的启动子区域出现 DNase I 超敏感位点。

在 30nm 的 DNA 纤维丝中，通过富含 AT 的 DNA 片段，即基质结合区域（MAR）[或称为支架附着区域（SAR）]与核基质相连，DNA 形成环状。连接在核基质结合位点间的 DNA

环称为结构域。结构域的某些区域核小体构象发生改变，有利于转录调控因子与顺式调控元件结合，以及 RNA 聚合酶在转录模板上滑动，呈现出活性染色质的开放状态，典型的特征是染色质功能域的形成。在表达的基因周围的 DNA 区域称为功能域。功能域的 DNA 结构较开放，不致密。当一个新基因插入真核生物染色体中时，如果基因插入高度包装浓缩的染色体区域，基因将失活；当插入开放的染色体区域时，基因将表达。

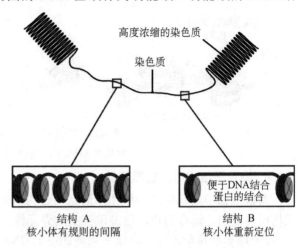

图 4-11　染色质重建（Alerts et al.，2002）

染色质结构影响基因表达的两条途径：一是染色体的某一个区段所表现出的染色质包装程度决定了位于该区段内的基因是否表达；二是当一个基因位于开放区域内，可被其他蛋白质接近时，其转录则受位于转录起始复合物装配区域的核小体的精确定位的影响。

基因转录时，核小体伸展状态和压缩状态的转化是可逆的，局部区域发生了核小体（核心组蛋白）解离，这种现象称为染色质重建（图 4-11）。

3. 染色质重建

染色质重建（chromatin remodeling）：是指局部染色质结构发生变化，基因组的一个较短区域中核小体发生修饰和重新定位，以便于 DNA 结合蛋白能够接近它们的结合位点。其包括 ATP 供能的核小体组蛋白被重建复合体置换等。

经过染色体重建，改变了核小体的结构，暴露出转录激活蛋白的结合位点和 TATA 框等 RNA 聚合酶的结合位点。

当然这并不是对所有基因的转录都是必需的，在少数情况下，某些蛋白质启动基因表达是通过结合到核小体表面实现的，并没有影响核小体的定位。在某些情况下，核小体重新定位被明确地证明是基因激活的前提。

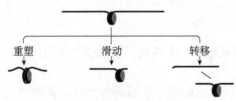

图 4-12　核小体重塑的结构变化
（Watson et al.，2015）

核小体重塑由能量依赖的过程引发，以减弱核小体和与其结合的 DNA 间的联系。此过程主要有三种改变：①重塑，严格意义上讲，重塑只涉及核小体结构的改变，如核小体的体积变大，但并不改变位置。②滑动，或称顺式取代，即核小体沿 DNA 做物理移动。③转移，或称反式取代，即核小体转移到第二个 DNA 分子上或相同分子的非相邻区域（图 4-12）。

负责核小体重塑的蛋白质形成一个大的复合体（重建复合体）共同发挥作用。经过染色体重建（图 4-13），改变了核小体的结构，暴露出转录激活蛋白的结合位点和 TATA 框等 RNA 聚合酶的结合位点，染色质成为活性染色质，基因开放。

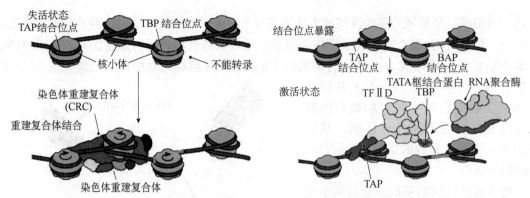

图 4-13　染色质重建（Allison，2015）

TAP. 转录激活蛋白（转录因子 D 的一个亚基）

4. 染色质结构域的边界元件

真核生物中活跃的结构域和非活跃的结构域在功能和结构上都是独立的，它们是由边界元件所界定的。迄今为止，已发现三类边界元件：核基质结合区、座位控制区、绝缘子。

1）核基质结合区　　真核生物基因组的 DNA 序列中，能特异性地与核基质紧密结合的区域即核基质结合区（MAR）。MAR 位于 DNA 上各转录单位的交界处，是 DNA 在核基质（染色体支架）上的附着点。

功能：通过一些特异的 MAR 结合蛋白与核基质结合，从而将染色质锚定在核基质上，以防其自由转动，并使 DNA 发生解链。同时还将 DNA 隔离成许多拓扑学限制性的功能区域，每个功能区域就形成一个拓扑学解旋的环，每个环就是一个转录单位。

MAR 一般位于 DNA 放射环或活性转录基因的两端。在外源基因两端接上 MAR，可增加基因表达水平 10 倍以上，说明 MAR 在基因表达调控中有促进作用。

2）座位控制区　　座位控制区（LCR）是调控一群相邻基因表达的边界序列，通常由位于基因簇 5′端的多个 DNA 酶高度敏感位点组成。例如，哺乳动物 β-珠蛋白基因簇的 LCR 对基因簇中所有的基因在发育过程中正确有序的表达起调控作用（图 4-14）。

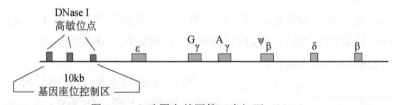

图 4-14　β-珠蛋白基因簇（袁红雨，2012）

功能：LCR 是一种基因座位控制区，它可以使相关基因，尤其是基因簇在基因组任何位置上都能表达，LCR 具有稳定染色质疏松结构的功能。

3）绝缘子　　绝缘子（insulator）是一类边界序列，它能阻止邻近调控元件对其所界定的基因启动子起增强和抑制作用。

绝缘子是不同于增强子和沉默子的基因调控元件，它是通过阻断邻近的调控元件与其所界定的启动子之间的相互作用而起作用的。

5. 基因诱导

细菌的代谢作用直接受环境的影响，它的基因调控信号常来自环境因素。多细胞的高等生物的代谢作用较少为环境所影响，它的基因调控信号常来自体内的激素。

在摇蚊属（*Chironomus*）和果蝇属（*Drosophila*）等双翅目昆虫唾腺中巨大的多线染色体上可以看到一条条各有特征的横纹。在幼虫和蛹期的各个发育时期可以看到某些横纹变得疏松膨大，该膨大处称为疏松区。疏松区的出现有一定的时间表，而且各个疏松区出现以后隔一定时间又会消失。这些部位是合成大量 RNA 的部位，而且通过分子杂交可以证明疏松区的成分具有 mRNA 的性质。用蜕皮激素处理幼虫或离体的唾腺细胞，可以诱发某些横纹形成疏松区，意味着某些基因被激活。这是激素诱发特定基因转录最为直观的证据。

在高等动物中，注射雌性激素能促使公鸡或小鸡的肝脏细胞中产生卵黄蛋白原 mRNA 并合成卵黄蛋白原；注射孕酮能促使爬行动物或鸟类的输卵管细胞产生卵清蛋白 mRNA 并合成卵清蛋白；脑垂体前叶的促乳腺激素能促使哺乳动物的乳腺细胞合成酪蛋白。

甾体激素作用的机制一般认为是这样的，它首先和靶细胞细胞质中的受体蛋白结合成为激素和受体的复合物，然后这一复合物进入细胞核，在染色体上有某些非组蛋白存在的情况下，复合物便能结合在染色体的特定位置上，从而促使特定基因转录。

4.3.4　表观遗传修饰

【微课】
DNA 甲基化与调控

1. DNA 甲基化

1）DNA 甲基化的机制　　通过酶催化作用，以 *S*-腺苷甲硫氨酸（SAM）为甲基供体将甲基转移到胞嘧啶第 5 位碳原子上、腺嘌呤（A）第 6 位氮原子上、鸟嘌呤（G）第 7 位氮原子上。

真核生物细胞内存在两种甲基转移酶：①日常型甲基转移酶，主要在甲基化母链也就是模板链指导下使处于半甲基化状态的 DNA 双链分子上与甲基胞嘧啶对应的胞嘧啶甲基化。其特异性很强，对半甲基化的 DNA 有较高的亲和力，使新生的半甲基化 DNA 迅速甲基化，从而保证 DNA 复制及细胞分裂后甲基化模式不变。②从头合成型甲基转移酶，不需要模板链指导，可以使未甲基化的链发生甲基化，速度很慢。

DNA 甲基化可使基因失活，去甲基化又可使基因恢复活性。DNA 甲基化导致某些区域 DNA 构象变化，从而影响了蛋白质与 DNA 的相互作用，抑制了转录因子与启动区 DNA 的结合效率。某些转录因子的结合位点内含有 CpG 序列，甲基化以后直接影响了蛋白质因子的结合活性，不能起始基因转录。基因活性状态越高，甲基化程度越低，正在表达的基因是去甲基化的。

甲基化后的 DNA 会使 B-DNA 转变成 Z-DNA。由于 Z-DNA 结构收缩，螺旋加深，大沟几乎没有了，小沟更深了，使许多蛋白质因子赖于结合的元件缩入大沟而不利于基因转录的起始，沟中的信息不容易被蛋白质识别，造成转录抑制。

甲基化后的 DNA 通常与甲基化 CpG 结合蛋白 1（methyl CpG-binding protein 1，MeCP1）结合，MeCP1 的结合能力越强，抑制转录的效果越强；甲基化密度越高，抑制转录的效果越强；启动子越弱，甲基化后抑制转录的效果越强；如果这个启动子上游或者下游含有增强子，则增强子可以削弱甲基化的抑制作用。另外，DNA 的甲基化是与组蛋白的修饰（组蛋白的甲基化、乙酰化）相关的。

2）DNA 甲基化与 X 染色体失活　　雌性胎生哺乳类动物细胞中两条 X 染色体之一在发育早期随机失活，以确保其与只有一条 X 染色体的雄性个体内 X 染色体基因的剂量相同。一旦发生 X 染色体失活，该细胞有丝分裂所产生的后代都会保持同一条 X 染色体失活。

在 X 染色体上存在一个与 X 染色体失活有密切联系的核心部位，称为 X 染色体失活中心（X-chromosome inactivation center，Xic），失活染色体上绝大多数基因处于关闭状态，DNA 被高度甲基化。其中 *Xist*（Xi-specific transcript）基因只在失活的 X 染色体上表达，其产物是一功能性 RNA，含有大量的终止密码子，不编码蛋白质。实验证明，Xist mRNA 分子可能与 Xic 位点相互作用，引起后者构象变化，易于结合各种蛋白因子，最终导致 X 染色体失活，形成巴氏小体。

2. 组蛋白乙酰化

组蛋白的乙酰化及去乙酰化主要发生在核小体核心组蛋白（H2A、H2B、H3、H4）的 N 端。组蛋白的乙酰化是由组蛋白乙酰转移酶（histone acetyltransferase，HAT）催化的。在真核生物中，一些重要的转录因子、转录共激活因子或者辅助激活因子本身就是组蛋白乙酰转移酶。例如，转录因子 TFⅡD 的一个亚基 TFⅡ250，可乙酰化组蛋白 H3 和 H4；转录共激活因子 p300/CBP 可以乙酰化组蛋白 H2A、H2B、H3、H4。

组蛋白乙酰化后，中和了组蛋白所带正电荷，降低了它与 DNA 的亲和性，导致核小体构象发生有利于转录调节蛋白与染色质相结合的变化（就是染色质重建），从而提高了基因转录的活性。

组蛋白去乙酰化酶负责去除组蛋白上的乙酰基团，由组蛋白去乙酰化酶（histone deacetylase，HDAC）负责。目前研究比较深入的是人类中的 HDAC1 和酵母中的 Rpd3。它们都形成很大的复合体发挥作用。组蛋白乙酰化的状态与基因活化有关。相反，组蛋白去乙酰化与基因活性的阻遏有关。组蛋白乙酰转移酶和去乙酰化酶只能有选择地影响一部分基因的转录（图 4-15）。

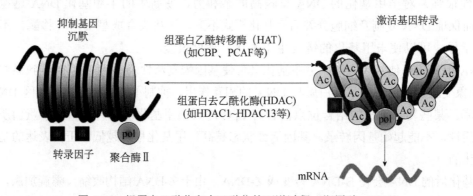

图 4-15　组蛋白乙酰化和去乙酰化的可逆过程（郑用琏，2018）

3. 组蛋白甲基化

组蛋白也可以在相应的甲基转移酶作用下，主要对其上面的赖氨酸和精氨酸进行甲基化修饰。组蛋白 N 端尾部，尤其是 H3 和 H4 的修饰，起始了染色质结构的变化。通常认为乙酰化和活性染色质、甲基化和非活性染色质相关，但这并非一个统一的规律。组蛋白除了可以发生甲基化、乙酰化，还可以发生其他表观遗传修饰，如磷酸化、泛素化和 ADP 核糖基化等。

真核生物中对组蛋白进行甲基化修饰的酶主要有组蛋白赖氨酸甲基转移酶（histone lysine methyltransferase，HKMT）、蛋白质精氨酸甲基转移酶（protein arginine methyltransferase，PRMT）。对组蛋白不同物质的氨基酸进行甲基化修饰，效应并不完全相同，有的引

起异染色质化，有的是转录活性的标记（表
4-1）。

组蛋白甲基化后，可参与异染色质形
成、基因组印记（genomic imprinting）、X
染色体失活和基因转录调控、干细胞的维持和
分化等。如果组蛋白甲基化过程发生异常会导
致多种肿瘤的发生，如血友病、结肠癌等。

表 4-1　不同位置氨基酸甲基化后的效应
（唐炳华和郑晓珂，2017）

组蛋白甲基化	染色体常见分布	主要功能
H3K9me3	中心粒端粒	造成组成型异染色质
H3K4me3	转录起始位点	是转录活性的标记
H3K27me3	沉默的基因	是基因沉默的标记
H3K36me3	转录区	是转录活性的标记

4. 以上三类表观遗传修饰的分子机制

DNA 甲基化、组蛋白乙酰化、组蛋白甲基化在发挥效应时，彼此影响彼此协调，成为
一个整体，共同引起染色质结构的变化，影响着基因的表达（图 4-16）。

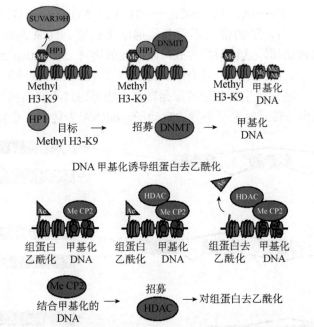

图 4-16　表观遗传修饰的基因表达调控（朱玉贤等，2013）
SUVAR39H.组蛋白甲基转移酶；HP1.异染色质蛋白；DNMT.DNA 甲基转移酶；Methyl H3-K9.组蛋白 H3 的
第 9 位赖氨酸残基甲基化修饰；Ac.乙酰基；Me CP2.甲基 CpG 结合蛋白；HDAC.去乙酰化酶

当组蛋白发生甲基化时，会诱导 DNA 的甲基化。组蛋白甲基化是招募 DNA 甲基转移
酶（DNA methyl transferase，DNMT）的信号，在异染色质蛋白 HP1 的协助下，DNA 发生
甲基化。DNA 的甲基化又可诱导组蛋白的去乙酰化，甲基 CpG 结合蛋白 MeCP2 可以特
定地结合到甲基化的 DNA 上，作为信号招募组蛋白去乙酰化酶。在组蛋白去乙酰化酶的
作用下，将组蛋白上的乙酰基去掉。而组蛋白去乙酰化状态是异染色质的特征，是基因
失活的表现。在去乙酰化的染色质上具有一个更浓缩的结构。在去乙酰化的染色质中，
基因的转录受到抑制。在组蛋白乙酰基转移酶的作用下发生乙酰化修饰，染色质结构活
化，转录可以进行。

因此，所有核小体上的甲基化/去甲基化和乙酰化/去乙酰化等可以概括为一句话：表观
遗传修饰的基因表达调控。

4.3.5　真核生物基因表达的转录与转录后水平的调控

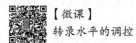

【微课】
转录水平的调控

1. 真核生物基因表达的特点

与原核生物相比，真核生物基因组结构有以下特点：基因组结构庞大；单顺反子；基因不连续性［断裂基因（interrupted gene）］，含有内含子（intron）、外显子（exon）；非编码区较多，多于编码序列；含有大量重复序列。

1）断裂基因　　真核生物基因的编码序列在DNA分子上往往是不连续的，被非编码序列所隔开，其中编码的序列称为外显子，非编码序列称为内含子。外显子：真核细胞基因DNA中的编码序列，这些序列被转录成RNA并进而翻译为蛋白质。内含子：真核细胞基因DNA中的间插序列，这些序列被转录成RNA，但随即被剪除而不翻译。

外显子和内含子的交界区域称为边界序列或连接区。外显子与内含子的连接区有两个重要特征：内含子的两端序列之间没有广泛的同源性；连接区序列很短，高度保守，是RNA剪接的信号序列，如5′GT……AG 3′；　5′CA……TC 3′；　5′GU……AG 3′。

在编码的过程中，内含子的信息不需要传递给蛋白质。转录完成后形成初始mRNA后，所有的内含子都被切掉，这种剪接方式即组成性剪接（constitutive splicing），是真核生物一种正常的剪接方式。除此之外，还有一种可变剪接（alternative splicing）（图4-17）。由于存在可变剪接，一些真核生物基因的原始转录产物可通过不同的剪接方式，产生不同的mRNA。一些核基因由于转录时选择不同的启动子，mRNA表达水平会发生极大的变化。

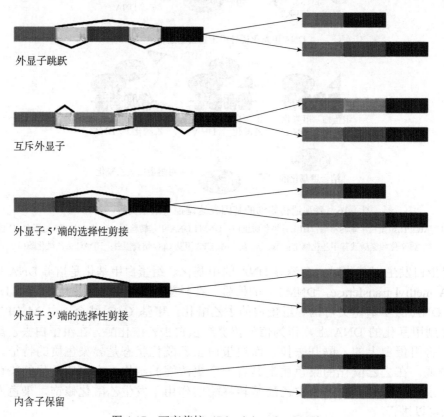

外显子跳跃

互斥外显子

外显子5′端的选择性剪接

外显子3′端的选择性剪接

内含子保留

图4-17　可变剪接（Dlamini et al.，2017）

2）基因家族　　真核生物的基因组中有很多来源相同、结构相似、功能相关的基因，将这些基因称为基因家族（gene family）。例如，编码组蛋白、免疫球蛋白和血红蛋白的基因都属于基因家族。根据结构的复杂性，基因家族可分为以下三类。

（1）简单多基因家族。简单多基因家族中的基因一般以串联方式前后相连。各成员之间有高度的序列一致性，甚至完全相同，拷贝数高，非转录的间隔区短而一致。其主要与核糖体组装、蛋白质翻译、小胞质 RNA 参与的各类加工有关，如 tRNA、rRNA 基因家族。

（2）复杂多基因家族。复杂多基因家族一般由几个相关基因家族构成，基因家族之间由间隔序列隔开，并作为独立的转录单位。现已发现存在不同形式的复杂多基因家族。复杂多基因家族的基因表达通常与发育调控直接相关，组织特异性强，基因的结构比较复杂，如组蛋白基因家族。

（3）发育调控复杂多基因家族。这类基因家族中的成员可以分布在不同染色体上，与发育密切相关，如血红蛋白基因家族。所有动物的血红蛋白基因的结构相同，由 α 和 β 亚基组成，但是在个体发育的不同时期，却出现不同形式的亚基，其结合氧的能力有很大不同。

由于真核生物基因结构的特殊性，在真核生物中，其基因表达的方式可以分为组成型表达和适应型表达。①组成型表达（constitutive expression）：基因表达受环境因素的影响较少，在个体各个生长阶段的大多数或几乎全部组织中持续表达或表达量变化很小。组成型表达的基因常被称为管家基因（house-keeping gene），一般对个体的生长发育是必需的，如果基因遭到破坏，个体便不能正常生长存活。②适应型表达（adaptive expression）：基因表达容易受环境变化的影响，在特定环境信号刺激下，相应的基因被激活，基因表达产物增加，体现为基因表达的时间性和空间性。

根据基因表达的性质，其又可分为两大类：①瞬时调控或称可逆性调控，相当于原核细胞对环境条件变化所做出的反应。瞬时调控包括某种底物或激素水平升降时，以及细胞周期不同阶段中酶活性和浓度的调节。②发育调控或称不可逆调控，是真核基因调控的精髓部分，它决定了真核细胞生长、分化、发育的全部进程。在个体发育过程中，DNA 会发生规律性变化，从而控制基因表达和生物的发育。

而根据基因调控在同一事件中发生的先后次序，其又可分为基因组水平调控、染色体（染色质）水平调控、DNA 水平调控、RNA 水平调控（转录水平调控、转录后 RNA 加工水平调控）、蛋白质水平调控（翻译水平调控、翻译后蛋白质加工水平调控）。

2. 真核生物转录水平的调控

真核生物转录水平的基因表达调控主要表现在对基因转录活性的控制上。转录水平的基因调控不涉及 DNA 序列在数量和结构上的改变，通过顺式作用元件（*cis*-acting element）和反式作用因子（*trans*-acting factor）来实现。

1）顺式作用元件

（1）启动子。真核基因的启动子（promoter）由核心启动子和上游启动子两部分组成，是在基因转录起始位点（+1）及其 5′上游 100~200bp 以内的一组具有独立功能的 DNA 序列，是决定 RNA 聚合酶 Ⅱ 转录起始位点和转录频率的关键元件。

核心启动子（core promoter）：是指保证 RNA 聚合酶 Ⅱ 转录正常起始所必需的、最少的 DNA 序列。其包括转录起始位点及转录起始位点上游-30~-25bp 处的 TATA 框。核心启动子单独起作用时，只能确定转录起始位点，并产生基础水平的转录。

上游启动子元件（upstream promoter element，UPE）：包括通常位于-70bp 附近的 CAAT 框（CCAAT）和 GC 框（GGGCGG）等，能通过 TFⅡD 复合物调节转录起始的频率，

提高转录效率。除了 CCAAT 框，其他成分因各基因而异。

TATA 框控制转录的精确性，而 UPE 则控制转录的起始频率，启动子的强度取决于 UPE 的数目和种类。

（2）增强子。增强子（enhancer）：激活和增强转录起始功能，常常是组织特异性或短暂调节的靶位点。其特点主要体现为增强效应：转录频率增加 10～200 倍。不论增强子以什么方向排列（5′→3′ 或 3′→5′），甚至与靶基因相距 3000bp 或在靶基因下游，均表现出增强效应。增强子大多为重复序列，长约 50bp，适合与某些蛋白因子结合。其内部常含有一个产生增强效应时所必需的核心序列：（G）TGGA/TA/TA/T（G）。其没有基因专一性，可以在不同的基因组合上表现出增强效应。许多增强子受外部信号的调控，如金属硫蛋白基因启动区上游所带的增强子，就可以对环境中的锌、镉浓度做出反应。

（3）绝缘子。绝缘子（insulator）：是一类新近发现的边界序列，具有双重功能，它既可以抑制整个功能区的激活作用向功能区之外扩散，又可以抑制功能区的阻遏作用向功能区之外扩散。或者说它能阻止邻近调控元件对其所界定的基因启动子起增强和抑制作用。当绝缘子位于增强子和启动子之间时，它能阻断增强子对启动子的激活作用。当绝缘子位于活性基因和异染色质之间时，能保护活性基因免受异染色质延伸所带来的失活效应。

（4）沉默子。沉默子（silencer）：某些基因的负性调节元件，当其结合特异蛋白因子，如转录因子时，对基因转录起阻遏作用。

（5）其他应答元件。应答元件（response element）：一组受共同调控的基因，各基因都有一个相同的序列元件，该元件是诱导型转录因子识别靶基因的位点，如热激应答元件（HSE）、血清应答元件（SRE）、糖皮质激素应答元件（GRE）；是启动子的上游元件（如 HSE）或增强子（如 GRE）都含有短的共有序列，但不一定完全相同；位于转录因子结合区共有序列的任一侧附近。

2）反式作用因子　　反式作用因子是调节一个基因表达的另一个基因的表达产物（蛋白质或者 RNA），能识别或者结合在各类顺式作用元件核心序列上，参与调控靶基因的转录效率。一个基因的产物控制另一个基因表达的过程，这种作用称为反式作用。

反式作用因子要从其基因产物合成的场所扩散到其发挥作用的另一个场所。因此，反式作用因子的编码基因与其识别或者结合的靶 DNA 序列一般不在同一个 DNA 分子上。

（1）反式作用因子的分类。根据作用的方式，反式作用因子可分为以下三类。

a. 基础转录因子（basal transcription factor）：基础转录因子和 RNA 聚合酶一起结合于转录起始位点和 TATA 框，组成转录起始复合物，无基因特异性。

b. 转录激活因子（transcription activator）：这类因子特异性地识别短共有序列元件，结合于启动子或增强子位点上。通过增加转录基本复合物结合于启动子的效率而起作用，因而增加了转录频率。

c. 共调节因子（transcription co-factor）：主要起辅助作用，自身不和 DNA 结合，连接转录激活因子和转录基本复合物。

根据作用的细胞特异性，反式作用因子可分为以下两类。

a. 通用转录因子：各类细胞普遍存在的转录因子，如 TATA 框结合因子 TFⅡD。

b. 组织特异性转录因子：与基因表达的组织特异性有很大关系。

（2）反式作用因子的结构。反式作用因子的结构包括 DNA 结合结构域（DNA-binding domain，DBD）、转录激活结构域（trans-activating domain，TAD）、蛋白质-蛋白质结合结构域、抑制结构域（repression domain）、核定位信号（nuclear localization signal，NLS）、二聚化结构域、信号检测结构域（signal sensing domain）等。其中 DBD 和 TAD 是反式作用因子通常具有的两个保守基序。

目前发现了 14 种 DNA 结合结构域，4 种转录激活结构域。

这两种结构域具有独立的活性，特异地与 DNA 结合位点相结合，激活转录活性。两种结构域相分离，位于蛋白质的不同区域。

A. DNA 结合结构域。

a. 螺旋-转角-螺旋（helix-turn-helix）：螺旋-转角-螺旋是最早发现于原核生物中的一个关键因子，该结构域长约 20 个氨基酸，主要是两个 α 螺旋区和将其隔开的 β 转角。其中一个被称为识别螺旋区，常常带有数个直接与 DNA 序列相识别的氨基酸，定位于 DNA 大沟；另一个螺旋与 DNA 骨架接触。在螺旋-转角-螺旋中有一类典型的结构叫"同源域"。同源域蛋白（homeodomain protein）是最早从果蝇中克隆出来的一种反式作用因子，因为具有 60 个左右的保守氨基酸序列而得名，后来泛指具有高度同源氨基酸序列的转录因子。

b. 锌指（zinc finger）：锌指约由 30 个氨基酸组成，其中 4 个残基（4 个 Cys，或两个 Cys 和两个 His）与一个 Zn^{2+} 配位，分别称为 Cys-Cys 锌指和 Cys-His 锌指。锌指本身包含 23 个氨基酸，形成一个 β 折叠和一个 α 螺旋，锌指间由 7 或 8 个氨基酸残基相连。锌指通过其中的螺旋，像一根根手指伸向 DNA 的大沟。

c. 亮氨酸拉链（leucine zipper）：亮氨酸拉链是亲脂性（amphipathic）的 α 螺旋，包含许多集中在螺旋一边的疏水氨基酸，两条多肽链以此形成二聚体。每隔 6 个残基出现一个亮氨酸，从而由赖氨酸（Lys）和精氨酸（Arg）组成 DNA 结合区。形成二聚体时，该碱性区对 DNA 的亲和力较高。

当来自同一个或不同多肽链的两个 α 螺旋的疏水面（常常含有亮氨酸残基）相互作用形成一个圈对圈的二聚体结构时，就形成了亮氨酸拉链。

d. 碱性螺旋-环-螺旋（basic helix-loop-helix, bHLH）：碱性螺旋-环-螺旋长约 50 个氨基酸残基，同时具有 DNA 结合和形成蛋白质二聚体的功能，其主要特点是可形成两个亲脂性 α 螺旋，两个螺旋之间由环状结构相连，其 DNA 结合功能是由螺旋延伸出来的富碱性氨基酸区所决定的。

B. 转录激活结构域。转录激活结构域是反式作用因子必须具备的结构基础，是依赖于 DNA 结合结构域以外的 30～100 个氨基酸残基。通常具有一个以上的转录活化区，一般由 20～100 个氨基酸残基组成。例如，转录调节蛋白 GAL4 分子中有两个这种结构域，分别位于多肽链的第 147～196 位和第 768～881 位；转录调节蛋白 GCN4 的转录激活结构域位于多肽链的第 106～125 位。

a. 酸性 α 螺旋（acidic α-helix）：该结构域含有由酸性氨基酸残基组成的保守序列，多呈带负电荷的亲脂性 α 螺旋，包含这种结构域的转录因子有 GAL4、GCN4、糖皮质激素受体和 AP-1/Jun 等。其主要增加激活区的负电荷数，提高激活转录的水平。

b. 谷氨酰胺丰富区（glutamine-rich domain）：SP1 的 N 端含有两个主要的转录激活区，氨基酸组成中有 25%的谷氨酰胺，很少有带电荷的氨基酸残基。酵母的 HAP1、HAP2 和 GAL2 及哺乳动物的 OCT-1、OCT-2、Jun、AP2 和 SRF 也含有这种结构域。

c. 脯氨酸丰富区（proline-rich domain）：CTF 家族（包括 CTF-1、CTF-2、CTF-3）的 C 端与其转录激活功能有关，含有 20%～30%的脯氨酸残基。

反式作用因子在发挥作用时往往以成环、扭曲、滑动、渗透（ooze）等形式进行，并且体现出组合式调控作用（combinatorial regulation），即多种反式作用因子通过不同的组合可以调控不同基因的表达。例如，上游启动子元件结合蛋白与启动子结合蛋白共同作用调控基因表达。通过组合式调控作用，使得相关蛋白质发生磷酸化、去磷酸化，或者发生配体-受体结合、蛋白质更替等，从而实现多种反式作用因子的活性调节。

3. 真核生物转录后水平的调控

真核生物转录后水平的调控，即 RNA 加工过程。

1）RNA 分工　　与原核生物不同，真核生物有三种不同的 RNA 聚合酶，它们各自负责不同类型基因的转录。RNA 聚合酶 I 和Ⅲ转录的 RNA 都与所有细胞生命活动的基本功能——翻译有关，即转录形成 tRNA 和 rRNA。

只有 RNA 聚合酶Ⅱ才能转录结构基因，形成 mRNA 进一步产生蛋白质。显然这种分工反映了这三类基因在表达机制上的重大差别。在转录启动时，不同的 RNA 聚合酶能识别不同类型的基因，识别的机制在于每种类型的基因都有共同或类似的调控顺序。例如，在 RNA 聚合酶Ⅱ的离转录起点上游（5′方向）25～30 个核苷酸处含有 TATA 框。在转录起始的上游更远的部位，还有其他核苷酸顺序也与 RNA 聚合酶Ⅱ的正常活动有关。

在由 RNA 聚合酶Ⅲ转录的 5S RNA 基因的内部（而不是在它的转录起点的上游）有一段与转录控制有关的序列，长约 30bp，它的存在对该基因转录的起始起着控制作用。已经证明这段序列能专一性地结合一种蛋白质因子，后者可以指导 RNA 聚合酶Ⅲ从它的结合位置上游约 50bp 处开始转录。

2）真核生物的转录后 RNA 加工　　真核生物各种 RNA，初级产物只有经过加工才能成为有生物功能的活性分子。它们的加工实际上就是一种基因表达调控方式。通过加工，tRNA、rRNA 和 mRNA 将如内含子等多余序列切除及进行修饰，成为成熟的 RNA 分子，在后续翻译过程中发挥相应的作用。

对 mRNA 来讲，几乎所有真核生物的 mRNA 都有一个 5′端帽子结构，但并不是所有基因的 mRNA 都有 3′端多聚 A 尾部，也不是所有基因的 mRNA 都必须经过拼接。根据后两种加工过程的有无和复杂程度，可将真核基因的转录单位分为两大类型：一类是简单的只编码产生一种蛋白质的基因；另一类是复杂的编码两种或更多种蛋白质的转录单位。

在 3′端加尾部位或拼接部位的变化都会使同一基因最终形成不同的蛋白质产物。由于 mRNA 在成熟时，多聚 A 加尾部位不同而使基因终产物不同。例如，大鼠甲状腺中合成的降钙素（calcitonin）和脑下垂体合成的神经肽（neuropeptide）都是由同一个基因编码的，由于 3′端加尾位点的选择不同，其 mRNA 3′端的编码区不同，导致最终合成的产物也完全不同。或者由于拼接部位不同，基因终末产物不同，迄今为止仅在哺乳动物细胞的病毒（如腺病毒、SV40 病毒、多瘤病毒和反转录病毒等）中发现有这种形式的加工调控。

4.3.6　真核生物基因表达的翻译与翻译后水平的调控

【微课】
其他水平上的调控

1. 翻译水平的调控

1）mRNA 的结构与翻译　　5′m⁷G 帽结构是否存在和易于接近 eIF-4F 的程度对翻译效

率有着明显的影响。起始密码子 AUG 的位置和其侧翼的序列对翻译的效率也有影响，这些因素主要是通过与调控蛋白、核糖体、RNA 等的亲和性改变而影响到起始复合物的形成，以致影响到翻译的效率。

5′端非翻译区的长度也会影响到翻译的效率和起始的精确性，当此区长度在 17～80nt 时，体外翻译效率与其长度变成正比，此区高级结构和高 G·C 含量对翻译的起始都有妨碍。

5′端非翻译区的二级结构影响调控蛋白与帽结构的接近，阻碍 40S 前起始复合体的装配和在 mRNA 上的扫描，起负调控作用。但若二级结构位于 AUG 的近下游（最佳距离为 14nt）时，将会使移动的 40 亚基停靠在 AUG 位点，增强起始反应。真核生物的系列翻译起始因子可使二级结构解链，使翻译复合体顺利通过原二级结构区，继续其肽链的延伸，而不会起阻碍作用。在这种情况下，二级结构又起到了正调控的作用。

mRNA 3′端的 poly（A）不仅和 mRNA 穿越核膜的能力有关，而且影响到 mRNA 的稳定性和翻译效率。有 ploy（A）的 mRNA，其翻译效率明显高于无 poly（A）的 mRNA，poly（A）长度和翻译效率有关。有人将 poly（A）比作翻译的计数器，随着翻译次数的增加，poly（A）在逐步缩短，也就是说 poly（A）越长，mRNA 作为模板使用的半衰期越长。poly（A）对翻译的促进作用是需要 PABP［poly（A）结合蛋白］的存在，PAPB 结合 poly（A）最短的长度为 12nt，当 poly（A）缺乏 PAPB 的结合时，mRNA 3′端的裸露易招致降解。PAPB 迁移到 AU 序列时，导致 poly（A）的暴露，促进了 mRNA 的降解。

2）翻译起始的影响　　在网织红细胞中有两个合成酶系，一个合成血红素，另一个合成珠蛋白，血红素的浓度可调节珠蛋白合成的速率，使珠蛋白合成的速率为血红素的 2 倍，这种调控是通过控制翻译起始复合物的形成来进行的。

依赖 cAMP 的蛋白激酶（R2C2）是由调节亚基 R2 和催化亚基 C2 构成的，当它和 cAMP 结合时释放出自由的 C 亚基，成为活化的蛋白激酶，而血红素的存在对这一步反应是抑制的。游离的 C 亚基可催化无活性的血红素控制的翻译阻遏物（hemin-controlled translational repressor，HCR，又称 eIF-2 激酶）磷酸化成为有活性的 HCR，而有活性的 HCR 又使 eIF-2 磷酸化失去活性，而血红素抑制这一系列反应就可以使 eIF-2 不被磷酸化，保持活性状态，与细胞中的起始 tRNA 及 eIF-2 激发蛋白（eIF-2-stimulating protein，ESP）形成翻译起始复合物，开始合成珠蛋白，因此缺乏血红素时，珠蛋白也不能合成。

3）mRNA 的稳定性　　mRNA 5′端的加帽作用及其 3′端的多聚 A 加尾作用都有助于 mRNA 分子的稳定。在某些真核生物中，mRNA 进入细胞质以后并不立即作为模板进行蛋白质合成，而是与一些蛋白质结合形成 RNA 蛋白质（RNP）颗粒，在这种状态的 mRNA 半衰期可以延长。据估计，一个丝芯蛋白基因在几天内可产生 10^5 个 mRNA 分子，因此每个 mRNA 分子作为模板可以合成 10^5 个蛋白质分子。这便是其 mRNA 分子和蛋白质结合成为 RNP 颗粒而延长了寿命的结果。某些激素对 mRNA 也能起稳定作用。例如，在离体培养的乳腺组织中添加催乳激素能使酪蛋白的 mRNA 分子在 24h 内积累到 25 000 个拷贝。在此期间，mRNA 的半衰期增加了 20 倍，但新的 mRNA 合成量只增加了 2～3 倍。如果在培养液中再除去催乳激素，在 48h 内，酪蛋白 mRNA 便丧失了 95%，可见该激素的主要作用在于维持酪蛋白 mRNA 的稳定性。

除此之外，对翻译速度的控制和进行有选择的翻译也是在翻译水平上发生的调控方式。例如，海胆未受精的卵与受精的卵在 mRNA 的含量和组成上都相同，但是受精卵的翻译活性至少高出 50 倍。和此情况不同的是蚶的卵，受精卵蛋白质合成的总量并没有提高，可是对于未受精和受精卵进行离体翻译的双相电泳分析结果说明，虽然两者的 mRNA 在含量和种类上都是相同的，但某些蛋白质是受精前的卵所特有的，而另一些蛋白质则是受精后特有的。

4）小分子 RNA 的调控　　1984 年，阿德尔曼（Adelman）等发现大鼠的促性腺激素释放激素（gonadotropin releasing hormone，GnRH）基因的两条链都能转录，首次在真核中发现了反义 RNA；1986 年，格林（Green）等发现来自骨髓细胞瘤病毒的癌基因 *myc* 三个外显子中的第 1、2 两个外显子之间有部分互补。在有的细胞中，当失去外显子 1 时，*myc* 基因过量表达，推测外显子 1 可能通过互补来抑制 *myc* 的表达。现已研究清楚在秀丽隐杆线虫（*Caenorhabditis elegans*）中，控制幼虫发育的基因 *lin 14* 受到 *lin 4* 基因的反义调节。这是一种通过对翻译模板的抑制来进行调控的途径。人们已将反义 RNA 发展成一门反义技术应用于动植物病毒的抑制、果蔬的保鲜，甚至用于基因治疗。

一些小分子双链 RNA 通过特异性结合互补链，促使 mRNA 降解，从而特异地抑制体内特定基因的表达，导致细胞表现出特定的基因缺失表型，引发转录后沉默（post-transcriptional gene silencing，PTGS），即干扰 RNA（RNA interference，RNAi）。通过遗传学研究，建立了 RNAi 作用机制模型，包括起始阶段（initiation step）和效应阶段（effector step）。在起始阶段，加入的 dsRNA 被切割为 21～23 个核苷酸长的小分子干扰 RNA 片段（small interfering RNA，siRNA），又被称为引导 RNA（guide RNA）。有证据表明，一种"切块酶"（dicer）是 RNase Ⅲ家族中识别特异双链 RNA 的一员，能以一种 ATP 依赖的方式逐步切割由外源导入或者由转基因、病毒感染等各种方式引入的双链 RNA，将 RNA 降解为 19～21bp 的双链 RNA（siRNA），每个片段的 3′端都有两个碱基突出。在 RNAi 效应阶段，siRNA 双链结合一个核酶复合物从而形成 RNA 诱导沉默复合物（RNA-induced silencing complex，RISC）。激活 RISC 需要一个 ATP 依赖的将 siRNA 解链的过程。激活的 RISC 通过碱基配对定位到同源 mRNA 转录本上，并在距离 siRNA 3′端 12bp 的位置切割 mRNA。每个 RISC 都包含一个 siRNA 和一个不同于切块酶的 RNA 酶。

5）翻译的自我调节　　在真核生物中也存在蛋白质合成的自我调节。例如，微管蛋白是构成纺锤体的主要成分。而秋水仙碱和长春花碱都能抑制微管蛋白的多聚化，从而使细胞中游离的微管蛋白浓度增加。若在组织培养细胞中加入秋水仙碱或长春花碱则会使微管蛋白的 mRNA 消失，如果用微量注射器将微管蛋白注入哺乳动物细胞中，那么就会抑制微管蛋白的进一步合成。可能是过量的微管蛋白结合于核糖体的新生蛋白上或结合于 mRNA 上，阻止翻译，导致 mRNA 的降解所致。

2. 翻译后水平的调控

翻译后调控的事例不多。一般认为脑垂体后叶细胞产生的促肾上腺皮质激素和脂肪酸释放激素是由同一原始翻译产物经不同的加工而形成的。迄今为止对于真核生物基因调控作用的了解仍然处在探索的阶段，特别是对于高等动植物的基因调控过程了解得更少，还不能形成一个完整的模式。1972 年，美国学者 E.戴维森和 R.J.布里顿在实验事实还不充分的情况下提出了一个真核生物的基因调控模型，这一模型也可以用来解释真核生物中大量的脱氧核糖核酸重复序列的功能。

按照这一模型，外来的信号物质和感应蛋白结合后作用于感应基因，于是促进基因组转录产生激活蛋白的 mRNA，并进一步合成激活蛋白，这些激活蛋白又作用于结构基因前面的接受序列，于是结构基因转录而产生一系列的酶或其他蛋白质。在该模型中，假定感应基因是一些重复序列，又假定各个结构基因分布在染色体的不同位置上。这一模型企图解释重复序列的功能，以及分布在不同位置上的基因怎样能被协调控制。曾经发现在真核生物的细胞核中存在着大量与结构基因无关的 RNA，这一事实是和这一模型符合的。这一模型还是一个有待充分验证的假说。这一模型被提出以后，又出现了一些修改这一模型的假说，它们都可以作为进一步研究的出发点。

思 考 题

1. 举例说明基因表达的时间特异性和空间特异性。
2. 举例说明什么是管家基因及其基因表达特点。
3. 简述真核生物基因顺式作用元件的分类及功能。
4. 简述真核生物基因转录因子的分类及功能。
5. 论述真核生物基因转录因子的结构及功能。
6. 简述增强子具有哪些特点。
7. 简述真核生物基因表达调控的特点。

| 第 5 章 |

分子生物学基本技术与原理

本章彩图

自 20 世纪中叶以来，分子生物学能够高速发展，得益于现代分子生物学技术的不断进步，特别是基因工程相关技术的成熟极大地促进了该学科的发展。基因工程的上游技术称为重组 DNA 技术，是指将目的基因与载体在体外进行拼接重组，是对核酸分子的设计和构建；下游技术则是指重组的 DNA 分子转入受体细胞内，使之按照人们的意愿稳定遗传且表达出新产物或新性状，并将这些新产物进行分离纯化供人们所用。

5.1 核酸基本操作技术和基因扩增

5.1.1 核酸的制备

遗传物质的主要载体是 DNA 而不是蛋白质，因此就基因工程而言，核酸分子是其主要的研究对象。核酸分子有 DNA 和 RNA。由于 DNA 和 RNA 的结构与细胞定位不同，因而其制备方法也不同。

1. DNA 的分离和纯化

自 1953 年沃森（Watson）和克里克（Crick）提出著名的 DNA 双螺旋结构模型以来，现在人们已经知道，DNA 主要以核蛋白的形式存在于细胞核内。此外，在大肠杆菌中，除染色体外，还存在小型的双链环状 DNA，即质粒，其是基因工程中常用的载体之一。若分离基因组 DNA 首先要裂解细胞，之后去除与 DNA 结合的蛋白质及多糖、脂肪等生物大分子，进一步沉淀 DNA。若分离质粒 DNA，主要考虑的是设法去除染色体 DNA 及其他生物大分子。

裂解动植物组织细胞，首先要在液氮中研磨组织样品，使细胞材料均匀分散。对于植物组织，一般加入阳离子去污剂——十六烷基三甲基溴化胺（CTAB），它可以更好地去除细胞壁中的多糖，破坏细胞壁，与核酸形成复合物，溶解于高盐溶液中（大于 0.7mol/L NaCl）。对于动物组织，可加入阴离子去污剂——十二烷基硫酸钠（SDS），溶解细胞膜，使蛋白质变性，释放染色质中的 DNA。裂解细菌细胞时，可借助超声波破碎仪，也可加入溶菌酶水解细菌细胞壁的肽聚糖从而破坏细胞结构。由于 DNA 可溶于水但难溶于有机物质，可用酚-氯仿和氯仿萃取的方法将蛋白质变性通过离心去除，也可在有机溶剂萃取前用链霉菌蛋白酶、蛋白酶 K 等去除大部分的蛋白质。之后用乙醇或异丙醇沉淀 DNA 而去除盐离子等其他杂质。乙醇沉淀法需要 2-3 倍体积的乙醇，异丙醇则加入 0.6～0.7 倍体积即可，因而沉淀大体积的溶液时可先加入异丙醇，但异丙醇有难以挥发等缺点，可再次用 70% 以上的乙醇清洗沉淀。RNA 的去除需要靠胰蛋白酶的作用。DNA 沉淀干燥后可再次溶解于水、TE 缓冲液等低离子强度的溶液中。

　　提取质粒 DNA 时最常用的是碱裂解法，菌液在强碱性条件下加入阴离子去污剂 SDS，可破坏细胞结构，使蛋白质和 DNA 变性。当溶液恢复中性条件时，线性的染色体 DNA 复性慢，与蛋白质缠绕在一起被离心去除，而质粒 DNA 可快速复性溶于水相介质中。

　　试剂盒为实验工作带来了很多便利，依据 DNA 在高 pH、高盐缓冲液中可吸附在二氧化硅或硅酸盐介质上，在低盐溶液中可被洗脱下来这一原理，已有商业化的产品被开发出来，有硅胶膜纯化柱，也有玻璃奶珠（glass milk），常用于回收琼脂糖凝胶中或 PCR 产物中的 DNA（图 5-1）。

2. RNA 的分离和纯化

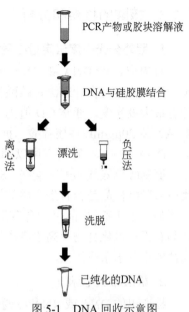

图 5-1　DNA 回收示意图
（陈德富和陈喜文，2006）

　　细胞中总 RNA 包含 80%～85% 的 rRNA、15%～20% 的 tRNA 及其他非编码 RNA，编码蛋白质的 mRNA 只占 1%～5%。mRNA 为单链核酸分子，化学性质较 DNA 活跃，易被环境中或内源的 RNase 降解。因此，在提取细胞总 RNA 时，首先要确保所有器具、耗材、操作台及溶液等无 RNase 的污染，可用 RNase 抑制剂——焦磷酸二乙酯（diethyl pyrocarbonate，DEPC）对其进行灭活处理。

　　若要获得完整的 RNA，需要快速裂解细胞并抑制内源 RNase 的活性。最常用的细胞裂解液中的主要成分是苯酚和异硫氰酸胍，异硫氰酸胍等胍盐是强有力的蛋白质变性剂，可有效抑制 RNase 的活性。之后加入氯仿，RNA 被萃取到水相中，变性的蛋白质位于有机相，DNA 处于有机相和水相的分界处。回收水相后，可用异丙醇沉淀 RNA。若要避免基因组 DNA 的污染，可进一步用无 RNase 的 DNase I 处理样品。

　　由于真核生物 mRNA 分子具有 3′端的 poly（A）尾巴，因此可用 oligo（dT）-纤维素柱层析法从总 RNA 中分离 mRNA。在高盐缓冲液条件下，mRNA 尾端与柱上的 oligo（dT）复性生成杂交链，经洗涤缓冲液去除未结合的核酸后，用低盐缓冲液或水解离 oligo（dT）-poly（A）mRNA，洗脱 mRNA。也可用偶联磁珠的 oligo（dT）代替纤维素层析柱。总 RNA 与磁珠孵育结合后，通过磁场吸附作用分离 poly（A）mRNA（图 5-2）。

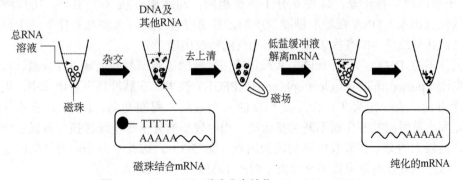

图 5-2　oligo（dT）磁珠分离纯化 poly（A）mRNA

5.1.2　核酸的检测和分析

1. 紫外分光光度法定量核酸

对提取出的 DNA 和 RNA 进行定量分析是提高分子克隆可重复性和精确性的重要一步。可用分光光度计来测定核酸溶液的吸收值，以此推断样品的浓度和纯度。核酸在 260nm 处有最大吸光度，通常 OD 值为 1 时，相当于 50μg/mL 双链 DNA、40μg/mL 单链 DNA（或 RNA）或 20μg/mL 寡核苷酸，据此来估算核酸的浓度。

DNA 和 RNA 的纯度可以通过测定 260nm、230nm 和 280nm 的紫外吸收值来确定，芳香族氨基酸色氨酸和酪氨酸在 280nm 处有最大吸光度，因此常用 260nm 与 280nm 的吸光度比值来判断样品是否有蛋白质的污染。纯的 DNA 或 RNA OD_{260}/OD_{280} 为 1.8～2.0，如果该比值明显小于 1.8，样品可能含有酚或蛋白质。此外，260nm 与 230nm 的吸光度比值用于衡量样品有无有机化合物及高浓度离液盐的污染。OD_{260}/OD_{230} 应大于 2.0，小于 2.0 说明有残存的盐或小分子杂质污染。

2. 核酸凝胶电泳

提取出的 DNA 或 RNA 可通过核酸凝胶电泳检测其大小及完整度等。不同大小或结构的核酸分子在电场的作用下通过凝胶介质趋向运动，由于迁移率不同而最终实现分离的技术称为核酸凝胶电泳。迁移率与样品分子所带电荷数、电压及电流成正比，与样品的分子大小、介质黏度及电阻成反比。最常用的分离核酸的凝胶介质为琼脂糖（agarose）和聚丙烯酰胺（polyacrylamide）。琼脂糖和聚丙烯酰胺可被制成不同浓度的分离胶，其分离核酸的范围也不同（表 5-1）。琼脂糖凝胶的分辨率较低但分离范围广，可分离 0.2～60kb 的 DNA 片段；而聚丙烯酰胺凝胶最适合分离 6～500bp 的小片段 DNA，分辨率很高，甚至相差 1bp 的 DNA 都可被分离开。

表 5-1　琼脂糖及聚丙烯酰胺凝胶分辨 DNA 片段的能力

（聂理，2016）

凝胶类型及浓度	线性 DNA 分子分离范围/bp
0.3%琼脂糖	5 000～60 000
0.7%琼脂糖	800～10 000
1.2%琼脂糖	400～6 000
1.5%琼脂糖	200～3 000
5.0%聚丙烯酰胺	80～500
12.0%聚丙烯酰胺	40～200
20.0%聚丙烯酰胺	6～100

在生理条件下，核酸分子中的磷酸基团呈离子化状态，DNA 和 RNA 又被称为多聚阴离子，在电场中向正电极的方向迁移。同时，由于糖-磷酸骨架在结构上的重复性质，相同大小的双链 DNA 几乎具有等量的净电荷，因此它们能以同样的速度向正电极方向迁移。但 DNA 分子常出现多种构象，即便是分子质量相同，超螺旋环状（Ⅰ型）、切口环状（Ⅱ型）和线性（Ⅲ型）DNA 在琼脂糖凝胶中的迁移速度也不同，大多数条件下，Ⅰ型最快，Ⅲ型次之，Ⅱ型最慢，但有些条件下也有相反的情况出现。

超大分子的 DNA（大于 10kb）片段很难用普通的琼脂糖凝胶电泳进行分离，可用脉冲场凝胶电泳（pulsed field gel electrophoresis, PFGE）技术。在脉冲场凝胶电泳中，电场不断地在两个方向（有一定夹角，而不是相反的两个方向）周期变动，DNA 分子随着电场方向、电流大小及时间的变化而不断调整运动。相对较小的分子在电场转换后可以较快转变移动方向，而较大的分子在凝胶中转向较为困难（图 5-3）。因此小分子向前移动的速度比大分子快。脉冲场凝胶电泳可以用来分离 10kb～10Mb 大小的 DNA 分子。

无规则

超大分子，
不能有效地
被一般电泳
分离

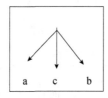

a、b 表示每次电
泳的不同方向，
c 为 DNA 分子的
最终移动方向

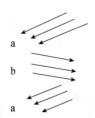

应用脉冲场凝胶电泳技
术，可分离高达 10^7bp 的
DNA 分子

图 5-3　DNA 脉冲场凝胶电泳示意图（朱玉贤等，2019）

琼脂糖凝胶电泳常采用 Tris-乙酸（TAE）、Tris-硼酸（TBE）和 Tris-磷酸（TPE）缓冲体系。TAE 是使用最广泛的缓冲系统，其特点是花费低，双链线状 DNA 在其中的迁移率较其他两种缓冲液快约 10%，对超螺旋和高分子质量的 DNA 片段分辨率高，回收 DNA 片段较容易。但 TAE 有缓冲容量小、长时间电泳（如过夜）不可选用的缺点。TBE 和 TPE 的缓冲能力都很强，但都会影响 DNA 片段的胶回收。

电泳过程中常用溴酚蓝指示样品的迁移过程，将其加入上样缓冲液中，在碱性条件下呈蓝紫色。电泳后，核酸需经染色才能被观察，最常使用的染料是溴化乙锭（ethidium bromide，EB）。EB 可嵌入核酸的相邻碱基之间，在紫外线照射下发出荧光，由于其潜在的致变性，现在已逐步被别的荧光染料替代。GelRed 和 GelGreen 是两种集高灵敏度、低毒性和超稳定性于一身的极佳的荧光核酸凝胶染色试剂，但价格较贵。

完整的基因组 DNA 片段显著大于 50kb，常用相对分子质量为 50kb 的 λ 噬菌体作为参照（核酸分子质量标准，常称 marker）。提取出的总 RNA 易被降解，其完整度也是重要的检测指标。由于 rRNA 占 85% 以上的比例，因此琼脂糖凝胶电泳主要看的是 rRNA 的完整度，若 28S rRNA 和 18S rRNA 亮度接近 2∶1，则认为 RNA 质量较好。

3. DNA 序列分析

无论是提取的重组质粒 DNA 或胶回收的 DNA 片段等，对其进行 DNA 序列测定都是分子克隆最重要的一项操作。最早用于 DNA 测序的方法主要有两种：一种是桑格（Sanger）等（1977）发明的双脱氧法（链终止法）；另一种是马克萨姆（Maxam）和吉尔伯特（Gilbert）（1981）发明的化学降解法。两种方法测序的原理不同，前者逐渐占主导地位。本节重点介绍双脱氧法（链终止法）及在此基础上开发的自动测序技术。

双脱氧法（链终止法）测序的原理是利用一种 DNA 聚合酶来延伸结合在待测序列模板上的引物，当双脱氧核苷三磷酸（2′, 3′-ddNTP）掺入链中时，延伸被终止。每一次测序由平行的 4 个单独反应构成，每个反应含有待测序列作为模板、同位素标记的测序引物、4 种脱氧核苷三磷酸（dNTPs）、一种 ddNTP。由于 ddNTP 缺乏延伸所需要的 3′-OH 基团，使延长的寡聚核苷酸选择性地在 G、A、T 或 C 处终止。反应最终得到一组长几百至几千碱基的链终止产物，它们具有共同的 5′端，但具有不同的 3′端 ddNTP。可通过高分辨率变性凝胶电泳分离大小不同的片段，结合放射自显影法检测放射条带，直接读出 DNA 的核苷酸序列（图 5-4）。

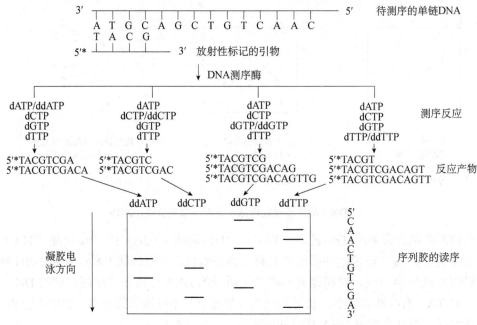

图 5-4　双脱氧法测序原理示意图（聂理，2016）

DNA 自动测序技术是在双脱氧法测序原理上发展来的，计算机处理技术加上荧光反应使得测序仪自动完成测序和读序的过程，极大地提高了测序的快捷性和效率。用 4 种不同的荧光标记物分别标记 4 种 ddNTP，一次反应后即可进行聚丙烯酰胺凝胶电泳或毛细管电泳，用荧光检测仪扫描胶图并收集荧光信号，再转为电信号供计算机处理得出序列。自动测序仪是集自动灌胶、自动进样、自动数据收集分析等于一体的全自动电脑控制测序仪器。

4. 分子杂交

在一定条件下，双链 DNA 氢键断裂变成单链的过程称为变性。而去除导致变性的条件后，已变性的两条单链通过碱基互补配对重新恢复成双螺旋结构的过程称为复性。核酸分子杂交（molecular hybridization）就是在核酸变性及复性基础上建立起来的实验技术，是具有一定同源序列的两条单核苷酸链按碱基互补配对原则复性形成异质双链的过程。这一过程可以发生在两条 DNA 单链之间、RNA 链与 RNA 链之间，以及 DNA 链与 RNA 链之间。

经电泳后的核酸分子条带可在电场等的作用下转移到稳定的不易破碎的固相载体，如硝酸纤维素膜（NC）和尼龙膜等上，这一过程称为印迹（blotting）。之后用放射性或地高辛标记的核酸探针去寻找固相载体上可与之配对的条带，最后用放射自显影或化学发光等方法显现杂交分子条带。对基因组中特定 DNA 片段进行分析的杂交技术最初是由 E. M. Southern 创立的，故而得名 Southern 印迹法（图 5-5）。如果检测对象是 RNA，则称为 Northern 印迹法，可用于分析基因表达活性、mRNA 的大小等。

此外，还有一种杂交技术，也是用标记好的探针进行核酸杂交，但无须将待测 DNA 进行电泳分离和转移，而是直接在组织、细胞、核或染色体上对原位核酸进行杂交，称为原位杂交（in situ hybridization，ISH）。该技术可用于检测特定组织部位是否有目标核酸序列，也可对其进行准确的定位。如果这段寡核苷酸探针是荧光素标记的，则称为荧光原位杂交

（fluorescence *in situ* hybridization，FISH）。它具有不需放射性同位素、检测灵敏、可同时观察几种 DNA 的优点。

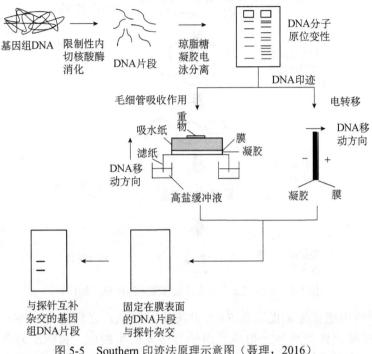

图 5-5　Southern 印迹法原理示意图（聂理，2016）

5.1.3　目的基因的获得

人们感兴趣的，准备被分离、改造、扩增或表达的基因就是目的基因，它可以是某种疾病或性状相关的基因，可以是表达某种蛋白质的序列，也可以是未知功能的 DNA 片段等。目的基因的获得可通过构建基因组或 cDNA 文库获得，也可制备模板通过 PCR 扩增获得。

1. 基因文库的构建和筛选

基因文库主要有基因组文库和 cDNA 文库两种。基因组文库是指基因组 DNA 被随机切成适当大小，分别与载体连接，储存在克隆中，包含这一基因组所有 DNA 序列的克隆总体。基因组文库可用于分离目的基因片段、分析基因结构及全基因组测序等。而 cDNA 文库是指某一特定组织或细胞在某一特定条件下的全部 mRNA 反转录生成的 cDNA 序列克隆群体。cDNA 文库可用于筛选目的基因、大规模测序及储存基因表达信息等。

构建基因组文库（图 5-6）的第一步是提取基因组 DNA，用机械切割法或限制性内切核酸酶裂解法随机断裂 DNA；第二步是选择适当的载体，如噬菌体载体、柯斯质粒、人工染色体载体等，纯化一定长度的 DNA 片段与载体连接形成重组体，转化入宿主细胞；第三步是对文库进行筛选。一个理想的基因组文库要有足够多的克隆数，以保证所有的基因都在克隆群体中。预测一个完整基因组文库应包含的克隆总数，可用下面的公式进行估算：$N=\ln（1-p）/\ln（1-f）$。式中，N 表示基因组文库必需的克隆数；p 表示文库中目的基因出现的频率，一般情况下，期望值为 99%，即 0.99；f 表示重组克隆平均插入 DNA 片段长度与基因组 DNA 总长的比值。

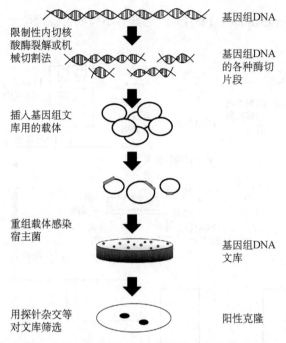

图 5-6   基因组文库的构建流程图（郑用琏，2018）

cDNA 文库的构建首先要提取总 RNA 并纯化 mRNA，之后进行 cDNA 的合成，最后插入质粒载体或噬菌体类载体上形成重组子并转入宿主细胞。cDNA 的合成包括两步：第一条链 cDNA 的合成是以 mRNA 为模板，利用反转录酶以加入的寡聚（dT）作引物进行反转录生成 cDNA；第二条链 cDNA 的合成是以第一条链为模板，加入 RNase H 部分降解杂交链中的 RNA 链以产生小片段作为第二条链的引物，在 DNA 聚合酶的作用下合成该链（图 5-7）。

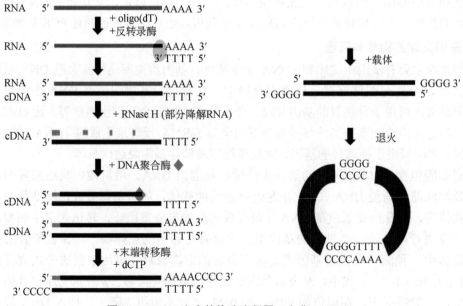

图 5-7   cDNA 文库的构建流程图（韦弗，2010）

基因文库的筛选是指从基因文库中筛选鉴定出含有目的基因的某一克隆。最常用的方法有核酸分子杂交和 PCR 筛选法等。常用放射性标记的 DNA 探针进行菌落原位杂交筛选（图 5-8），首先将待筛选菌落转移至硝酸纤维素膜上，用碱液处理裂解菌落，用蛋白酶 K 去除蛋白质，80℃烘烤滤膜以固定 DNA，之后加入放射性标记的探针进行杂交，通过放射自显影显示杂交结果，对照平板挑出阳性克隆。PCR 筛选法是将基因文库分成多个亚库，对每个亚库进行 PCR 扩增，出现阳性的亚库再次细分成更小的亚库，重复进行 PCR 扩增，直到鉴定出单个克隆为止。

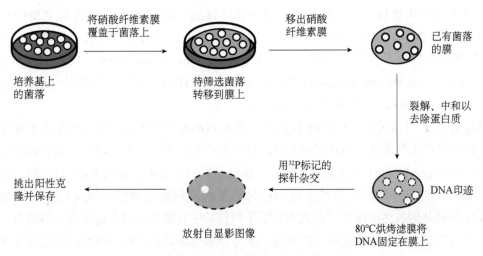

图 5-8　菌落原位杂交示意图（郑用琏，2018）

2. 聚合酶链反应技术

聚合酶链反应（polymerase chain reaction，PCR）技术是目前体外扩增目的基因最常用的方法。该技术的基本原理是体外构建 DNA 复制体系，在 DNA 聚合酶的催化作用下，以加入体系中的 DNA 为模板，以体系中的一对引物为延伸起点，复制出与模板链互补的子链，经过变性-复性-延伸三步多轮循环，DNA 片段的数量成倍递增。在加热至接近沸点的温度条件下，双链 DNA 变性解链成单链 DNA；之后降低温度，一对引物与解链的 DNA 模板互补配对，这一过程称为复性；最后改变温度至 DNA 聚合酶的最适温度进入延伸阶段，得到子代双链 DNA。这三步循环不断重复，前一个循环的产物可作为后一个循环的模板 DNA 继续参与 DNA 的合成，理论上产物的量是按 2^n 方式扩增的，因此可用微量的样品获得大量的目的基因片段。

PCR 反应体系中需加入模板 DNA、一对引物、dNTP、耐高温的 DNA 聚合酶及酶催化反应的缓冲液。模板 DNA 可以是质粒 DNA、基因组 DNA 及 cDNA 等，甚至单菌落也可以加入体系中作为模板。反应体系中需加入一对引物，引物与模板正确结合是 PCR 能准确扩增出目的基因的重要因素。引物是按照扩增区段两端序列彼此互补的原则人为设计的，需要遵循几条设计原则：18～24 个寡核苷酸可保证序列的特异性；GC 含量一般为 40%～60%，且 T_m 一般在 55～62℃（T_m 是引物解链温度，即 50%寡核苷酸双链解开的温度）；引物中 4 种碱基应随机分布，可用计算机软件分析形成引物二聚体、自身互补成发夹结构的可能性，以及引物的特异性等。最早分离得到的耐热聚合酶是从嗜热水生菌（*Thermus aquaticus*）中提取的，称为 *Taq* DNA 聚合酶。现在市场上已有多种高保真、高效率的 DNA 聚合酶供选择。

PCR 反应程序的核心是变性-退火-延伸三步，在 90～95℃条件下，双链 DNA 变性为单链 DNA，故变性一般为 94℃反应 30s。退火的温度取决于引物，这一温度可通过 $T_m=4（G+C）+2（A+T）$ 计算得到，一般在 50～60℃反应 30s，温度越高，产物的特异性越高。延伸温度取决于 DNA 聚合酶的最适温度，一般在 70～75℃，延伸时间由扩增片段的长度及 DNA 聚合酶的聚合速度决定。普通的 PCR 反应循环次数一般为 30～35次。理论上循环次数越多，产物越多，但当循环达到一定程度时，DNA 聚合酶的活性降低，体系中的 dNTP 等消耗殆尽，产物不再增加，反而非特异性产物有可能增多。

在标准的 PCR 技术基础上，衍生出了反转录 PCR（reverse transcription PCR，RT-PCR）、实时定量 PCR（real time quantitative PCR，RT-qPCR）及 cDNA 末端快速扩增法（rapid amplification of cDNA end，RACE）等特殊 PCR 技术。

反转录 PCR 技术是指以 mRNA 反转录生成的 cDNA 作为模板加入反应体系中进行 PCR 扩增。该技术可用于进行目的基因的扩增，也可用于基因表达丰度的研究。当互相比较的多个反应一开始加入的 mRNA 样品量一样时，按照相同的方法进行 RT-PCR，最终得到的目的基因产物也应该是一样的，若某个反应的目的基因产物量低则代表该反应一开始加入的 mRNA 中目的基因表达丰度低，以此来判断不同样品中目的基因的表达丰度。但这种方法是靠最终产物的量去推断起始模板量的丰度，变异系数常常达到 10%～30%，结果可靠性低，因此实时定量 PCR（RT-qPCR）技术就应运而生了。

RT-qPCR 是指在 PCR 反应体系中加入荧光基团，利用荧光信号积累实时监测整个 PCR 进程，使每个循环变得"可见"，最后通过标准曲线对样品中 DNA 的起始浓度进行定量的方法。在反应体系和反应条件完全一致的情况下，PCR 扩增呈指数增长时，模板量与扩增产物的量成正比。由于反应体系中的荧光基团与扩增产物结合发光，其荧光量与扩增产物量成正比，因此通过荧光量的检测就可以测定样本核酸量。实时定量 PCR 仪得到的是 Ct 值，即每管内的荧光信号达到仪器所设定的阈值时所经历的循环数，起始 DNA 模板量越多，Ct 值就越小。可通过比较不同样品的 Ct 值来计算不同样品中同一基因的表达差异，也可通过绘制标准曲线法，对目的基因进行绝对定量。常用的荧光染料有 SYBR Green I，该荧光染料与 DNA 双链结合后，发射荧光信号，而自由的 SYBR Green I 染料分子不会发射任何荧光信号，从而保证荧光信号的增加与 PCR 产物的增加完全同步。但这种结合是非特异性结合，不能区分目的 DNA 和非目的 DNA。另外一种方法是加入 TaqMan 荧光探针，该探针是一段可与目的基因中间序列互补配对的单链 DNA，且两端带有不同的荧光基团，这两个荧光基团在荧光共振能量转移作用下发生荧光猝灭，检测不到荧光。当 PCR 扩增时，探针与目的基因结合，DNA 聚合酶在复制生成子链 DNA 时遇到探针可逐个切除探针一端，从而解除荧光猝灭的束缚，发出荧光，荧光强度直接反映了产物的量（图 5-9）。由于探针与目的基因的结合是特异的，因此这一检测技术特异性很高，但每检测一个目的基因就要合成相应的探针，造成成本很高。

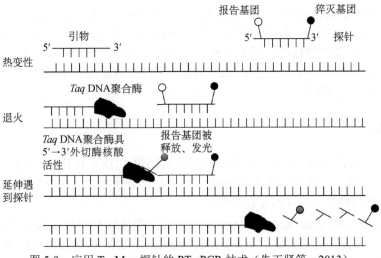

图 5-9 应用 TaqMan 探针的 RT-qPCR 技术（朱玉贤等，2013）

当扩增的目的基因序列信息不完整，无法根据其两端设计引物来扩增目的基因全长时，可通过 RACE 技术对其未知的 5′端或 3′端进行扩增。5′-RACE 技术的主要操作步骤如下（图 5-10A）：①提取并纯化 mRNA，用已知片段的 3′端序列设计特异性引物 1（GSP1），在反转录酶的作用下，反转录生成 cDNA 第一条链；②用 RNase H 降解 mRNA 链；③用末端转移酶将 dCTP 加到 cDNA 第一条链的 3′端；④加入连有锚定引物 AP（anchor primer）的 oligo（dG）作上游引物，以特异性引物 1 为下游引物（也可用比特异性引物 1 更靠近上游的特异性引物 2），在 DNA 聚合酶的作用下进行扩增，以期得到目的基因的 5′端片段。3′-RACE 技术较为简单（图 5-10B），以 mRNA 为模板，加入连有 AP 的 oligo（dT）为引物，在反转录酶的作用下生成 cDNA 第一条链；用 RNase H 降解 mRNA 链；用已知片段的 5′端序列设计特异性引物作上游引物，以锚定引物作下游引物进行 PCR 扩增，以期得到目的基因 3′端片段。

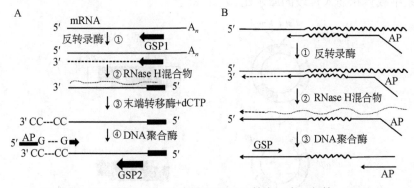

图 5-10 5′-RACE（A）和 3′-RACE（B）技术（朱玉贤等，2019）

5.2 重组 DNA 技术和转基因

重组 DNA 技术的诞生离不开三大理论基础：第一，确定了 DNA 是遗传物质，让人们明确承载着遗传信息的载体是 DNA 而不是蛋白质，这样就确认了操作对象是 DNA；第二，

DNA 分子的双螺旋结构模型及半保留复制机制，为如何改造 DNA 指明了方向；第三，"中心法则"和遗传密码的破译，阐明了遗传信息如何流动并表达，奠定了蛋白质产物获得的理论基础。重组 DNA 技术的核心就是对 DNA 分子进行体外切割和连接，并进行重组子的转化和筛选鉴定。5.1 节已经介绍了核酸的基本操作及目的基因的扩增技术，本节重点介绍重组分子的构建、转化和筛选等。

5.2.1 工具酶

所谓 DNA 重组，就是按照设计方案在体外将不同的 DNA 片段进行切割并连接，形成重新组合的 DNA 分子。这至少需要两种酶：一种是"分子剪刀"——限制性内切核酸酶，另一种是"分子缝合针"——DNA 连接酶。

限制性内切核酸酶（restriction endonuclease）是一类能识别和切割双链 DNA 分子中特定碱基序列的核酸水解酶，共有Ⅰ、Ⅱ、Ⅲ三种类型。Ⅰ型限制性内切核酸酶识别特异性位点，但进行随机切割，不能产生特定的酶切片段，这不利于重组分子的构建。Ⅲ型限制性内切核酸酶虽具有专一的识别位点，但在下游的特定位置切割 DNA，无论这个地方是什么碱基，这不利于产生单一的末端，也不能被应用于 DNA 重组。Ⅱ型限制性内切核酸酶既有专一识别位点，又能在该位点内的固定位置上切割双链，总能得到具有同样核苷酸序列的 DNA 片段，因此在基因工程中应用最为广泛。Ⅱ型限制性内切核酸酶可识别 4～7 个核苷酸对，且识别序列大多呈二重对称的回文结构，切割后可产生平末端或黏性末端。商业化的限制性内切核酸酶种类丰富，可根据目的基因序列和载体序列进行选择，其反应温度、时间、使用量及所需的缓冲体系均可参考说明书。

DNA 连接酶（DNA ligase）通过催化两条 DNA 链的 3′-OH 和 5′-P 之间形成磷酸二酯键而把两个 DNA 分子连接在一起。在实验设计时常用两个限制性内切核酸酶去切割目的基因及载体，使这两者末端产生相同的黏性末端，再用 DNA 连接酶进行连接，其插入的目的基因片段具特定的方向（图 5-11）。连接反应的温度和时间条件均可参考说明书，最需要重点注意的是体系中载体和插入片段的摩尔比。

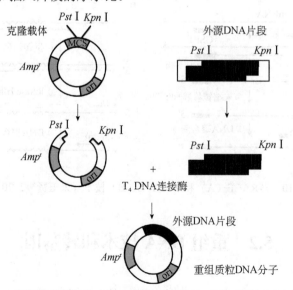

图 5-11　利用载体酶切位点定向克隆外源 DNA 片段（郑用琏，2018）

MCS. 多克隆位点

除这两个重要的工具酶外，在重组 DNA 技术操作过程中还可能用到以下几种酶：①末端转移酶，为不依赖于模板的 DNA 聚合酶，对 3′-OH 突出末端的底物作用效率最高，常用于给载体或 cDNA 加同聚尾巴；②反转录酶，可以 RNA 为模板合成 DNA 链，在 cDNA 第一条链的合成中常用，且可以切除 RNA-DNA 杂交链中的 RNA 链；③多核苷酸激酶，把磷酸基团加到多聚核苷酸链的 5′-OH 端；④碱性磷酸酶，切除 5′端的磷酸基团；⑤RNase A，去除 DNA 中的 RNA；⑥DNase Ⅰ，去除 RNA 中的 DNA；⑦蛋白酶 K，去除残留酶类及样品中的蛋白质。

5.2.2　载体

载体（vector）是指能运载外源性 DNA 进入宿主细胞，并能进行自我复制的 DNA。理想的载体应当具备一定的条件：①载体能够携带外源 DNA 片段进入宿主细胞，或停留在细胞质中自我复制，或整合到染色体 DNA 上，随着染色体 DNA 的复制而同步复制。②载体都具有供外源基因插入的限制性内切核酸酶单一酶切位点，即多克隆位点（MCS）。③载体都具有合适的遗传标记基因，如抗药性、显色反应基因等。④载体在细胞内的拷贝数要高，方便外源基因在细胞内大量扩增。⑤载体本身的分子质量都比较小，且可容纳较大的外源基因片段。⑥载体都必须是安全的，不应含有对受体细胞有害的基因，并且不会任意转入除受体细胞以外的其他生物细胞，尤其是人的细胞。⑦载体在细胞内稳定性要高，保证重组体稳定传代而不易丢失。⑧载体的特征都是充分掌握的，包括它的全部核苷酸序列。载体按照其功能可分为克隆载体（cloning vector）和表达载体（expression vector），克隆载体是为使插入的外源 DNA 序列被大量扩增而设计的载体，如 pBR322 质粒载体等。表达载体是为使插入的外源 DNA 序列可转录翻译成多肽链而设计的载体，它允许外源 DNA 的插入、储存和表达。这类载体既需有复制子，更需有强启动子及核糖体结合位点等，如 pET 系列载体。

质粒（plasmid）是独立于大肠杆菌染色体外，能够进行自我复制的双链闭合环状 DNA 分子，是最常见的基因工程载体之一。其大小为 1～200kb，能自主复制。常含有某些基因，如抗药性基因，对寄主的生长是有利的，被转化的宿主细胞就获得了这些额外的特性。pSC101 质粒载体是第一个真核生物的克隆载体，长 9.09kb，是一种严谨型复制控制的低拷贝数大肠杆菌质粒载体，编码一个四环素抗性基因（tet^r），含有 Hind Ⅲ、EcoR Ⅰ、BamH Ⅰ 等 7 种限制性内切核酸酶。其中在 Hind Ⅲ、BamH Ⅰ 及 Sal Ⅰ 这三个位点克隆外源 DNA，都会导致 tet^r 基因失活。pBR322 质粒是最早应用于基因工程的载体之一，全长为 4.36kb，含两种抗生素标记，且具有较高的拷贝数。把 pBR322 用限制性内切核酸酶切去某片段，换上合适的表达组件，就可以构建成工作所需的新载体。许多实用的质粒载体都是在 pBR322 质粒的基础上改建而成的。pUC 系列载体是在 pBR322 质粒的基础上改建的，含有 pBR322 质粒完整的氨苄青霉素抗性基因（amp^r）和复制起始位点。此外，还含有大肠杆菌 β-半乳糖苷酶基因（lacZ）的启动子及其编码 α-肽链的 DNA 序列，即 lacZ′基因。在 lacZ′基因中靠近 5′端有 MCS 区段，可用于蓝白斑筛选。pGEM-3Z 载体由 pUC 系列质粒衍生而来，含有噬菌体的启动子 T7 和 SP6，可在体外进行转录得到 RNA。

λ 噬菌体由蛋白质外壳和壳包裹的双链 DNA 组成，当它入侵细菌时，只是把 DNA 注入细菌内，可以按裂解或建立溶源两种生活方式生存和繁殖。在裂解周期内，噬菌体 DNA 可在宿主内进行独立复制，组装蛋白质外壳，最后冲破细菌释放出来，再度感染其他活菌。在溶源状态下，λ 噬菌体 DNA 可整合到细菌染色体 DNA 上，随细菌的细胞分裂而增殖。λ 噬菌体基因组是约为 50kb 的线性双链 DNA 分子，至少可编码 50 个基因，除结构基因外，还含有重组相关基因。例如，*att* 是整合和切割的识别位点，*int* 编码的蛋白质能使 λ DNA 整合到细菌染色体上；*xis* 基因编码的蛋白质又能将 λ DNA 从细菌染色体上切割下来等。λ 噬菌体基因组 DNA 经过改造后可用于容纳较大的外源 DNA 片段（极限值 23kb）的插入，常被应用于基因组文库的构建。λ 噬菌体 DNA 两端各有一条由 12 个核苷酸组成的彼此完全互补的 5′ 单链突出序列，即通常所说的黏性末端。当其 DNA 注入细菌后，线性 DNA 分子黏性末端的碱基配对形成环状分子，这一双链区域称为 *cos* 位点。

黏粒载体（cosmid）又称柯斯质粒载体，就是一类带有 λ 噬菌体 *cos* 位点和包装序列的质粒载体，因此具有 λ 噬菌体载体和质粒载体的双重特性。柯斯质粒既能像质粒一样进行转化和复制，又可以像 λ 噬菌体载体一样容纳大的外源 DNA 片段（极限值 45kb）。

噬菌粒（phagemid）是一类含有质粒复制子、克隆位点、标记基因和单链噬菌体复制子及包装序列的人工载体，最大容量为 10kb。它可像噬菌体和质粒一样复制，兼具了丝状噬菌体与质粒载体的优点。例如，pUC118 就是由 pUC18 质粒与 M13 噬菌体的复制子和包装序列重组得到的，pET 系列载体含有 f1 单链噬菌体的复制子和包装序列。

人工染色体载体分为两种，即细菌人工染色体（bacterial artificial chromosome，BAC）载体和酵母人工染色体（yeast artificial chromosome，YAC）载体。将细菌接合因子或酵母菌染色体上的复制区、分配区、稳定区与质粒组装在一起，即可构成染色体载体。BAC 的装载量为 50～300kb，YAC 的装载量可达到 0.2～2Mb，可用于装载植物、动物的全基因组序列信息。

5.2.3　重组 DNA 分子的构建

用限制性内切核酸酶对载体和目的基因片段分别进行双酶切，回收酶切产物之后，用 DNA 连接酶进行连接，构建重组 DNA 分子，这是最常见的克隆方法，这种方法插入的 DNA 片段具有方向性，故称定向克隆。也有几种方法得到的克隆是不定向的，需要进行测序分析，从而选出正确的重组子。例如，只选用了一种限制性内切核酸酶同时切割目的基因两端，并与该酶切载体产物混合进行连接；选用了产生平末端的限制性内切核酸酶进行切割连接。

除此之外，还有一种无须酶切就可将目的基因插入载体中的方法——TA 克隆法（图 5-12），常应用于 PCR 产物与载体的连接。商业化的很多 DNA 聚合酶在进行 PCR 扩增时会在 PCR 产物双链 DNA 每条链的 3′ 端加上一个突出的碱基 A。商业化的很多 T 载体是一种已经线性化的载体，载体每条链的 3′ 端带有一个突出的碱

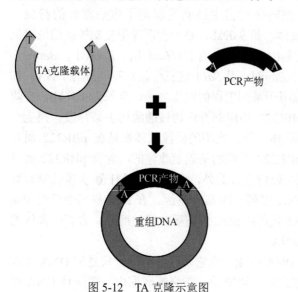

图 5-12　TA 克隆示意图

基 T。这样，T 载体的两端就可以和 PCR 产物的两端进行正确的 TA 配对，在连接酶的催化下，就可以把 PCR 产物连接到 T 载体中，形成含有目的片段的重组载体。

传统的酶切连接方法工作量大，难以满足大规模克隆的需要，往往难以找到合适的酶切位点而面临诸多技术困难，影响实验的效率。Gateway 克隆由美国英杰生命技术有限公司开发，是一个高效的大规模克隆系统。该技术利用 λ 噬菌体的位点特异性重组（λ 噬菌体用此重组系统进行裂解和溶源状态之间的互相转换），实现了不需要传统酶切连接过程的基因快速克隆和载体间平行转移，同时还保持正确的可读框和插入方向。重组反应被 λ 噬菌体同源重组位点（attP）和大肠杆菌染色体上的同源重组位点（attB）促进。由于 attP 和 attB 位点间的重组，噬菌体整合到细菌基因组上，并形成两个新的重组位点 attL（左）和 attR（右）。在特定的环境下，attL 和 attR 位点也能重组，导致噬菌体从细菌染色体上被切除，重新产生 attP 和 attB 位点。Gateway 克隆技术包含 BP 反应和 LR 反应两步。BP 反应是利用 BP 克隆酶混合物（λ 噬菌体整合酶 Int 和大肠杆菌整合宿主因子 IHF）催化一个带有 attB 位点的 DNA 片段或表达载体和一个带有 attP 位点的供载体（donor vector）之间的重组反应，把目的片段及其两端部分位点转移至供载体中，创建一个入门克隆，其结构为 attL1-基因-attL2（图 5-13A）。LR 反应是利用 LR 克隆酶混合物（λ 噬菌体整合酶 Int、切除酶 Xis 和大肠杆菌整合宿主因子 IHF）催化一个带有 attL 位点的入门克隆和一个带有 attR 位点的目的载体之间的重组反应，使目的片段及其两端部分位点取代目标载体（destination vector）的 *ccdB* 基因及其两端部分位点而产生最终的表达克隆，其结构为 attB1-基因-attB2（图 5-13B）。Gateway 克隆法的兼容性和灵活性高，一旦将目的片段构建至入门载体，即可在一步重组反应中移动该DNA 片段到任何表达载体中，可以使用 Gateway 克隆在一个管内一次性在许多载体上插入多个 DNA 片段，可以特定的顺序和方向克隆多达 4 个 DNA 片段到 Gateway 载体上。

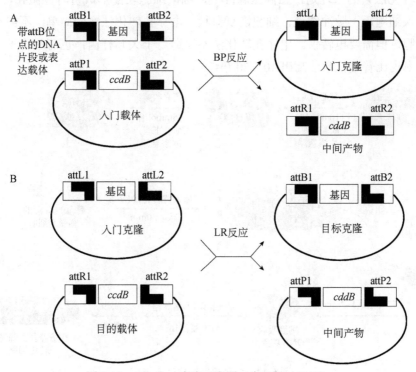

图 5-13　Gateway 克隆示意图（朱玉贤，2019）

5.2.4 重组 DNA 分子的转化

连接重组之后的 DNA 分子往往是纳克级的，难以满足实验需求，导入受体细胞内可产生大量的重组分子，且在构建重组分子时很难保证不被别的 DNA 分子污染，可转入受体细胞产生遗传表型，从而进一步筛选纯化重组分子。受体细胞，又称为宿主细胞或寄主细胞等，从实验技术上讲是能摄取外源 DNA 并使其维持稳定的细胞。作为基因工程的宿主细胞应具备以下特性：①便于重组 DNA 分子的导入；②能使重组 DNA 分子稳定存在于细胞中；③便于重组体的筛选；④易于扩大培养或发酵生长；⑤安全性高，无致病性，不会对外界环境造成生物污染；⑥有利于外源基因蛋白表达产物在细胞内的积累，或促进外源基因的高效分泌表达；⑦在遗传密码的应用上无明显偏好性；⑧具有较好的翻译后加工机制，便于真核目的基因的高效表达。常用的宿主细胞有大肠杆菌、酵母细胞、植物细胞、昆虫细胞（如草地贪夜蛾细胞 Sf9）及动物细胞（如人宫颈癌细胞 HeLa）。

1. 重组 DNA 转入大肠杆菌

将重组 DNA 转入大肠杆菌时，常用 Ca^{2+} 诱导转化法和电穿孔（electroporation）转化法。Ca^{2+} 诱导转化法又称热激法，需要用 $CaCl_2$ 制备感受态细胞（competent cell），即处于能吸收外源 DNA 分子的生理状态的细胞。其原理是（图 5-14）：将处于对数生长期的细菌置于 0℃的 $CaCl_2$ 低渗溶液中，细胞膨胀成球形，处于感受态；将感受态细胞与 DNA 混合，Ca^{2+} 与 DNA 结合形成抗 DNase 的羟基-磷酸钙复合物，黏附于细胞表面；经 42℃短时间热激处理，细胞吸收 DNA 复合物；在培养基中生长数小时之后，球形细胞复原并增殖。电穿孔转化法（电转化法）的原理是：在高压脉冲下，细菌细胞表面形成暂时性微孔，重组 DNA 通过微孔进入细胞后，脉冲结束，细胞恢复原状。电穿孔转化法实验简单，不需要制备特殊的感受态细胞，但需要电转仪。电穿孔转化法不仅适用于大肠杆菌，也可应用于几乎所有细胞，电转效率也比普通化学法高出 10～20 倍。

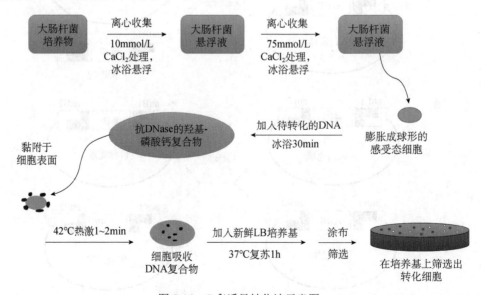

图 5-14　Ca^{2+} 诱导转化法示意图

2. 重组 DNA 转入酵母细胞

　　酵母是单细胞真核微生物，其基因表达调控机制比较清楚，遗传操作相对比较简单，是外源真核基因理想的表达系统。重组 DNA 导入酵母细胞的方法有原生质体转化法、碱金属离子介导法及电转化法等。酵母细胞原生质体的制备需要用蜗牛消化酶或纤维素酶水解酵母细胞壁，产生原生质体。之后将原生质体置于外源 DNA、$CaCl_2$ 及聚乙二醇（PEG）等的混合物中，悬浮培养使其再次长出新的细胞壁。PEG 可使细胞膜与 DNA 之间形成分子桥，从而使外源 DNA 进入酵母细胞，完成转化。碱金属离子介导的转化则不需要原生质体细胞的制备，可将酵母细胞暴露在碱金属离子溶液如 LiCl 中，与 DNA 混合后加入 PEG4000，然后经热激处理，DNA 可被有效吸收，但这种方法较之原生质体转化法的转化效率低。此外，酵母原生质体或完整细胞均可通过电转化法实现外源 DNA 的转化。

3. 外源 DNA 导入植物细胞

　　将外源 DNA 导入植物细胞的方法很多，可分为以下几类：第一，载体介导的转化，如农杆菌介导的 Ti 质粒转化法，目的 DNA 插入农杆菌的 Ti 质粒上，随着载体质粒 DNA 的转移而转移；第二，物理或化学方法，如基因枪法、显微注射法、电激法、PEG 法和脂质体介导法等；第三，种质系统法，如花粉管介导法。

　　农杆菌介导的 Ti 质粒转化法（图 5-15）是目前使用最多、技术最为成熟的方法。Ti 质粒是植物根癌土壤杆菌（*Agrobacterium tumefaciens*）菌株中存在的一种 200kb 左右的环状 DNA，可引起双子叶植物根部致癌的质粒。细菌从双子叶植物的受伤根部侵入根部细胞后，最后在其中裂解，释放出 Ti 质粒，其上的 T-DNA 片段会与植物细胞的核基因组整合，合成正常植株所没有的冠瘿碱（opine）类，破坏控制细胞分裂的激素调节系统，从而使它转为癌细胞。Ti 质粒包括致病区（*vir*）、接合转移区（*con*）、复制起始区（*ori*）和 T-DNA 区 4 部分。其中的 *vir* 区和 T-DNA 区与冠瘿瘤生成有关。将外源 DNA 插入 T-DNA 区，将该重组 DNA 导入农杆菌中，再通过农杆菌侵染植物外植体，植物伤口分泌大量酚类物质诱导 *vir* 基因表达产生 Vir 系列蛋白，该系列蛋白可帮助 T-DNA 携带外源基因整合到植物基因组中，进一步筛选可得到转基因植物。

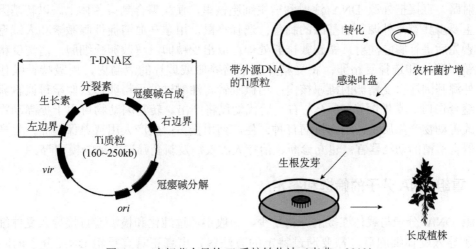

图 5-15　农杆菌介导的 Ti 质粒转化法（韦弗，2010）

　　基因枪法（gene gun method）又称微弹轰击法，是利用高速运行的金属颗粒轰击细胞时能进入细胞内的现象，将包裹在金属颗粒（钨或金颗粒）表面的外源 DNA 分子随之带入细胞进行表达的基因转化方法。有的基因枪以火药爆炸力作为动力，有的以高压气体作为动力，还有的以高压放电作为驱动力。这一技术首先要进行 DNA 微弹的制备，利用 $CaCl_2$ 对 DNA 的沉淀作用，以及亚精胺、PEG 具有的黏附作用，与金或钨粉混合，吹干后，DNA 沉淀在微粒上。基因枪法成为单子叶植物基因转移的有效途径，但进去的 DNA 片段整合效率极低。还有一种物理方法就是电激法，将 DNA 加入植物细胞原生质体悬浮液中，经电场处理后进行原生质体的培养。

花粉管介导法是将外源 DNA 涂于授粉的枝头上，使 DNA 沿花粉管通道或传递组织通过珠心进入胚囊，转化至还不具正常细胞壁的卵、合子及早期的胚胎细胞。这一方法技术简单，适用于任何开花植物，能避免体细胞变异和植株再生障碍等问题。

以上几种方法都是创造转基因植物最常用的方法。植物基因工程的应用非常广泛。例如，转基因植物抗虫、抗病毒、抗细菌、抗真菌等；转基因植物抗除草剂、抗干旱等逆境胁迫；改良植物品种进行遗传育种，提高产量或促进品质的改善等；转基因植物还可以作为药物生产的反应器，包括药用蛋白、次生代谢物、人和动物的疫苗等。

4. 外源 DNA 导入动物细胞

将重组 DNA 导入动物细胞的方法有多种。磷酸钙沉淀法是动物细胞转化的经典方法，其原理是：将待转化的 DNA 溶解于磷酸缓冲液中，缓慢加入 $CaCl_2$ 溶液，会形成含磷酸钙和 DNA 的沉淀，动物细胞能捕获黏附在细胞表面的 DNA-磷酸钙沉淀物，使 DNA 转入细胞。这种方法操作简便、成本低廉、可大批量转染、对细胞毒性小、效果稳定，但转染效率低。脂质体介导法是用脂质体包埋 DNA，通过细胞膜进入细胞。脂质体是一种人工构建的磷脂双分子层膜，它包裹 DNA，可与受体细胞膜融合。这种方法效果稳定，效率高，但成本较高，对外源 DNA 长度也有一定的限制。二乙氨乙基（DEAE）葡聚糖为多聚阳离子试剂，能促进哺乳动物细胞摄入外源 DNA。这种方法一般用于基因的瞬时表达，对细胞有毒，常采用低浓度长时间处理。

转基因动物是指将特定的外源基因导入动物受精卵或胚胎，使之稳定整合于动物的染色体基因组并能遗传给后代的一类动物。显微注射法是创造转基因动物的有效途径。应用玻璃显微注射器，直接把外源 DNA 注射到宿主细胞核里，使其整合到染色体上。以转基因小鼠为例，主要步骤有：外源目的基因的制备；选择小鼠，用孕马血清促性腺激素和人绒毛膜促性腺激素先后进行腹腔注射，做超数排卵处理；取出受精卵，解散卵丘细胞，清洗受精卵，在显微镜下确认和选择受精卵；将受精卵置于培养皿或玻片的液滴内，用吸持针吸住受精卵，将外源基因注入受精卵的雄原核内；用微吸管将注射过的受精卵移入假孕母鼠输卵管壶口处，缝合伤口，常规饲养 20 天左右，后代幼鼠将产出。转基因动物可用于提高动物优良性状、改善动物产品质量；动物抗病育种；生产药用蛋白；生产人用营养保健品；生产可用于人体器官移植的动物器官；建立诊断、治疗人类疾病及新药筛选的动物模型等。

5.2.5 重组 DNA 分子的筛选和鉴定

外源 DNA 分子与载体连接的产物量少，一般不经过纯化和检测就直接导入受体细胞，重组分子导入受体细胞后，需要通过特定的方法鉴别出真正具有重组 DNA 分子的阳性克隆。不同的载体和对应的宿主系统，其重组子的筛选和鉴定方法也不尽相同，大致可分为以下两大类。

1. 利用载体遗传标记进行筛选和鉴定

基因工程中常用的载体都带有遗传标记，有的是抗性基因，有的是显色标记基因。若把外源 DNA 片段插入载体的选择标记基因中而使此基因失活，丧失其原有的表性特征，此方法叫插入失活（图 5-16）。标记基因多为抗生素抗性基因。例如，pBR322 质粒上带有 *amp*ʳ 和 *tet*ʳ 基因，使得带有该质粒的宿主细胞能够在含有氨苄青霉素和四环素的培养基中生长。其 *tet*ʳ 基因内有多个限制性内切核酸酶的识别位点，外源基因选用这些酶切位点插入载体上时，可造成 *tet*ʳ 基因变化而失去活性，即重组子不能在四环素培养基中生长。这样能够在氨苄青霉素平板上生长而不能在四环素平板上生长的菌落就是含有重组子的阳性克隆。

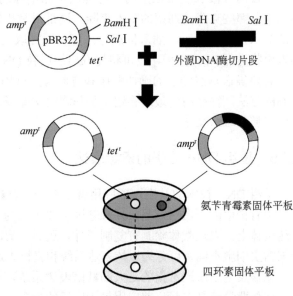

图 5-16　抗生素插入失活法（张一鸣，2018）

显色标记基因反应常指的是 β-半乳糖苷酶基因（*lacZ*）的显色反应。一些载体（如 pUC 系列质粒）带有 β-半乳糖苷酶 N 端 α 片段的编码区（*lacZ′*），该编码区中含有多克隆位点（MCS），可用于构建重组子。这种载体适用于仅编码 β-半乳糖苷酶 C 端 ω 片段的突变宿主细胞。因此，宿主和质粒编码的片段虽都没有半乳糖苷酶活性，但它们同时存在时，α 片段与 ω 片段可通过 α 互补形成具有酶活性的 β-半乳糖苷酶。这样，*lacZ* 基因在缺少近操纵基因区段的宿主细胞与带有完整近操纵基因区段的质粒之间实现了互补。由 α 互补而产生的 *lacZ*⁺ 细菌在诱导剂异丙基硫代半乳糖苷（IPTG）的作用下，在生色底物 5-溴-4-氯-3-吲哚-β-D-半乳糖苷（X-Gal）存在时产生蓝色菌落。而当外源DNA插入质粒的多克隆位点后，几乎不可避免地破坏 α 片段的编码，使得带有重组质粒的 *LacZ* 细菌形成白色菌落。这种重组子的筛选方法，称为蓝白斑筛选法（图 5-17）。

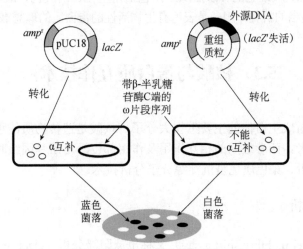

图 5-17　蓝白斑筛选法原理示意图（张一鸣，2018）

2. 根据克隆片段序列进行筛选和鉴定

若目的片段长度是已知的，可提取待测菌株的质粒 DNA，经琼脂糖凝胶电泳检测其大小，判断哪些克隆是期望的阳性克隆，这是最常用的方法，但不是最准确的方法。为进一步判断插入片段的大小、插入位点等，可以用提取出的质粒 DNA 或处理后的菌落作为模板，加入引物进行 PCR 扩增，也可将提取出的质粒 DNA 进行酶切处理，后经琼脂糖凝胶电泳鉴定。若要确认重组分子的确切顺序和方向等，须用 DNA 测序法得到重组子的序列，这是最准确的方法，往往用于最终鉴定。从基因组文库或 cDNA 文库中筛选鉴定重组子常用菌落杂交法或噬菌斑杂交法。

5.2.6 重组 DNA 分子的诱导表达

重组 DNA 技术的其中一项应用就是在一个合适的系统中，使外源基因高效表达，从而生产出有价值的蛋白质产品。外源基因若要进入受体细胞内进行复制和表达，必须被构建到表达载体上。表达载体除具有复制子外，还具有启动子、核糖体结合位点及终止子等元件。根据宿主细胞不同，可分为原核表达系统和真核表达系统。

原核表达系统通常指的是大肠杆菌表达系统，其优点是培养周期短，目标基因表达水平高，遗传背景清楚，是目前应用最为广泛的蛋白质表达系统。原核表达系统中最常用的可调控型强启动子有乳糖启动子（*lac*）、色氨酸启动子（*trp*）、T7 噬菌体启动子等。IPTG 可诱导乳糖启动子下游基因的表达，通过控制诱导条件控制产物的表达量。但大的蛋白常在大肠杆菌中聚集，而且大肠杆菌不具有真核蛋白的折叠和修饰作用，故有些大蛋白或真核蛋白会以包涵体的不溶性聚集物形式存在，不利于蛋白质的纯化和活性分析。

常见的真核表达系统有酵母表达系统和杆状病毒–昆虫细胞表达系统。毕赤酵母在表达产物的加工、外分泌、翻译后修饰及糖基化修饰等方面有明显的优势，现已广泛用于外源蛋白的表达。它含有特有的强有力的醇氧化酶基因（*aox*）启动子，用甲醇可严格地调控外源基因的表达。杆状病毒–昆虫细胞表达系统是用病毒感染昆虫细胞，在其极晚期表达外源蛋白。这一系统的主要特点是可以获得大量抗原性、免疫原性较好的，与天然蛋白功能相似的可溶性重组蛋白。这一特点优于细菌、酵母和哺乳动物细胞表达体系。重组杆状病毒感染昆虫细胞后，可以对外源蛋白进行许多真核细胞的转录后加工，包括糖基化、磷酸化、酰基化、正确的信号肽切割、蛋白质水解及适当的折叠作用，是表达有生物活性的蛋白质的理想载体。

5.3 核酸与蛋白质互作技术

核酸与蛋白质是组成生命体的主要生物大分子，核酸是遗传物质的承载者，而蛋白质是一切生命活动的执行者，两者之间的相互作用及作用部位等是后基因组时代的主要研究领域之一，如凝胶阻滞分析、染色质免疫沉淀等分子分析技术。

5.3.1 凝胶阻滞分析

凝胶阻滞分析（gel mobility shift assay）又称电泳阻滞分析（electrophoretic mobility shift assay，EMSA），是体外分析 DNA 和蛋白质结合的一种凝胶电泳技术。其基本原理（图 5-18）是与蛋白质结合后的 DNA 片段较未与蛋白质结合的 DNA 片段迁移速度慢。在实验中，用放射性同位素标记待检测的 DNA 片段末端，制成核酸探针，然后与细胞提取物或蛋白质混合液共孵育，之后将混合物加入非变性聚丙烯酰胺凝胶中进行电泳，电泳结束后，用放射自显影技术呈现具放射性标记的 DNA 条带的位置。如果不存在与核酸探针结合的蛋白质，则放射性条带会出现在凝胶的底部，若有 DNA-蛋白质复合物存在，受到凝胶阻滞的影响，放射性条带会出现在凝胶的不同部位，将该条带切胶进行质谱分析可鉴定得到与已知 DNA 结合的未知蛋白。因此，该方法可用于检测 DNA 结合蛋白、RNA 结合蛋白，还可通过加入特异性的抗体来检测特定的蛋白质，并可进行未知蛋白的鉴定。

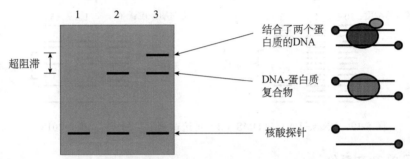

图 5-18　凝胶阻滞分析原理示意图（郑用琏，2018）

5.3.2　DNA 酶足迹法

当已知某 DNA 和某一特定蛋白质可以发生结合，而需要进一步准确得到结合部位序列时，可用 DNA 酶足迹法（DNase footprinting）来鉴定。它可用于检测与特定蛋白质结合的 DNA 序列的部位，可展示蛋白质因子同特定 DNA 片段之间的结合区域。其原理为：DNA 和蛋白质结合以后便不会被 DNase 分解，在测序时便出现空白区（即蛋白质结合区），从而了解与蛋白质结合部位的核苷酸序列。第一步，对 DNA 进行末端标记，之后加入蛋白质与之孵育结合；第二步，加入适量的 DNase I，消化 DNA 分子，控制酶的用量，使之达到每个 DNA 分子只发生一次磷酸二酯键断裂，并设置未加蛋白质的对照组；第三步，从 DNA 上除去蛋白质，将变性的 DNA 加样在测序凝胶中进行电泳和放射性自显影，与对照组相比后解读出足迹部位的核苷酸序列。如图 5-19A 所示，1 和 5 泳道，随着蛋白质浓度的升高，被蛋白质保护的 DNA 区域逐渐变弱并消失。

还有一种与 DNase I 足迹试验原理相似的试验——硫酸二甲酯（dimethyl sulfate，DMS）足迹法。DMS 是一种甲基化试剂，能使 DNA 分子中裸露的鸟嘌呤（G）残基甲基化，而六氢吡啶又会对甲基化的 G 残基做特异性的化学切割。该方法同样先末端标记 DNA 分子，并与蛋白质孵育结合后，加入 DMS 温和甲基化，接着去除蛋白质，用六氢吡啶处理断裂 DNA，最后电泳检测被标记的 DNA 条带。如图 5-19B 所示，1 和 5 泳道中虚线和无条带处是被蛋白质保护而免受甲基化试剂影响的序列。

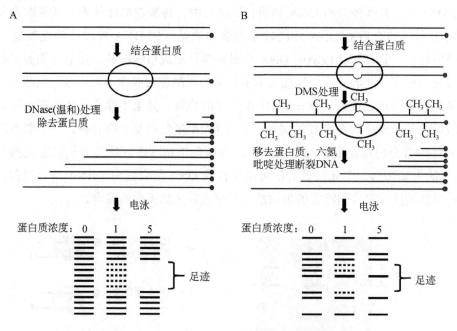

图 5-19　DNase（A）和 DMS（B）足迹试验示意图（郑用琏，2018）

5.3.3　酵母单杂交系统

　　酵母单杂交系统（yeast one-hybrid system）最早是 1993 年由李（Li）等从酵母双杂交技术发展而来的，通过对报告基因的表型检测，分析 DNA 与蛋白质之间的相互作用，以研究真核细胞内的基因表达调控。由于酵母单杂交方法能够检测特定转录因子（蛋白质）与顺式作用元件（DNA）专一性相互作用的敏感性和可靠性，现已被广泛用于克隆细胞中含量微弱的、用生化手段难以纯化的特定转录因子。其理论基础是：许多真核生物的转录因子由物理和功能上独立的 DNA 结合区（DNA-binding domain，BD）和转录激活区（activation domain，AD）组成，因此可构建各种基因与 AD 的融合表达载体，在酵母中表达为融合蛋白时，根据报道基因的表达情况，便能筛选出与已知 DNA 序列有特异结合的蛋白质。基本操作过程（图 5-20）是：将已知的 DNA 片段构建至基本启动子（minimal promoter，P_{min}）的上游，把报告基因连接至 P_{min} 的下游。将编码待测转录因子的 cDNA 序列构建至含酵母 AD 的融合表达载体上，并导入酵母细胞中，若其基因表达产物能够与 P_{min} 上游的 DNA 片段结合，就能激活 P_{min}，使报告基因表达。可选用 *lacZ* 作为报告基因，将 *lacZ* 基因连接至启动子下游，若表达可呈现蓝色菌落供挑选。这种方法不仅可以获得与靶 DNA 结合的蛋白质，还可以通过筛选 cDNA 文库直接获得与靶序列相互作用蛋白质的编码基因。

5.3.4　荧光素酶报告系统

　　荧光素酶（luciferase）是自然界中能够产生生物荧光的酶的统称，其中最有代表性的是萤火虫体内的荧光素酶（firefly luciferase）。荧光素酶报告系统是指以荧光素（fluorescein）为底物来检测萤火虫荧光素酶活性的一种报告系统。荧光素酶可以催化荧光素氧化，在氧化的过程中，会发出生物荧光，可被酶标仪检测到。荧光素酶报告技术（图 5-21）是检测转录因子与目的基因启动子区 DNA 相互作用的一种方法。表达载体上携带待检测蛋白质（如某转录因子）的 cDNA 序列，报告载体上有目的基因启动子区 DNA 序列及下游的荧光素酶基因序列，将表达载体和报告载体共转染细胞，若待测蛋白质可与目的基因启动子区 DNA 结合，则荧光素酶基因表达，氧化荧光素发出荧光被酶标仪抓捕到信号，荧光素酶的表达量与转录因子的作用强度成正比。

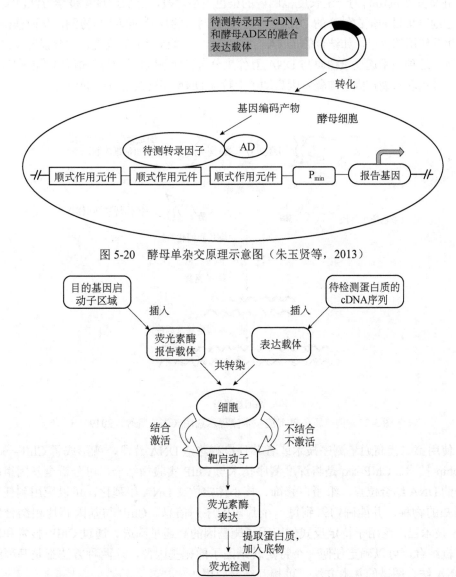

图 5-20　酵母单杂交原理示意图（朱玉贤等，2013）

图 5-21　荧光素酶报告系统流程示意图

在用萤火虫荧光素酶定量基因表达时，通常采用第二个报告基因来减少实验的变化因素，如细胞的活力、数量、转染效率或裂解效率等。普洛麦格（北京）生物技术有限公司开发的双荧光素酶报告系统则解决了这一问题。该方法使用萤火虫荧光素酶和海肾荧光素酶，在单一样品中依次检测这两种酶的活性。其中一个报告基因作为内对照，使另一个报告基因的检测均一化。

5.3.5 染色质免疫沉淀技术

染色质免疫沉淀技术（chromatin immunoprecipitation assay，ChIP）是目前唯一研究体内DNA 与蛋白质相互作用的方法。它的原理（图 5-22）是在活细胞状态下固定蛋白质-DNA复合物，并将其随机切断为一定长度范围内的染色质小片段，然后通过免疫学方法沉淀此复合体，特异性地富集目的蛋白结合的 DNA 片段，通过对目的片段的纯化与检测，从而获得蛋白质与 DNA 相互作用的信息，如结合的 DNA 序列特征、在基因组上的位置、结合强度及对基因表达的影响等。这项技术通过蛋白质与 DNA 互作来分析目标基因活性及已知蛋白质的靶基因，被广泛应用于体内转录调控因子与靶基因启动子上特异 DNA 序列结合方面的研究。

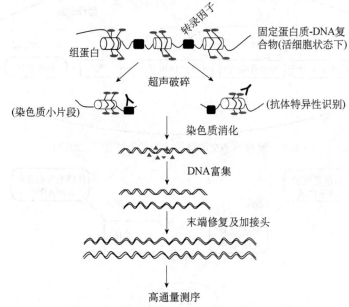

图 5-22　染色质免疫沉淀技术流程示意图（朱玉贤等，2019）

配合使用第二代高通量测序技术或者芯片检测这些 DNA 片段，就形成了 ChIP-seq 技术和 ChIP-chip 技术。ChIP-seq 是将深度测序技术与 ChIP 实验相结合，可分析全基因组范围内转录因子的 DNA 结合位点、组蛋白修饰、核小体定位或 DNA 甲基化，可以应用到任何基因组序列已知的物种，并能确切得到每一个片段的序列信息。ChIP 与基因芯片相结合建立的ChIP-chip 技术已广泛用于特定反式作用因子靶基因的高通量筛选。通过 ChIP 技术和启动子芯片的有机结合，可以确定任何一个特定转录因子的靶基因群。这两种方法都是基因组范围内绘制 DNA 结合图谱的基本方法，可相互结合应用。

5.3.6　RNA 结合蛋白免疫沉淀技术

RNA 结合蛋白免疫沉淀（RNA binding protein immune precipitation，RIP）技术，是研究细胞内 RNA 与蛋白质结合情况的技术。与 ChIP 技术原理相似，只是分析的是与目的蛋白结合的 RNA，应用领域包括转录后调控研究、表观遗传调控。运用针对目标蛋白的抗体把相应的 RNA-蛋白复合物沉淀下来，然后经过分离纯化就可以对结合在复合物上的 RNA 进行分析，结合的 RNA 序列可通过基因芯片（genechip）、RT-qPCR 或高通量测序（RIP-seq）方法来鉴定。

5.3.7　RNA/DNA pull down 技术

上述 ChIP 和 RIP 技术都是已知蛋白质的情况下去捕获核酸并进行分析，而 RNA/DNA pull down 实验（图 5-23）主要用来寻找与目的 RNA 或 DNA 结合的未知蛋白。其原理是：生物素与链霉亲和素间的作用是目前已知强度最高的非共价作用，活化生物素可以在蛋白质交联剂的介导下，与已知的几乎所有生物大分子偶联。因此用生物素标记核酸后，利用生物素和链霉亲和素之间的亲和作用，可以纯化出各种生物大分子复合物。将生物素标记的 RNA 或 DNA 片段结合在链霉亲和素磁珠上，再与细胞核蛋白孵育，纯化出与 RNA 或 DNA 片段互作的蛋白质，将洗涤洗脱得到的蛋白质产物，做 Western 印迹检测特定蛋白质是否与靶核酸片段结合，做质谱鉴定即可筛选出与某核酸片段可能互作的蛋白质信息（如具体某个或某些转录因子或组蛋白等）。

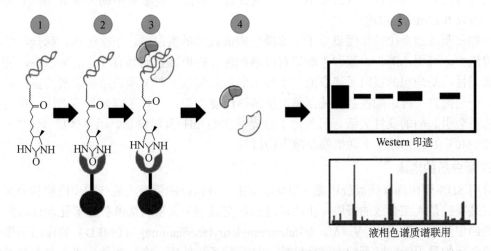

图 5-23　RNA/DNA pull down 实验过程示意图

1. 生物素标记目标 DNA 或 RNA；2. 磁珠绑定 DNA 或 RNA 探针；3. 探针与互作蛋白结合；
4. 结合蛋白洗脱；5. Western 印迹或液相色谱质谱联用检测

5.4　蛋白质与蛋白质互作技术

在细胞中，最重要的生物大分子除了核酸就是蛋白质，蛋白质之间的相互作用也是最基本的生命活动。蛋白质与蛋白质的相互作用构成了细胞生化反应网络的一个主要组成部分，对调控细胞及其信号有着重要意义。蛋白质互作研究是蛋白质组学研究的主要内容，按照实验目的可分为两大类：一是验证两个蛋白质是否存在相互作用，二是筛选某个兴趣蛋白的互作蛋白。

5.4.1 蛋白质的提取和分离

1. 提取

蛋白质的提取工作是将经过处理或破碎的细胞，置于一定的条件和溶液中，让被提取物充分释放出来的过程。破碎过程可以是液氮处理之后经匀浆器或研钵处理，多见于植物或动物组织样品；也可以是加提取液进行超声波破碎，利用振荡频率为 $15\sim25kHz$ 的超声波在细胞液中产生的空化效应和机械效应将细胞膜破碎，多用于细菌和细胞的裂解。

大部分蛋白质都可溶于水、稀盐、稀酸或碱溶液，稀盐和缓冲系统的水溶液对蛋白质的稳定性好、溶解度大，是提取蛋白质最常用的溶剂。提取温度一般采用低温（冰上）操作，并且为了避免蛋白质在提取过程中降解，可加入蛋白水解酶抑制剂（如二异丙基氟磷酸、碘乙酸等）。蛋白质是具有等电点的两性电解质，提取液的 pH 应选择在偏离等电点两侧的 pH 范围内。用稀酸或稀碱提取时，应防止过酸或过碱而引起蛋白质可解离基团发生变化，从而导致蛋白质构象的不可逆变化。一般来说，碱性蛋白质用偏酸性的提取液提取，而酸性蛋白质用偏碱性的提取液提取。缓冲液常采用 $0.02\sim0.05mol/L$ 磷酸盐或 Tris-HCl 等溶液。低盐浓度可促进蛋白质的溶解，称为盐溶作用。同时稀盐溶液因盐离子与蛋白质部分结合，具有保护蛋白质不易变性的优点，因此在提取液中加入少量 NaCl 等中性盐，一般以 0.15mol/L 浓度为宜。

一些和脂质结合比较牢固或分子中非极性侧链较多的蛋白质，不溶于水、稀盐、稀酸或稀碱溶液中，可用乙醇、丙酮和丁醇等有机溶剂进行提取，它们具有一定的亲水性，还有较强的亲脂性，是理想的蛋白质提取液。丁醇提取法对提取一些与脂质结合紧密的蛋白质特别优越，一是因为丁醇亲脂性强，特别是溶解磷脂的能力强；二是丁醇兼具亲水性，在溶解度范围内不会引起酶的变性失活。另外，丁醇提取法的 pH 及温度选择范围较广（pH3~10，温度-2~40℃），也适用于动植物及微生物材料。

2. 蛋白质的电泳

可用 SDS-聚丙烯酰胺凝胶电泳（SDS-PAGE）对粗提的蛋白质进行初步检测和分离。聚丙烯酰胺凝胶是人工合成的凝胶，由丙烯酰胺和交联剂甲叉双丙烯酰胺在催化剂过硫酸铵和促凝剂四甲基乙二胺（N, N, N', N'-tetramethylethylenediamine，TEMED）的作用下聚合而成。聚合后的聚丙烯酰胺凝胶为网状结构，具有分子筛效应。它有两种形式：非变性聚丙烯酰胺凝胶电泳（native-PAGE）和变性聚丙烯酰胺凝胶电泳（SDS-PAGE）。

在蛋白质的非变性聚丙烯酰胺凝胶电泳中，蛋白质能够保持完整状态，并依据蛋白质的分子质量大小、蛋白质的形状及其所附带的电荷量而逐渐呈梯度分开。在变性聚丙烯酰胺凝胶电泳中，由于加入了变性剂 SDS，故其分离仅依据分子质量大小。SDS 是阴离子去垢剂，它能断裂分子内和分子间的氢键，使分子去折叠，破坏蛋白质分子的二、三级结构。而强还原剂如巯基乙醇、二硫苏糖醇能使半胱氨酸残基间的二硫键断裂。在样品和凝胶中加入还原剂与 SDS 后，蛋白质分子被解聚成多肽链，并带上负电荷。这些阴离子掩盖了蛋白质原有的电荷量，这样就消除了不同分子间的电荷差异和结构差异，只有分子筛效应，迁移率与相对分子质量对数呈线性关系。

SDS-PAGE 一般制胶时分为两部分，即下层的分离胶和上层的浓缩胶。浓缩胶有堆积作用，凝胶浓度较小，孔径较大，把较稀的样品加在浓缩胶上，经过大孔径凝胶的迁移作用而被浓缩至一个狭窄的区带。当样品液和浓缩胶选 Tris-HCl 缓冲液时，电泳缓冲液选 Tris-甘氨酸。电泳开始后，HCl 解离出氯离子，甘氨酸解离出少量的甘氨酸根离子。蛋白质带负电荷，因此一起向正极移动，其中氯离子最快，甘氨酸根离子最慢，蛋白质居中。电泳开始时，氯离子的泳动率最大，超过蛋白质，因此在后面形成低电导区，而电场强度与低电导区成反比，因而产生较高的电场强度，使蛋白质和甘氨酸根离子迅速移动，形成一稳定的界面，使蛋白质聚集在移动界面附近，浓缩成一中间层。浓缩的样品从浓缩胶进入分离胶后，胶的孔径缩小，pH 升高。在高的 pH 环境中，甘氨酸的解离度增大，迁移率增加，紧跟在氯离子后，低电导区不复存在，形成恒定的电场强度。

经电泳分离开的蛋白质，须染色后才能观察。常见的染色方法有考马斯亮蓝染色、银染色等。考马斯亮蓝染色是用考马斯亮蓝进行蛋白质染色的方法。考马斯亮蓝是一种阴离子染料，常用的为考马斯亮蓝 G250 和 R250。考马斯亮蓝 G250 在游离状态下呈红色，当它与蛋白质通过疏水结合后变为蓝色，蛋白质-色素结合物在 595nm 波长下有最大光吸收。其光吸收值与蛋白质含量成正比，因此可用于蛋白质的定量测定。考马斯亮蓝 R250 染色灵敏度比 G250 高得多，但对酸溶蛋白、醇溶蛋白不合适，因为在染色过程中，蛋白质会溶解在染色液或脱色液中。考马斯亮蓝可用于 SDS-PAGE 或非变性 PAGE 蛋白电泳的快速染色。银染色的原理是银离子在碱性 pH 环境下被还原成金属银，沉淀在蛋白质的表面显色。染色的程度与蛋白质中的一些特殊基团有关，不含或者很少含半胱氨酸残基的蛋白质有时候呈负染。

双向电泳（two-dimensional electrophoresis，2-DE）是等电聚焦电泳和 SDS-PAGE 的组合，即先进行等电聚焦电泳（isoelectric focusing electrophoresis，IEF），然后再进行 SDS-PAGE，经染色得到的电泳图是二维分布的蛋白质图（图 5-24）。第一步是进行等电聚焦电泳，由于蛋白质是两性分子，在不同 pH 的缓冲液中表现出不同的带电性，因此，在电流的作用下，不同等电点的蛋白质会聚集在介质上不同的区域从而被分离。第二步是进行 SDS-PAGE，按照相对分子质量进行分离。较之 SDS-PAGE，双向电泳的分辨率很高，可分离大量混合蛋白质样品。

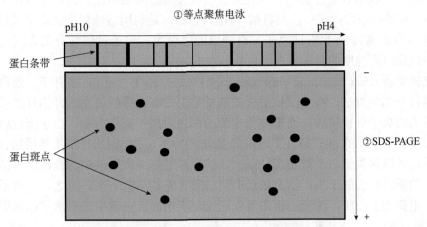

图 5-24　蛋白质双向电泳示意图（郑用琏，2018）

3. 蛋白质的纯化

经初步检测的蛋白质样品若要进一步分离纯化，主要有以下几个策略（图 5-25）：凝胶过滤层析、亲和层析、离子交换层析及疏水层析。

凝胶过滤层析（gel filtration chromatography）又称为排阻层析或分子筛层析，主要是根据蛋白质的大小和形状，即蛋白质的质量进行分离和纯化。层析柱中的填料是某些惰性的多孔网状结构物质，多是交联的聚糖（如葡聚糖或琼脂糖）类物质。当被分离物质通过凝胶柱时，大于凝胶孔径的分子不能进入凝胶内部，只能在凝胶颗粒之间的空隙中流动和分配，流经的路程短，可很快被洗脱出来，而小于凝胶孔径的分子则进入凝胶颗粒内部，在凝胶内部穿行，流经的路程长，移动的速度慢，最后被洗脱出来。分别收集不同时相的洗脱液，即可得到纯化的物质。

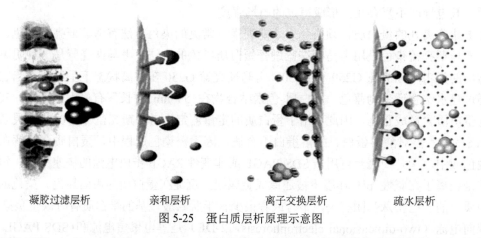

| 凝胶过滤层析 | 亲和层析 | 离子交换层析 | 疏水层析 |

图 5-25　蛋白质层析原理示意图

　　亲和层析（affinity chromatography）是利用生物大分子间所具有的特异性亲和能力进行分离的方法。该方法常把可亲和的一对分子中的一方固定在不溶于水的化合物上作为色谱的支持体，即载体，使之固相化，作为固定相；另一方随流动相流经固定相，双方即可发生特异性结合。用流动相经过一段时间的洗涤，可将杂质去除，而后再利用亲和吸附的可逆特性，改用特殊的流动相使所需分离的物质被解离下来，从而得到纯化的物质。已开发的表达载体上常带有融合蛋白标签。例如，谷胱甘肽巯基转移酶（GST）标签，是通过磁珠偶联谷胱甘肽（GSH），利用谷胱甘肽与谷胱甘肽巯基转移酶之间酶和底物的特异性作用力，分离出带有 GST 标签的蛋白；又如，组氨酸（His）标签，是利用磁珠螯合镍离子或钴离子，组氨酸残基侧链与金属离子（镍/钴离子）有强烈的吸引力，可通过磁性分离方式直接从生物样品中一步纯化出高纯度的目标蛋白。

　　离子交换层析（ion exchange chromatography）是根据在一定 pH 条件下，蛋白质所带电荷不同而进行分离的方法。离子交换层析的基质是由带有电荷的树脂或纤维素组成的。带有正电荷的称为阳离子交换树脂，而带有负电荷的称为阴离子交换树脂。由于蛋白质也有等电点，当蛋白质处于不同的 pH 条件下时，其带电状况也不同。阴离子交换基质结合带有负电荷的蛋白质，所以这类蛋白质被留在柱子上，然后通过提高洗脱液中的盐浓度等措施，将吸附在柱子上的蛋白质洗脱下来，结合较弱的蛋白质首先被洗脱下来。反之，阳离子交换基质结合带有正电荷的蛋白质，结合的蛋白可以通过逐步增加洗脱液中的盐浓度或是提高洗脱液的 pH 被洗脱下来。

　　疏水层析（hydrophobic chromatography），也叫疏水作用下层析（hydrophobic interaction chromatography），是利用固定相载体上偶联的疏水性配基与流动相中的一些疏水分子发生可逆性结合而进行分离的方法。该方法基于蛋白质的疏水差异，在高盐溶液中，蛋白质会与疏水配基相结合。在洗脱时，将盐浓度逐渐降低，不同的蛋白质因其疏水性不同而逐个地先后被洗脱而纯化，可用于分离其他方法不易纯化的蛋白质。

5.4.2　蛋白质的分析

1. 蛋白质浓度测定

对蛋白质进行分析的第一步就是检测其浓度，这里介绍三种常用的蛋白质浓度测定方法：第一，BCA 法（bicinchoninic acid method）。其原理是，在碱性环境下，蛋白质与二价铜离子络合并将二价铜离子还原为一价铜离子。BCA 与一价铜离子结合形成稳定的蓝紫色复合物。该复合物在 562nm 处有较高的吸光值，并与蛋白质浓度成正比。BCA 法测定蛋白质灵敏度高，操作简单，试剂及其形成的颜色复合物稳定性俱佳。第二，考马斯亮蓝（Bradford）法。该方法的原理是，带负电的考马斯亮蓝染料与蛋白质中碱性氨基酸相互作用。考马斯亮蓝在溶液中显红色，吸收峰在 465nm 处，当与蛋白质结合后，其显蓝色，在 595nm 处有吸收峰。595nm 处的吸光值与蛋白质的浓度成正比。第三，紫外分光光度法。这个方法通过测量蛋白质中含有共轭双键的酪氨酸和色氨酸在 280nm 处的吸光值来估测蛋白质的含量。不同的蛋白质含有不同的酪氨酸和色氨酸含量，所以这一方法虽然简单但常常不可靠。

2. 蛋白质免疫印迹技术

印迹法（blotting）是指将样品转移到固相载体上，而后利用相应的探测反应来检测样品的一种方法。上述章节已经介绍过利用 DNA-RNA 杂交检测特定 DNA 片段的方法，称 Southern 印迹（Southern blotting）。与 Southern 印迹或 Northern 印迹方法类似，但蛋白质印迹（Western blotting）采用的是聚丙烯酰胺凝胶电泳，被检测物是蛋白质，"探针"是抗体，"显色"则用标记的二抗。经过聚丙烯酰胺凝胶电泳分离的蛋白质样品，转移到固相载体，如硝酸纤维素（nitrocellulose filter，NC）膜或聚偏二氟乙烯（polyvinylidene fluoride，PVDF）膜上，固相载体以非共价键形式吸附蛋白质，且能保持电泳分离的多肽类型及其生物学活性不变。以固相载体上的蛋白质或多肽作为抗原，与对应的抗体起免疫反应，再与酶或同位素标记的第二抗体起反应，经过底物显色或放射自显影以检测电泳分离的特异性目的基因表达的蛋白质成分。该技术也广泛应用于检测蛋白质水平的表达。

蛋白质印迹的基本操作过程（图 5-26）是：将通过聚丙烯酰胺凝胶电泳分离的蛋白质转移到膜上，加上能特异性识别待检蛋白的抗体（一抗）与之进行反应，洗涤去除没有结合的特异性抗体后，加入标记的、能识别特异性抗体的种属特异性抗体（二抗），反应一段时间后再次洗涤去除非特异性结合的标记抗体，加入适合标记物的检测试剂进行显色或发光等，观察有无特异性蛋白条带的出现。常用的显色或发光的方法有间接酶联反应法、化学发光法等。间接酶联反应法是通过酶促反应使其底物形成有色反应底物，常见的酶有碱性磷酸酶（alkaline phosphatase）和辣根过氧化物酶（horseradish peroxidase）。在碱性磷酸酶的催化下，5-溴-4-氯-3-吲哚基-磷酸盐（5-bromo-4-chloro-3-indolyl phosphate，BCIP）会被水解产生强反应性的产物，该产物会和氯化硝基四氮唑蓝（nitroblue tetrazolium，NBT）发生反应，形成不溶性的深蓝色至蓝紫色的化合物。辣根过氧化物酶的显色底物有二氨基联苯胺（3, 3′-diaminobenzidine，DAB）和四甲基联苯胺（3, 3′, 5, 5′-tetramethylbenzidine，TMB），DAB

经酶催化后形成红棕色沉淀物，TMB 的反应产物为蓝色。

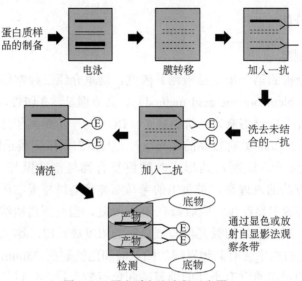

图 5-26　蛋白质印迹流程示意图

　　far Western 印迹技术（图 5-27）是一种基于 Western 印迹技术的方法，用来检测蛋白质间的相互作用，既可验证已知蛋白质间的相互作用，也可以分析已知蛋白和未知蛋白间的相互作用。与 Western 印迹不同的是，它将靶蛋白固定在 PVDF/NC 膜上，用"诱饵"蛋白（已知蛋白）作为探针去检测膜上的靶蛋白，再利用特异性抗体孵育检测，以此来分析靶蛋白和"诱饵"蛋白之间的相互作用。

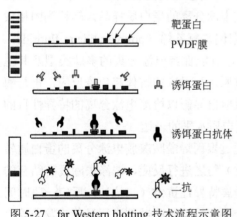

图 5-27　far Western blotting 技术流程示意图

　　酶联免疫吸附测定（enzyme linked immunesorbent assay，ELISA）是指将可溶性的抗原或抗体结合到聚苯乙烯等固相载体上，利用抗原抗体特异性结合进行免疫反应的定性和定量检测方法。酶联免疫吸附测定为免疫学中的经典实验。这一方法的基本原理（图 5-28）是：使抗原或抗体结合到某种固相载体表面，并保持其免疫活性。酶标记抗体可与吸附在固相载体上的抗原或抗体发生特异性结合。滴加底物溶液后，底物可在酶的作用下使其所含的供氢体由无色的还原型变成有色的氧化型，出现颜色反应。因此，可通过底物的颜色反应来判定有无相应的免疫反应，颜色反应的深浅与标本中相应抗体或抗原的量成正比。此种显色反应可通过 ELISA 检测仪进行定量测定，这样就将酶化学反应的敏感性和抗原抗体反应的特异性结合起来，使 ELISA 方法成为一种既特异又敏感的检测方法。

3. 蛋白质质谱分析技术

　　简单来说，蛋白质质谱分析技术就是一种将质谱仪用于研究蛋白质的技术。它的基本原理是：蛋白质经过蛋白酶的酶切消化后变成肽段混合物，在质谱仪中，肽段混合物电离形成带电离子，质谱分析器的电场、磁场将具有特定质量与电荷比值（即质荷比，m/z）的肽段

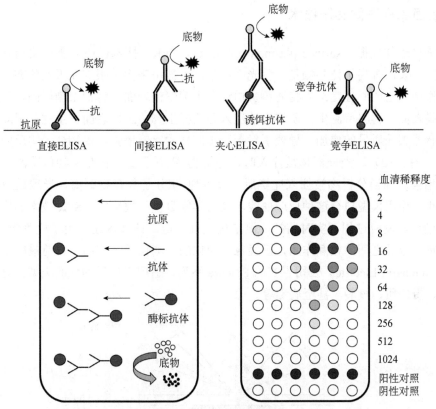

图 5-28　酶联免疫吸附测定原理示意图（Alerts et al.，2002）

离子分离开，经过检测器收集分离的离子，确定每个离子的 *m/z*。经过质量分析可分析出每个肽段的 *m/z*，得到蛋白质所有肽段的 *m/z* 图谱，即蛋白质的一级质谱峰图。离子选择装置自动选取强度较大的肽段离子进行二级质谱分析，输出选取肽段的二级质谱峰图，通过和理论上蛋白质经过胰蛋白酶消化后产生的一级质谱峰图和二级质谱峰图进行比对而鉴定蛋白质。较常用的有：基质辅助激光解析电离-飞行时间质谱（matrix-assisted laser desorption ionization-time of flight mass spectrometry，MALDI-TOF MS）（图 5-29）和电喷雾电离质谱（electrospray ionization mass spectrometer，ESI-MS）。这一技术常和双向电泳结合检测不同样品中蛋白质的差异表达，或可与免疫共沉淀或 GST 融合蛋白沉降（GST pull down）技术结合鉴定蛋白质。

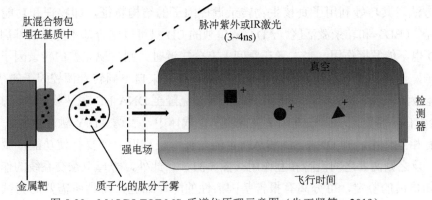

图 5-29　MALDI-TOF MS 质谱仪原理示意图（朱玉贤等，2019）

5.4.3　表面等离子体共振技术

表面等离子体共振（surface plasmon resonance，SPR）技术已成为蛋白质相互作用研究中的新手段。表面等离子体共振是一种光学现象，可被用来实时跟踪在天然状态下生物分子间的相互作用。它的原理是：先将诱饵蛋白结合于葡聚糖表面，将葡聚糖层固定于纳米级厚度的金属膜表面。再将待测蛋白质混合液注入并流经生物传感器表面。生物分子间的结合引起生物传感器表面质量的增加，导致折射指数按同样的比例增强，生物分子间反应的变化即被观察到（图 5-30）。当分析物被注入时，分析物-靶分子复合物在生物传感器表面形成，导致反应增强。而当分析物被注入完毕后，分析物-靶分子复合物解离，导致反应减弱。通过结合式相互作用模型拟合这种反应曲线，动力学常数便可被确定。SPR 技术的优点是不需标记物或染料，反应过程可实时监控，测定快速且安全。该技术还可用于检测蛋白质-核酸及其他生物大分子之间的相互作用，已经在商业化的检测仪器中应用，目前最广泛使用的是通用电气（General Electric）公司生产的 Biacore 系列，适用于广泛的样品类型，分析对象包括小分子、蛋白质、核酸，甚至病毒等。

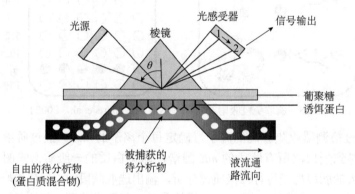

图 5-30　表面等离子体共振技术原理示意图（朱玉贤等，2019）

1→2. 反射光位置的变化；θ. 共振角

5.4.4　酵母双杂交系统

酵母双杂交系统（yeast two-hybrid system）是当前广泛用于蛋白质相互作用组学研究的一种重要方法。其巧妙利用了真核生物转录调控因子的结构特征，即物理和功能上独立的 DNA 结合区（BD）和转录激活区（AD）。单独的 BD 只可以结合却不能激活基因的转录，单独的 AD 也不能发挥作用，当二者在空间上充分接近时，则呈现完整的转录因子活性并可激活启动子，使启动子下游基因得到转录。同样即便是来自不同转录调控因子的杂合的 BD 和 AD 也能激活转录。实验中，将诱饵蛋白基因 X 克隆至 DNA-BD 表达载体中，表达 DNA-BD/X 融合蛋白，将待测试蛋白基因 Y 克隆至 AD 载体中，表达 AD/Y 融合蛋白。一旦 X 与 Y 蛋白间有相互作用，则 DNA-BD 和 AD 也随之被牵拉靠近，恢复行使功能，激活报告基因的表达，反之则两者之间没有相互作用（图 5-31）。此外，酵母双杂交系统的作用也已扩展至对未知蛋白的鉴定，可分离有报告基因活性的酵母细胞，得到所需的测试蛋白的载体，就能得到与已知蛋白相互作用的新基因。

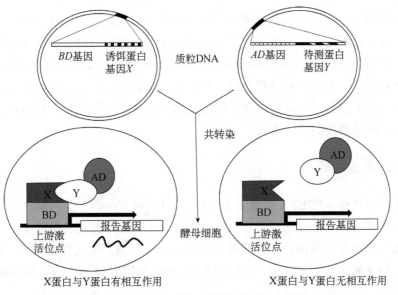

图 5-31 酵母双杂交系统原理示意图（钱晖和侯筱宇，2017）

5.4.5 免疫共沉淀技术

免疫共沉淀（co-immunoprecipitation，CoIP）技术是以抗体和抗原之间的专一性作用为基础的、用于研究蛋白质相互作用的经典方法。其基本原理（图 5-32）是：当细胞在非变性条件下被裂解时，完整细胞内存在的许多蛋白质与蛋白质间的相互作用被保留了下来。当用预先固化在固体基质上的蛋白质 A 的抗体免疫沉淀 A 蛋白，那么与 A 蛋白在体内结合的蛋白 B 也能一起沉淀下来。再通过蛋白质变性分离，对 B 蛋白进行检测，进而证明两者间的相互作用。这种方法得到的目的蛋白是在细胞内与兴趣蛋白天然结合的，符合体内实际情况，得到的结果可信度高。该方法常用于测定两种目标蛋白是否在体内结合，也可用于确定一种特定蛋白质的新的作用搭档。但这种方法有两个缺陷：一是两种蛋白质的结合可能不是直接结合，而可能有第三者在中间起桥梁作用；二是必须在实验前预测目的蛋白是什么，以选择最后检测的抗体，所以，若预测不正确，实验就得不到结果，方法本身具有冒险性。

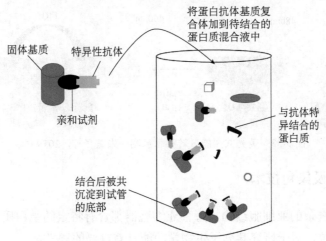

图 5-32 免疫共沉淀技术原理示意图（朱玉贤等，2019）

免疫共沉淀技术中蛋白质与蛋白质的结合是在体内的天然结合，而 GST 融合蛋白沉降（GST pull down）技术是要将重组蛋白纯化出来，在体外进行蛋白结合和沉淀的技术。该技术利用 GST 对谷胱甘肽偶联的琼脂糖球珠的亲和性，靶蛋白与 GST 标签融合表达，亲和固化在谷胱甘肽树脂上，充当一种诱饵蛋白。目标蛋白溶液过柱，可从中捕获与之相互作用的"猎物"蛋白（目的蛋白），洗脱结合物后通过 SDS-PAGE 电泳分析，从而证实两种蛋白质间的相互作用或筛选相应的目的蛋白。

5.4.6　荧光共振能量转移

荧光共振能量转移（FRET）现象是 21 世纪初被发现的，当一个荧光分子（又称为供体分子）的荧光光谱与另一个荧光分子（又称为受体分子）的激发光谱相重叠时，供体荧光分子的激发能诱发受体分子发出荧光，同时供体荧光分子自身的荧光强度衰减。FRET 程度与供、受体分子的空间距离紧密相关，一般为 1～10nm 时即可发生 FRET，随着距离的延长，FRET 显著减弱。

常用的荧光探针有荧光蛋白、有机染料和镧系染料等。荧光蛋白是一类能发射荧光的天然蛋白或突变体，常见的有绿色荧光蛋白（GFP）、蓝色荧光蛋白（BFP）、黄色荧光蛋白（YFP）等，不同蛋白质的吸收和发射波长不同，可根据其特性选择合适的荧光蛋白组成荧光探针对。传统有机染料是指一些具有特征吸收和发射光谱的有机化合物，常见的有异硫氰酸荧光素（FITC）等荧光素类染料、红色罗丹明（RBITC）等罗丹明类染料、Cy3 等菁类染料。镧系染料一般与有机染料联用，分别作为 FRET 的给体或受体，以提高检测的准确性和信噪比。

随着研究的不断发展，FRET 与荧光显微镜联用，将蛋白质标记上荧光探针，当蛋白质间不发生相互作用时，其相对距离较大，无 FRET 现象；当蛋白质间发生相互作用时，其相对距离缩小，有 FRET 现象发生（图 5-33）。可根据成像照片的色彩变化来直观地记录该过程。该技术已被广泛用于研究分子间的距离及其相互作用，与荧光显微镜结合，可定量获取有关生物活体内蛋白质、脂类、DNA 和 RNA 的时空信息。

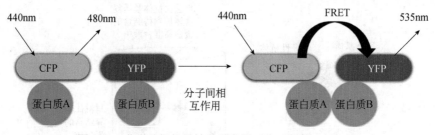

图 5-33　荧光共振能量转移示意图（朱玉贤等，2019）

5.4.7　细胞定位及染色技术

真核生物具有复杂的亚细胞结构，每种亚细胞器都含有特定的蛋白质。蛋白质在组织或细胞内的亚细胞定位，对于研究其分子生物学功能有着重要的意义。

同核酸的原位杂交技术一样，首先得准备生物样品，可以是分散的细胞，也可以是组织切片等。制备组织切片的方法有很多，如冷冻切片和石蜡切片等。冰冻切片是一种在低温条件下使组织快速冷却到一定硬度，然后进行切片的方法。因其制作过程较石蜡切片快捷、简便，而多被应用于手术中的快速病理诊断。石蜡切片制备过程包括取材、固定、洗涤和脱水、透明、浸蜡、包埋、切片和贴片、脱蜡、染色、脱水、透明、封片等步骤。虽然制备过程烦琐，可能需要数日，但标本可以长期保存使用。石蜡切片不仅可以用于观察正常细胞组织的形态结构，也可在病理学和法医学等学科用以研究、观察及判断细胞组织的形态变化，已被广泛用于许多学科领域的研究中。

研究细胞定位常用的两种方法是荧光蛋白标记和免疫荧光法。第一种方法可将绿色荧光蛋白（GFP）的编码序列和目的基因序列直接相连，构成融合基因，通过转染等技术，导入要定位的细胞中，用荧光显微镜观察 GFP 在组织或亚细胞中的分布来推断目的蛋白所在的位置，以此对其进行定位。第二种方法是制备组织切片，根据抗体和抗原的特异性结合原理来进行定位，是免疫组织化学（immunohistochemistry，IHC）技术的一种。可选择目的蛋白的带荧光标记的特异性抗体与组织切片进行杂交，组织或细胞内的目的蛋白作为抗原与抗体相结合后也带上了荧光素，用荧光显微镜观察样本，确定荧光所在的位置，即表示目的蛋白所在的位置。若研究两个蛋白是否相互作用，可分别进行荧光标记，在荧光显微镜下观察两者所发出的荧光有无聚集在一起，这称作免疫荧光共定位。

传统荧光显微镜使用荧光物质指示细胞中的特定结构，虽然随着光学系统的不断发展，其分辨率已有很大提高，但当所观察的荧光标本稍厚时，传统荧光显微镜一个难以克服的缺点就显现出来，焦平面以外的荧光结构模糊、发虚，会影响其分辨率。在传统光学显微镜的基础上，激光扫描共聚焦显微镜（laser scanning confocal microscope）用激光作为光源，采用共轭聚焦原理和装置，并利用计算机对所观察的对象进行数字图像处理、观察、分析和输出。其特点是可以对样品进行断层扫描和成像，进行无损伤观察和分析细胞的三维空间结构，不仅可观察固定的细胞、组织切片，还可对活细胞的结构、分子、离子进行实时动态的观察和检测。激光扫描共聚焦显微技术已用于细胞形态定位、立体结构重组、动态变化过程等研究，并提供定量荧光测定、定量图像分析等实用研究手段，结合其他相关生物技术，在形态学、生理学、免疫学、遗传学等分子细胞生物学领域得到广泛应用。

5.4.8 噬菌体展示技术

噬菌体展示技术（phage display technique）是将外源蛋白或多肽的 DNA 序列插入噬菌体外壳蛋白结构基因的适当位置，使外源基因随外壳蛋白的表达而表达，同时，外源蛋白随噬菌体的重新组装而展示到噬菌体表面的生物技术。被展示的多肽或蛋白（诱饵蛋白）可以保持相对独立的空间结构和生物活性，直接用于捕获靶蛋白库中与"诱饵"相互作用的蛋白质（图 5-34）。此技术主要用于研究蛋白质之间的相互作用，不仅有高通量及简便的特点，还具有直接得到基因、高选择性地筛选复杂混合物、在筛选过程中通过适当改变条件可以直接评价相互结合的特异性等优点。

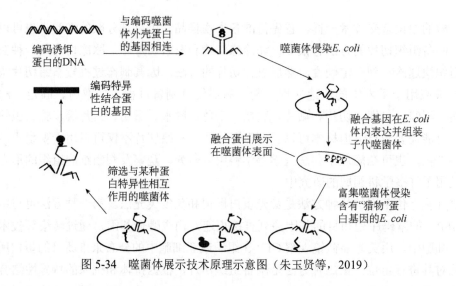

图 5-34　噬菌体展示技术原理示意图（朱玉贤等，2019）

5.5　基因功能研究技术

在基因工程中，常常要按照人们的意愿对基因进行改造，有的是对该基因进行突变，无论是截短突变还是定点突变，有的是降低或去除该基因的表达量，如 RNA 干扰技术和基因敲除技术，还有的技术是对基因组 DNA 进行编辑，最终都通过观察生物体的表型来推断该基因的功能。

5.5.1　基因定点突变技术

基因的截短突变实验可用于分析该基因产物的主要功能域，常用 PCR 扩增技术将其构建到合适的表达载体里，表达蛋白检测其催化活性。基因的定点突变（site-directed mutagenesis）是通过改变基因的特定位点核苷酸序列来改变所编码的氨基酸序列，常用于研究某个或某些氨基酸残基对蛋白质的结构、催化活性及结合配体能力的影响。对某个已知基因的特定碱基进行定点改变、缺失或者插入，可以改变对应的氨基酸序列和蛋白质结构，对突变基因的表达产物进行研究，有助于人类了解蛋白质结构和功能的关系，探讨蛋白质的结构或结构域。常用的造成定点突变的技术有以下三种。

第一，寡核苷酸介导的 DNA 突变技术（图 5-35）。其基本原理是：合成一段寡聚核苷酸链作为引物，其中含有需要改变的碱基，这一诱变引物除短的错配区外，其他序列与目的基因完全互补，使其与带有目的基因的单链重组 M13 DNA 配对，然后用 DNA 聚合酶延伸诱变引物，完成单链 DNA 的复制。由此产生的双链 DNA 分子，一条链为野生型亲代链，另一条链为突变型子代链，将获得的双链 DNA 分子导入大肠杆菌，并筛选出携带突变体克隆的 M13 噬菌斑，通过序列分析验证突变体。

第二，重叠延伸 PCR 介导的定点诱变技术（图 5-36）。该技术需要设计两对引物，第

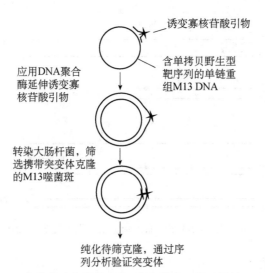

图 5-35　寡核苷酸介导的 DNA 突变技术（朱玉贤等，2019）

一对引物包含上游引物 a 和下游引物 b，第二对引物包含上游引物 c 和下游引物 d。引物 b 和引物 c 有重叠，且都含有需要改变的碱基。该技术分两步，首先两个引物对分别与模板进行结合扩增得到靶基因的两个片段，即 PCR 产物 1 和 PCR 产物 2。之后 PCR 产物 1 和 PCR 产物 2 在重叠区发生退火，用 DNA 聚合酶补平缺口，形成完整的全长双链 DNA。

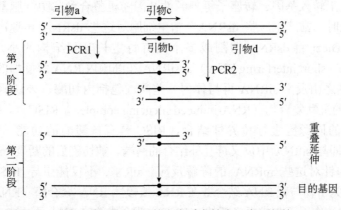

图 5-36　重叠延伸 PCR 介导的定点诱变技术（朱玉贤等，2019）

第三，大引物诱变法（图 5-37）。该技术需要三条引物进行两次 PCR 扩增。第一轮扩增时，反应体系中加入中间突变引物（M）和上游引物（F），得到 PCR 产物（双链大引物）。接着进行第二轮扩增，将第一轮扩增的产物纯化后与野生型 DNA 双链混合并加入下游引物（R），这样带着突变碱基的大引物 DNA 片段作为上游引物结合在野生型模板上，扩增下游 DNA 片段形成完整的全长双链 DNA。

基于 PCR 扩增的定点突变技术有着明显的优势，快速简便，无须在噬菌体 M13 载体上进行分子克隆，已经成为定点突变的主要技术。且在基于 PCR 扩增的定点突变试剂盒中加入一些能切除非突变模板链（甲基化模板链）的酶或体内降解甲基化模板链的感受态细胞，可大大提高突变的效率。

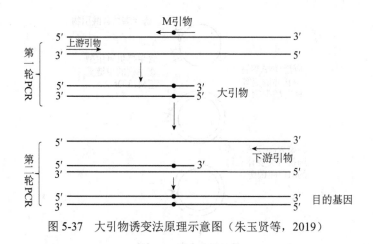

图 5-37　大引物诱变法原理示意图（朱玉贤等，2019）

5.5.2　RNA 干扰技术

基因沉默（gene silencing），主要有转录前水平的基因沉默（TGS）和转录后水平的基因沉默（PTGS）两类：TGS 是指由于 DNA 修饰或染色体异染色质化等原因，基因不能正常转录；PTGS 是启动了细胞质内靶 mRNA 序列特异性的降解机制。RNA 干扰（RNA interference，RNAi）技术是指在进化过程中高度保守的，由双链 RNA（double-stranded RNA，dsRNA）诱发的，同源 mRNA 高效特异性降解的现象。

病毒基因、人工转入基因、转座子等外源性基因随机整合到宿主细胞基因组内，并利用宿主细胞进行转录时，常产生一些 dsRNA。宿主细胞对这些 dsRNA 迅速产生反应，其胞质中的核酸内切酶 Dicer 将 dsRNA 切割成多个具有特定长度和结构的小片段 RNA（21～23bp），即 siRNA（short interfering RNA）。siRNA 在细胞内 RNA 解旋酶的作用下解链成正义链和反义链，继之由反义 siRNA 再与体内一些酶（包括内切酶、外切酶、解旋酶等）结合形成 RNA 诱导的沉默复合物（RNA-induced silencing complex，RISC）。RISC 与外源性基因表达的 mRNA 的同源区进行特异性结合，RISC 具有核酸酶的功能，在结合部位切割 mRNA，切割位点即与 siRNA 中反义链互补结合的两端。被切割后的断裂 mRNA 随即降解，从而诱发宿主细胞针对这些 mRNA 的降解反应。siRNA 不仅能引导 RISC 切割同源单链 mRNA，而且可作为引物与靶 RNA 结合并在 RNA 依赖性 RNA 聚合酶（RNA-dependent RNA polymerase，RDRP）作用下合成更多新的 dsRNA，新合成的 dsRNA 再由 Dicer 切割产生大量的次级 siRNA，从而使 RNAi 的作用进一步放大，最终将靶 mRNA 完全降解（图 5-38）。

dsRNA 或 siRNA 的合成及转入受体细胞是该技术应用的关键。siRNA 是一个长为 21nt 的双链小 RNA，其中 19nt 形成配对双链，3′端各有两个不配对核苷酸，而 5′端为磷酸基团。合成 siRNA 的方法有很多。第一，可用化学合成法制备 siRNA，方法简单、快速，需要的时间短，获得的 siRNA 纯度高，可对 siRNA 进行标记，但价格昂贵，且只适合需要单一 siRNA 序列的研究。第二，可体外转录合成长片段 dsRNA，再使用 RNase III 或 Dicer 酶切产生短的 siRNA，以两段互补的 DNA 为模板，在针对靶序列的正义链和反义链上游接上 T7 启动子，使用 T7 RNA 聚合酶，各自在体外转录获得两条单链 RNA，将两条单链退火后形成 dsRNA，然后用 RNA 酶消化，所得产物经纯化后就是所需的 siRNA，此方法适用于筛选有效的 siRNA，但不适用于对特定 siRNA 进行长期研究。第三，体内转录，是将 siRNA 的质粒、病毒表达载体或带有 siRNA 表达盒的 PCR 产物转入细胞，由细胞表达产生 RNA 干扰作用。多数的 siRNA 表达载体依赖三种 RNA 聚合酶Ⅲ启动子中的一种，操纵一段小的发夹 siRNA（shRNA），该 RNA 在细胞内被核酸内切酶 Dicer 剪切成 siRNA 而发挥作用。该方法的优点是细胞特异性强，适用于基因功能的长时间研究。第四，siRNA 表达框是一种由 PCR 制备的 siRNA 表达模板，可直接转入细胞进行表达而无须事先克隆到载体中。利用引物延伸法进行 PCR，产生包含 1 个 RNA 聚合酶Ⅲ启动子、一小段编码 shRNA 的 DNA 模板和 1 个 RNA 聚合酶Ⅲ终止位点的表达框架，然后直接转染到细胞内。该方法为筛选有效的 siRNA 片段和合适的启动子提供了较为便捷的工具，但缺点是 PCR 产物比较难转染到细胞中。

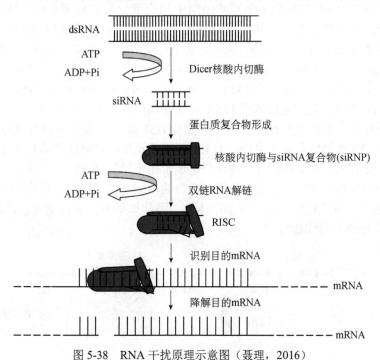

图 5-38　RNA 干扰原理示意图（聂理，2016）

RNAi 技术在探索基因功能研究中的应用：随着各种模式生物和人类基因组测序的完成，基因功能的研究远远落后于大量序列所提供的信息，研究和发现基因功能成为越来越紧迫的任务。在 RNAi 技术出现以前，基因敲除（gene knockout）是主要的反向遗传学（reverse genetics）研究手段，但其技术难度较高、操作复杂、周期长。由于 RNAi 技术可以利用 siRNA 或 siRNA 表达载体快速、经济、简便地以序列特异方式剔除目的基因表达，因此已经成为探索基因功能的重要研究手段。同时 siRNA 表达文库构建方法的建立，使得利用 RNAi 技术进行高通量筛选成为可能，对阐明信号转导通路、发现新的药物作用靶点有重要意义。

5.5.3　基因敲除技术

基因敲除又称基因打靶，是用已知序列的外源 DNA 片段与受体细胞基因组中序列相同或相近的基因发生同源重组，进行精确的定点修饰和基因改造。它是针对某个序列已知但功能未知的序列，改变生物体的这一遗传基因，使其基因功能丧失或部分功能被屏蔽，观察对生物体造成的影响，进而推测出该基因的生物学功能。基因敲除可分为完全基因敲除和条件型基因敲除。

完全基因敲除是通过基因敲除技术，把需要敲除目的基因的所有外显子或几个重要的外显子或者功能区域敲除掉，获得全身所有的组织和细胞中都不表达该基因的生物模型。利用同源重组构建基因敲除动物模型的基本步骤：①基因载体的构建。把目的基因和与细胞内靶基因特异片段同源的 DNA 分子都重组到带有标记基因（如 *neo* 基因、*HSV-tk* 基因等）的载体上，成为重组载体，即打靶载体。基因敲除是为了使某一基因失去其生理功能，所以一般设计为替换型载体。②胚胎干细胞（ES）的获得。最常用的是鼠，而兔、猪、鸡等的胚胎干细胞也有使用。常用的鼠的种系是 129 及其杂合体，因为这类小鼠具有自发突变形成畸胎瘤和畸胎肉瘤的倾向，是基因敲除的理想实验动物。而其他遗传背景的胚胎干细胞系也逐渐被发展应用。③同源重组。将重组载体通过一定的方式（电穿孔法或显微注射）导入同源的 ES 细胞中，使外源 DNA 与胚胎干细胞基因组中相应部分发生同源重组，将重组载体中的 DNA 序列整合到内源基因组中，从而得以表达。一般来说，显微注射的命中率较高，但技术难度较大，电穿孔的命中率比显微注射低，但便于使用。④筛选已击中的细胞。由于基因转移的同源重组自然发生率极低，因此如何从众多细胞中筛出真正发生了同源重组的胚胎干细胞非常重要。目前常用的方法是正负筛选法（positive-negative selection，PNS）（图 5-39）。正向选择基因是 *neo* 基因，通常被插入靶 DNA 最关键的外显子中，一方面是形成靶位点的插入突变，另一方面作为正向筛选标记。负向选择基因 *HSV-tk* 则被置于目的片段外侧，含有该基因的重组细胞不能在选择培养基上生长。如果发生随机重组，负向选择基因就可能被整合到基因组中，导致细胞死亡。⑤表型研究。通过观察嵌合体小鼠生物学性状的变化进而了解目的基因变化前后对小鼠生物学性状的改变，达到研究目的基因功能的目的。⑥得到纯合体。由于同源重组常常发生在一对染色体上的一条染色体中，因此如果要得到稳定遗传的纯合体基因敲除模型，需要进行至少两代遗传。

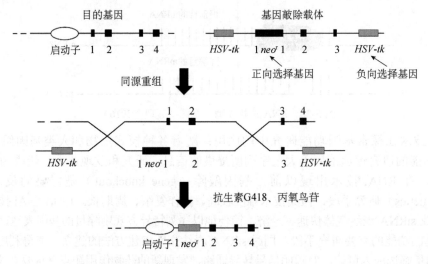

图 5-39　正负筛选法进行完全基因敲除原理示意图（朱玉贤等，2019）

对于有重要生理功能的基因来讲，完全基因敲除会导致胚胎的死亡，无法开展基因的功能研究，所以要用条件型基因敲除方法。条件型基因敲除是指通过定位重组系统（如噬菌体的 Cre/LoxP 系统）实现特定时间和空间的基因敲除。Cre 重组酶由大肠杆菌噬菌体 P1 的 *Cre* 基因编码，是由 343 个氨基酸组成的 38kDa 的蛋白质。它不仅具有催化活性，而且与限制酶相似，能够特异性识别 LoxP 位点，从而重组或删除 LoxP 片段间的基因。LoxP 位点长 34bp，包括两个 13bp 的反向重复序列和一个 8bp 的间隔区域。其中，反向重复序列是 Cre 重组酶的特异识别位点，而间隔区域决定了 LoxP 位点的方向。其基本操作原理是：构建打靶载体时，常将正向选择 *neo* 基因置于靶基因内含子中，并在靶基因重要功能区的外显子两端插入相同方向的 LoxP 位点。将打靶载体转入 ES 细胞中，筛选中靶细胞，与带有 Cre 重组酶基因的 ES 细胞杂交，Cre 重组酶就把两个 LoxP 位点之间的序列切除，靶基因失活（图 5-40）。以这一系统为基础，利用控制 Cre 表达的启动子活性或所表达的 Cre 酶活性具有可诱导的特点，通过对诱导剂给予时间的控制或利用 *Cre* 基因定位表达系统中载体的宿主细胞特异性，以及将该表达系统转移到动物体内的过程在时间上的可控性，从而在 LoxP 动物的一定发育阶段和一定组织细胞中实现对特定基因进行遗传修饰的基因敲除。

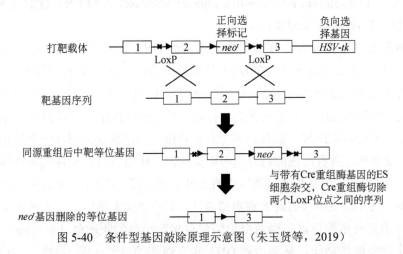

图 5-40　条件型基因敲除原理示意图（朱玉贤等，2019）

　　基因捕获法（图 5-41）是最近发展起来的利用随机插入突变进行基因敲除的新型方法。其原理是，构建基因捕获载体，它包括一个无启动子的报道基因，通常是 *neo* 基因，将 *neo* 基因插入 ES 细胞染色体组中，并利用捕获基因的转录调控元件实现表达的 ES 克隆可以很容易地在含遗传霉素（G418）的选择培养基中筛选出来。从理论上讲，在选择培养基中存活的克隆应该 100% 地含有中靶基因。中靶基因的信息可以通过筛选标记基因侧翼 cDNA 或染色体组序列分析来获得。

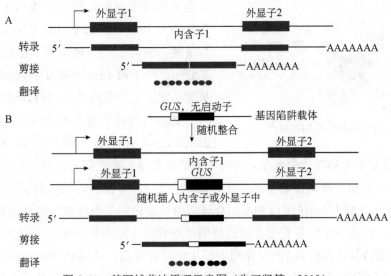

图 5-41　基因捕获法原理示意图（朱玉贤等，2019）

A. 未插入基因捕获载体；B. 插入基因捕获载体后，靶位点基因转录翻译出报告蛋白区段，可用组织化学法检测；

GUS.β-葡萄糖醛酸糖苷酶基因

5.5.4　基因编辑技术

基因编辑（genome editing）技术依赖于经过基因工程改造的核酸酶，在基因组中特定位置产生位点特异性双链断裂（DSB），诱导生物体通过非同源末端连接（NHEJ）或同源重组（HR）来修复 DSB，因为这个修复过程容易出错，从而导致靶向突变。主要有三种基因编辑技术：人工核酸酶介导的锌指核酸酶（zinc-finger nuclease，ZFN）技术、转录激活因子样效应物核酸酶（transcription activator-like effector nuclease，TALEN）技术及 RNA 引导的 CRISPR-Cas 核酸酶技术（CRISPR/Cas）。

锌指核酸酶是一个经过人工修饰的核酸酶，由 DNA 识别域和非特异性核酸内切酶构成，其中 DNA 识别域赋予特异性，在 DNA 特定位点结合，而非特异性核酸内切酶赋予剪切功能，两者结合就可在 DNA 特定位点进行定点断裂。针对靶序列设计 8～10 个锌指结构域，现已公布的从自然界筛选的和人工突变的具有高特异性的锌指蛋白可以识别所有的 GNN 和 ANN，以及部分 CNN 和 TNN 三联体。多个锌指蛋白可以串联起来形成一个锌指蛋白组识别一段特异的碱基序列，具有很强的特异性和可塑性。与锌指蛋白组相连的非特异性核酸内切酶来自 *Fok* I 羧基端 96 个氨基酸残基组成的 DNA 剪切域。*Fok* I 是来自海床黄杆菌的一种限制性内切酶，只在二聚体状态时才有酶切活性，每个 *Fok* I 单体与一个锌指蛋白组相连构成一个 ZFN，识别特定的位点，当两个识别位点相距恰当的距离时（6～8bp），两个单体 ZFN 相互作用产生酶切功能，从而达到 DNA 定点剪切的目的（图 5-42）。当两个 ZFN 切割靶位点，制造出双链断裂以后，细胞的修复机制被激活，DNA 的同源重组机制会将同源片段复制到断裂缺口上，从而达到引入基因片段的目的。

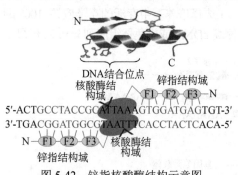

图 5-42　锌指核酸酶结构示意图

TALEN 是经过基因工程改造后的可以切割特定 DNA 序列的限制酶（图 5-43）。天然的 TAL 效应子的可重复单元数目一般为 8.5～28.5 个，常见的为 17.5 个。每个重复单元包括 33～35 个氨基酸，特异识别一种碱基。在这 33～35 个氨基酸中，位于第 12 位和第 13 位的两个相邻的氨基酸决定了这个重复单元所特异识别的碱基，这两个氨基酸被称为重复可变双残基。例如，HD 识别 C，NI 识别 A，NG 识别 T，NN 识别 A 或 G。基于每个重复单元对应一个碱基，可将不同的重复单元串联起来，使之识别特定的 DNA 序列。然后在 N 端加上核定位信号，并在 C 端融合上 *Fok* I 核酸内切酶的切割区，就构建成了 TALEN。由于 TALEN 蛋白的 DNA 结合域是由可以识别单个核苷酸碱基的氨基酸序列模块串联而成的，氨基酸序列与其靶位点的核酸序列有恒定的对应关系。利用 TALEN 的序列模块，可组装成特异结合任意 DNA 序列的模块化组合蛋白，从而达到识别内源性基因的目的。自 TALEN 技术正式发明以来，它的特异性切割活性在酵母、拟南芥、水稻、果蝇及斑马鱼等多个动植物体系和体外培养细胞中得以验证。

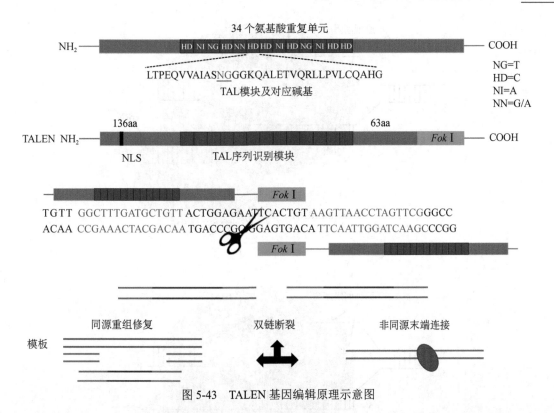

图 5-43　TALEN 基因编辑原理示意图

　　CRISPR/Cas 系统是细菌和古细菌为应对病毒和质粒不断攻击而演化来的获得性免疫防御机制，可用来对抗入侵的病毒及外源 DNA。它由 CRISPR 序列和 Cas 基因家族组成。其中，CRISPR 序列由一系列间隔序列及高度保守的正向重复序列相间排列而成，Cas 基因簇位于 CRISPR 序列的 5′端，编码的蛋白质可特异性切割外源 DNA。

　　其防御机制分为以下三步。

　　第一步，外源 DNA 的捕获。当噬菌体病毒首次入侵细菌时，病毒的双链 DNA 被注入细胞内部。CRISPR/Cas 系统会从这段外源 DNA 中截取一段序列整合到基因组的 CRISPR 序列之中，这段序列作为新的间隔序列。与间隔序列对应的外源 DNA 上的序列称为原型间隔序列。然而，原型间隔序列的选取并不是随机的。原型间隔序列向两端延伸的几个碱基都十分保守，被称为原型间隔序列邻近基序（protospacer adjacent motif，PAM）。PAM 通常由 NGG 三个碱基构成（N 为任意碱基）。

　　第二步，crRNA 合成。CRISPR/Cas 系统共有三种方式（TypeⅠ、TypeⅡ、TypeⅢ）来合成 crRNA（CRISPR RNA），CRISPR/Cas9 系统属于 TypeⅡ（目前最成熟也是应用最广的类型）。当病毒入侵时，CRISPR 序列会在前导序列的调控下转录出前体 crRNA（pre-CRISPR-derived RNA，pre-crRNA）和反式激活 crRNA（trans-acting crRNA，tracrRNA）。其中，tracrRNA 是由重复序列区转录而成的具有发卡结构的 RNA，而 pre-crRNA 是由整个 CRISPR 序列转录而成的大型 RNA 分子。随后，pre-crRNA、tracrRNA 及 Cas9 编码的蛋白将会组装成一个复合体。它将根据入侵者的类型，选取对应的间隔序列，并在核糖核酸酶Ⅲ（RNaseⅢ）的协助下对这段序列进行剪切，最终形成一段短小的 crRNA（包含单一种类的间隔序列 RNA 及部分重复序列区）。crRNA、Cas9 及 tracrRNA 组成最终的复合物（图 5-44），为下一步剪切做好准备。

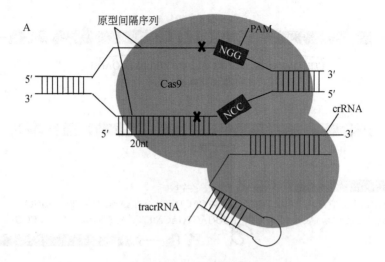

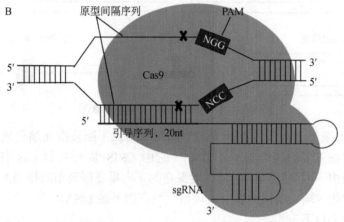

图 5-44　CRISPR/Cas9 基因编辑原理示意图（朱玉贤等，2019）

A. 细菌的 CRISPR/Cas9 系统，crRNA::tracrRNA 双 RNA 分子结构；B. 改造的 CRISPR/Cas9 系统，
将 crRNA::tracrRNA 双分子结构融合成一个 sgRNA

第三步，靶向干扰。在病毒的二次感染中，Cas9/tracrRNA/crRNA 复合物可以对入侵者的 DNA 进行精确的打击。复合物会扫描整个外源 DNA 序列，并识别出与 crRNA 互补的原型间隔序列。这时，复合物将定位到 PAM/原型间隔序列的区域，DNA 双链将被解开。crRNA 将与互补链杂交，而另一条链则保持游离状态。随后，Cas9 蛋白发挥作用，剪切 crRNA 互补的 DNA 链和非互补的 DNA 链。最终，Cas9 使双链断裂（DSB）形成，外源 DNA 的表达被沉默。

CRISPR/Cas9 是最新出现的一种由 RNA 指导的 Cas9 核酸酶对靶向基因进行编辑的技术，其发现者于 2020 年获得诺贝尔化学奖。根据 CRISPR/Cas9 系统的特点，研究者将 tracrRNA/crRNA 双分子结构融合成具有发夹结构的 sgRNA（single guide RNA），sgRNA 分子 5′端 20nt 的引导序列可完全与 DNA 靶序列互补，从而引导 Cas9 对靶序列进行编辑。只要改变 sgRNA 中的引导序列，基因组上任意 5′-(N)$_{20}$-NGG-3′序列都可被编辑。在实验中（图 5-45），研究者只需要选取靶基因的位点，设计合成一个含 sgRNA 和 Cas9 基因的表达载体，转入待编辑的原生质体或胚胎细胞内，表达载体启动表达，sgRNA 引导 Cas9 蛋白切割与之互补的靶基因，造成双链断裂，启动修复，靶基因被编辑。当然编辑效率并不是100%的，需要结合 PCR 扩增测序等技术来鉴定突变体。

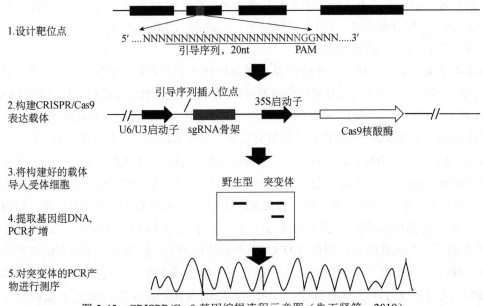

1.设计靶位点

5′....NNNNNNNNNNNNNNNNNNNNGGNNN.....3′
　　引导序列，20nt　　　　　PAM

2.构建CRISPR/Cas9
表达载体

引导序列插入位点　　　35S启动子

U6/U3启动子　　sgRNA骨架　　　　　Cas9核酸酶

3.将构建好的载体
导入受体细胞

4.提取基因组DNA，
PCR扩增

野生型　突变体

5.对突变体的PCR产
物进行测序

图 5-45　CRISPR/Cas9 基因编辑流程示意图（朱玉贤等，2019）

以 CRISPR/Cas9 为基础的基因编辑技术在一系列基因治疗的应用领域都展现出极大的应用前景，如血液病、肿瘤和其他遗传疾病。该技术成果已应用于人类细胞、斑马鱼、小鼠及细菌的基因组精确修饰。

5.6　测序与基因组学

5.6.1　高通量测序技术原理

DNA 测序技术出现于 20 世纪 70 年代中期，目前已经成为一种常规的实验技术。以传统的链终止法和化学降解法为原理的 DNA 测序法均称为第一代 DNA 测序，其主要特点是以待测 DNA 为模板，根据碱基互补配对原则采用 DNA 聚合酶体外合成新链，根据末端碱基的特有标记读取待测 DNA 的序列组成，人类基因组计划（Human Genome Project，HGP）主要是采用第一代测序中的链终止法完成的。虽然自动化机械测序、自动化荧光测序及毛细管电泳等技术的发展也促使基因组测序的飞速发展，但随着 DNA 测序规模的日益扩大，对 DNA 测序速度的要求也越来越高。为了克服第一代测序方法的不足，许多不依赖于链终止法的 DNA 测序方法逐渐产生，这些新技术统称为高通量测序（high-throughput sequencing）技术。

狭义的高通量测序技术又称为第二代 DNA 测序技术，主要特征是能够一次并行对几十万到几百万条DNA分子进行序列测定且一般读长（read）较短，最具代表性的为焦磷酸测序法（pyrosequencing，也称 454 焦磷酸测序法）。由于第二代测序技术是最不可能由于操作不当、缺失、稀有转录及克隆细菌不稳定的原因而产生错误的,这种测序法已经成为一种常规的实验技术得到广泛应用。但由于测序的读长较短,这项技术最初只能用于已测序的模式物种。根据发展历史、影响力、测序原理和技术等的不同,主要有以下几种:大规模平行签名测序(MPSS)、聚合酶克隆、454焦磷酸测序、Illumina(Solexa)测序、ABI SOLiD测序、离子半导体测序、DNA纳米球测序等。

以454焦磷酸测序为例,简单介绍第二代测序技术的原理。焦磷酸测序技术是一种新型的酶级联测序技术,适用于对已知短序列的测序分析,其可重复性和精确性能与桑格(Sanger)的DNA测序法相媲美,而且具备同时对大量样品进行测序分析的能力。焦磷酸测序技术是由4种酶催化的同一反应体系中的酶级联化学发光反应。该技术的主要原理(图5-46)是:引物与模板DNA退火后,在DNA聚合酶、腺苷三磷酸硫酸化酶、荧光素酶(luciferase)和腺苷三磷酸双磷酸酶(apyrase)4种酶的协同作用下,将引物上每一个dNTP的聚合与一次荧光信号的释放偶联起来,通过检测荧光的释放和强度,达到实时测定DNA序列的目的。如图5-46所示,在每一轮测序反应中,反应体系中只加入一种脱氧核酸三磷酸。如果它刚好能和DNA模板的下一个碱基配对,则会在DNA聚合酶的作用下,连接前一个核苷酸并释放一个焦磷酸(PPi)。在腺苷三磷酸硫酸化酶的催化下,释放的PPi可以与反应池中的5′-磷酰硫酸(APS)反应生成等摩尔量的ATP,在荧光素酶的催化下,ATP与荧光素反应产生可见光,最大波长约为560nm。通过微弱光检测装置及处理软件可获得一个特异的检测峰,峰值的高低则和相匹配的碱基数成正比。如果加入的dNTP不能和DNA模板的下一个碱基配对,则上述反应不会发生,也就没有检测峰。反应体系中剩余的dNTP和残留的少量ATP在腺苷三磷酸双磷酸酶的作用下发生降解。待上一轮反应完成后,加入另一种dNTP,使上述反应重复进行,根据获得的峰值图即可读取准确的DNA序列信息。该技术不需要凝胶电泳,也不需要对DNA样品进行任何特殊形式的标记和染色,具有大通量、低成本、快速、直观的特点。最早出现于1986年,经过多年的改进与发展,焦磷酸测序技术已经成为DNA分析研究的重要手段之一。

2004年,美国国家人类基因组研究所启动了两个旨在大幅度降低DNA测序费用的研究计划,该计划促进了第三代DNA测序技术的创新。和前两代相比,第三代测序技术最大的特点就是可以实现对每一条DNA分子的单独测序,测序过程无须进行PCR扩增。目前,第三代测序技术主要分为两大技术阵营:第一大阵营是单分子荧光测序,代表性的技术为美国螺旋生物(Helicos)的单分子测序(single molecule sequencing,SMS)技术和美国太平洋生物(Pacific Bioscience)的单分子实时测序(single molecule real time sequencing,SMRT)技术。SMRT技术的基本原理是(图5-47):DNA聚合酶和模板结合,4色荧光标记4种碱基(dNTPs),在碱基配对阶段,不同碱基的加入会发出不同的光,根据光的波长与峰值可判断进入的碱基类型。当荧光标记的脱氧核苷酸被掺入DNA链时,它的荧光就同时能在DNA链上探测到。当它与DNA链形成化学键时,它的荧光基团就被DNA聚合酶切除,荧光消失。这种荧光标记的脱氧核苷酸不会影响DNA聚合酶的活性,并且在荧光被切除之后,合成的DNA链和天然的DNA链完全一样。在该过程中,DNA聚合酶受激光的影响会造成损伤,酶活性的保持是实现超长读长的关键之一。SMRT技术的测序速度很快,同时其测序错误率比较高（这几乎是目前单分子测序技术的通病），达到 15%，但好在它的出错是随机的，并不会像第二代测序技术那样存在测序错误的偏向，因而可以通过多次测序来进行有效的纠错。

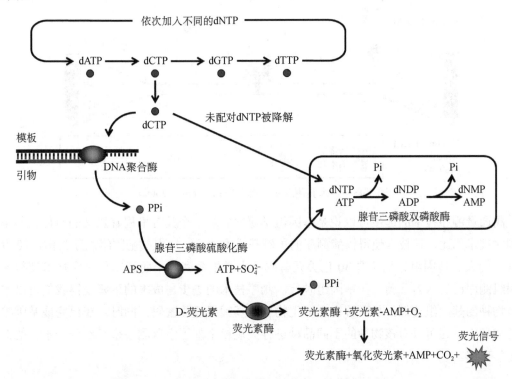

图 5-46　454 焦磷酸测序法原理示意图（杨荣武，2017）

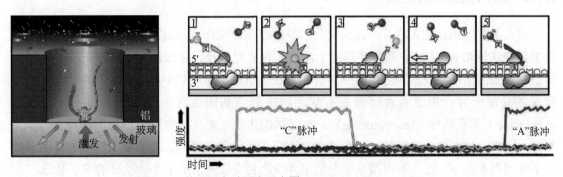

图 5-47　单分子实时测序示意图（Rhoads and Au，2015）

1. DNA 聚合酶聚合带荧光标记的碱基；2. 荧光标记在激发；3. 化学键形成之后，荧光标记被切除；

4. DNA 聚合酶前移；5. 下一个标记的碱基被聚合

第二大阵营为纳米孔测序，代表性的技术为英国牛津纳米孔公司的纳米孔单分子测序技术。新型纳米孔测序法是采用电泳技术，借助电泳驱动单个分子逐一通过纳米孔来实现测序（图 5-48）。以 α-溶血素为材料制作出的纳米孔，在孔内共价结合有分子接头的环糊精，用核酸外切酶切割单链 DNA 产生的单个碱基会落入纳米孔，并和纳米孔内的环糊精相互作用，短暂地影响流过纳米孔的电流强度，通过电信号的差异就能检测出通过的碱基类别，灵敏的电子设备检测到这些变化从而鉴定所通过的碱基。由于纳米孔的直径非常细小，每次仅允许单个核苷酸通过，因此比较容易解决同聚物的长度测量问题。

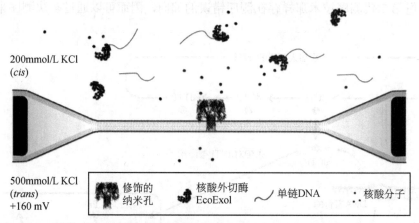

图 5-48　纳米孔测序示意图（Clarke et al., 2009）

高通量测序技术的诞生可以说是基因组学研究领域一个具有里程碑意义的事件。与第一代测序技术相比，该技术使得核酸测序的单碱基成本骤降，以人类基因组测序为例，20 世纪末进行的人类基因组计划花费 30 亿美元解码了人类生命密码，而第二代测序技术使得人类基因组测序已进入万（美）元基因组时代。测序技术的进步与成本的下降使得我们可以实施更多物种的基因组计划，从而解密更多生物体的基因组遗传密码。同时，在已完成基因组测序的物种中，还可以对该物种的不同品种进行大规模全基因组重测序来开展分子水平的群体遗传学研究。

5.6.2　基因组测序与组装

自人类基因组计划完成后，其他物种的基因组测序工作也相继展开，基因组序列数据将会更加快速地增长。DNA 测序是解读生命的一种重要途径，通过测序读取序列中贮存的遗传信息。基因组测序及结构注释的主要目标是识别出基因组序列中的基因等具有重要生物学意义的功能元件。根据是否已有参考基因组序列将基因组测序分为从头测序（*de novo sequencing*）和重测序（resequencing）。在基因组水平上对还没有参考序列的物种进行从头测序，获得该物种的参考序列，为后续研究和分子育种奠定基础。对有参考序列的物种，进行全基因组重测序，在全基因组水平上扫描并检测突变位点，揭示个体差异的分子基础。

1. 基因组测序分类：从头测序和重测序

全基因组从头测序是指不依赖于任何已知的基因组序列信息而对某个物种进行测序，然后利用生物信息学分析手段对序列进行拼接、组装，最终得到该物种的基因序列图谱。从头测序可以用于测定基因组序列未知或没有近缘物种基因组信息的某个物种，绘制出基因组图谱，达到破译物种遗传信息的目的，对于后续研究物种起源、进化及特定环境适应性及比较基因组学研究都有重要意义。测序前需要搜集物种相关信息，如基因组大小、杂合度等。基因组大小可通过在线数据库查找或实验方法估计获得。常用的估计基因组大小的方法有富卢根染色法、流式细胞仪法、荧光光度计法、核型电泳、溶解曲线法及 Kmer 分析估计法等。

　　全基因组重测序是对已知基因组序列的物种进行不同个体的基因组测序，并在此基础上对个体或群体进行差异性分析，是基因组测序工程在实践领域的应用，被广泛用于农牧业、医疗领域的研究。全基因组重测序的个体，通过序列比对，可以进行包括单核苷酸多态性位点（single nucleotide polymorphism，SNP）、插入缺失位点（Insertion/Deletion，InDel）、结构变异位点（structure variation，SV）和拷贝数变异位点（copy number variation，CNV）等的变异检测、性状定位、遗传图谱构建、全基因组关联分析（genome-wide association study，GWAS）及群体进化研究等。重测序根据对基因组的测序覆盖率可以分为全基因组重测序和简化基因组测序。全基因组重测序在全基因组水平扫描可以检测出与生物体重要性状相关的变异位点，是目前普遍采用的测序技术；基于酶切的简化基因组测序能够大幅度降低基因组的复杂度，降低实验成本，特别适合大样本量的研究。

2. 基因组序列组装与分析

1）从头测序分析

（1）基因组拼装统计：提供基因组拼装的基本信息，包括原始数据统计、测序覆盖度统计、Contig N50 大小、Scaffold N50 大小及基因组 GC 含量等信息。

（2）基因组注释：包括基因预测、基因功能注释、重复序列分析及非编码 RNA 注释等。基因预测是基因组注释的关键环节，包括蛋白质编码基因、RNA 基因及具有特定功能的调控区域等。原核生物基因预测相对简单，常用的算法有 GeneMarkS、Glimmer 等。真核生物基因预测则相对复杂，可以通过基于证据的预测、从头开始预测和与其他物种比较预测三种策略开展。基于证据的预测是指根据已有的实验证据如 EST、蛋白质序列、转录组等进行蛋白质编码基因的注释，常用的软件有 BLAST、Splign 等。从头开始预测则是根据基因组的 DNA 序列特征进行预测，如 Augustus、GeneScan、mGene 等。与其他物种比较预测一般是根据与近缘物种之间的一致性和相似性的编码序列预测基因，如 TWINSCAN 等。

（3）基因功能分析：在预测获得基因后则需要进行基因功能的预测与分析，传统上采用逐个进行，通过一系列严格的遗传学与分子生物学实验进行检测和验证。但随着基因组计划的实施，传统方法则面临极大的挑战。常采用基于与已知基因序列相似性的方法对基因功能进行预测，如进行 GO、KEGG 分析等。

（4）比较基因组学及进化分析：通过比较相近物种的基因组数据，从基因功能、基因组骨架结构、分子进化等方面对基因组进行分析。

（5）建立数据库：建立符合国际标准且界面友好的数据库，实现数据的查询与共享。

2）重测序分析

（1）数据量产出：总碱基数量、全部比对上的读长数目、唯一比对上的读长数目统计、测序深度分析等。

（2）一致性序列组装：与参考基因组序列（reference genome sequence）的比对分析，利用贝叶斯统计模型检测出每个碱基位点的最大可能性基因型，并组装出该个体基因组的一致序列。

（3）SNP 检测及在基因组中的分布：提取全基因组中所有多态性位点，结合质量值、测序深度及重复性等因素作进一步的过滤筛选，最终得到可信度高的 SNP 数据集。并根据参考基因组序列对检测到的变异进行注释。

（4）InDel 检测及在基因组的分布：在进行比对的过程中，进行容忍空位的比对并检测可信的短的 InDel。在检测过程中，空位的长度为 1～5 个碱基。

（5）结构变异位点检测及在基因组中的分布：能够检测到的结构变异类型主要有插入、缺失、复制、倒位、易位等。根据测序个体序列与参考基因组序列比对分析结果，检测全基因组水平的结构变异并对检测到的变异进行注释。

5.6.3 转录组学

随着越来越多的物种基因测序工作的完成，科学家发现即使获得了完整的基因图谱，距离了解生命活动的本质还存在很大的困难。我们无法从基因组信息中获得基因表达的产物是否出现及何时出现，这些基因表达产物的浓度又是多少，这些问题本质上是基因表达谱的时空性。想要解决这些问题，我们就需要去了解转录组测序技术。广义的转录组是指特定组织或细胞在某一功能状态下所有转录产物的集合，包括 mRNA、microRNA、ceRNA 等；狭义上指所有 mRNA 的集合。转录组测序能够从整体水平研究基因表达量及基因结构，揭示特定生物学过程中的分子机制。该技术可用于研究基因所参与的细胞内的生命过程、基因表达的调控、基因与基因产物之间的相互作用，以及相同的基因在不同的细胞内或者疾病和治疗状态下的表达水平等。

1. 转录组测序技术分类

20 世纪 90 年代初，克雷格·文特尔（Craig Venter）提出了表达序列标签（EST）的概念，并测定了 609 条人脑组织的 EST，宣布了 cDNA 大规模测序时代的开始。检测基因组 mRNA 丰度的方法主要有基于杂交技术的基因芯片技术、基于 DNA 测序的 EST 技术、基因表达系列分析技术（serial analysis of gene expression，SAGE）、大规模平行信号测序技术（massively parallel signature sequencing，MPSS）及目前最为常用的 RNA 测序技术（RNA-seq）、全长转录组技术等。这些技术给转录组学的研究带来便利的同时也都存在各自的缺点和不足。

1）基因芯片（gene chip）　　又称 DNA 芯片、DNA 微阵列和生物芯片，其原型是 20 世纪 80 年代中期提出的，是早期转录组数据获得和分析的主要方法。基因芯片的测序原理是杂交测序方法，即通过与一组已知序列的核酸探针杂交进行核酸序列测定的方法。如图 5-49 所示，在一块玻璃片或硅片表面，应用原位合成和微阵列的方法将寡核苷酸或 cDNA 作为探针按一定顺序排列在载体上。从实验样本中获得的生物样品（DNA 或者 mRNA）通常不能直接与芯片反应，而是需要进行一定程度的 PCR 扩增。在扩增或反转录过程中需要加入标记物，如荧光标记、生物素标记和放射性同位素标记等，其中荧光标记最为常见。这样通过与样品进行杂交反应，携带荧光标记的分子结合在芯片特定位置上，在激光的激发下，含荧光标记的 DNA 片段发射荧光，荧光强度与样品中的靶分子含量有一定的线性关系，再利用荧光共聚焦显微镜、激光扫描仪等进行检测，利用计算机技术收集信号数据。按照探针类型分为 cDNA 芯片和寡核苷酸芯片；按照用途则分为基因表达谱芯片、基因组变异检测芯片及细菌检测芯片等。

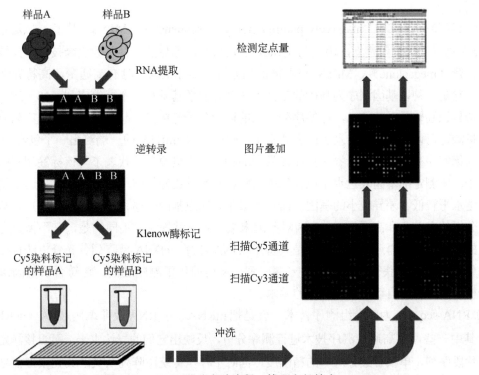

图 5-49　cDNA 芯片实验流程（钱晖和侯筱宇，2017）

2）表达序列标签（EST）　　典型的真核生物 mRNA 包括 5′非翻译区（UTR）、可读框、3′UTR 和 3′端 poly（A）4 部分。EST 技术就是根据 mRNA 的结构特征发展起来的，首先从样本中提取总 RNA，分离获得 mRNA，用 Oligo（dT）或随机引物作为反转录引物，在反转录酶的作用下合成互补 DNA（cDNA）并构建 cDNA 文库。从一个随机选择的 cDNA 克隆进行 5′端和 3′端测序获得短的 cDNA 部分序列，代表一个完整基因的一小部分，在数据库中，其长度一般为 20～7000bp。EST 来源于特定环境下特定组织总 mRNA 所构建的 cDNA 文库，因此 EST 也能说明该组织中各基因的表达水平，可用于验证基因在特定组织中的表达，推导全长 cDNA 序列，或作为标签标志基因组中的特殊位点以确定基因的位置等。因编码 DNA 序列高度保守且具有自身的特殊性质，EST 作为表达基因所在区域的分子标签在亲缘关系较远的物种间比较基因组连锁图和质量性状信息还是特别有用的。

3）SAGE 技术　　该技术是维克托·韦尔库列斯库（Victor Velculescu）于 1995 年首次提出的一种快速分析基因表达信息的技术，可以在整体水平对细胞或组织中的大量转录本同时进行定量分析。SAGE 文库中包括大量能唯一代表基因转录本序列的标签（tag，10～14bp），标签出现的频率反映了该标签所代表基因的表达丰度。SAGE 的理论基础主要包括：①在一个转录体系内，每个转录本都可以用一个来自转录本特定区域的标签来表示；②将这些短标签连接成标签多聚体进行克隆测序，就可以得到数以千计的 mRNA 转录本，从而对它们进行批量分析；③各转录本的表达水平可以用标签出现的次数进行定量。SAGE 大大简化和加快了 3′端表达序列标签的收集和测序。SAGE 是一个"开放"的系统，可以发现新的未知的序列。需要注意的是，SAGE 必须与其他技术相互补充才能最大可能地进行基因表达的全面分析。

4）大规模平行测序（massively parallel signature sequencing，MPSS）技术　是布伦纳（Brenner）等于 2000 年建立，由美国 Lynex 公司将其商品化的一种基因克隆技术，其核心技术由巨克隆（megaclone）、MPSS 和生物信息分析三部分组成，具有高通量、高特异性和高敏感性。它是一种以基因测序为基础的新技术，其方法学基础是一个标签序列（10～20bp）含有能够特异识别转录子的信息，标签序列与长的连续分子连接在一起，便于克隆与序列分析。通过定量测定可以提供相应转录子的表达水平，也就是将 mRNA 的一端测出一个包含 10～20 个碱基的标签序列，每一个标签序列在样品中的频率（拷贝数）就代表了与该标签相应的基因表达水平，所测定的基因表达水平以计算 mRNA 的拷贝数为基础，是一个数字表达系统，能测定表达水平较低、差异较小的基因，而且不必预先知道基因的序列，该技术的特点是基因表达水平分析的自动化和高通量。MPSS 对基因末端序列与常规测序不同的是，它不需要进行基因片段的分离、克隆再逐一测序，而是具备了 cDNA 芯片、cDNA 微阵列荧光分析法直接读出序列的优点，可同时获得大量 cDNA 末端序列，从而简化了测序过程，这符合后基因组时代功能分析的高通量、自动化及微型化的要求。

5）RNA-seq　为转录组测序技术，就是把 mRNA、小 RNA 及非编码 RNA（ncRNA）等或者其中一些，用高通量测序技术进行测序分析，反映出它们的表达水平。可直接测定每个转录本片段序列，单核苷酸分辨率的精确度，同时不存在传统微阵列杂交的荧光模拟信号带来的交叉反应和背景噪声问题。具有高灵敏度，能够检测到细胞中少至几个拷贝的稀有转录本。可以对任何物种进行全基因组分析。无须预先设计特异性探针，因此无须了解物种基因信息，能够直接对任何物种进行转录组分析。同时能够检测未知基因，发现新的转录本，并精确地识别可变剪切位点及 SNP、UTR 区域。高于 6 个数量级的动态检测范围，能够同时鉴定和定量稀有转录本与正常转录本。转录组测序技术的应用领域包括：转录本结构研究（基因边界鉴定、可变剪切研究等），转录本变异研究（如基因融合、编码区 SNP 研究），非编码区域功能研究（ncRNA、microRNA 前体研究等），基因表达水平研究，以及全新转录本的发现。

6）全长转录组测序（Iso-seq）　是指利用三代单分子实时测序技术（SMRT），无须对 RNA 进行打断和拼接，即可直接获得完整的全长转录本。由于二代转录组测序技术具有测序读长的限制，在进行测序之前需要先将样本的 mRNA 打碎为小片段，之后再通过与参考基因组比对或拼接的方式识别转录本，这就会造成一定的错误比例，同时也很难区分单碱基水平的差异。以 PacBio 公司的 SMRT 为代表的三代测序技术，其测序读长远超 Illumina 等二代测序技术，因此可以对完整的 mRNA 直接进行从头测序，从而得到转录本的全长信息。与二代短序列测序技术相比，全长转录组测序技术侧重转录本结构的分析，能够准确识别转录本同源异构体、可变剪切、可变 poly（A）、基因融合、等位基因等。由于全长转录组测序是基于第三代测序技术，其成本依然较高且存在较高的随机错误，因此一般采用全长转录组测序与二代转录组测序相结合的办法。

7）单细胞转录组测序　单细胞转录组测序技术是在单细胞水平对全转录组进行扩增与测序的　项新技术，单细胞转录组测序是近年来在生物科技领域最火的技术之一。哈佛大学谢晓亮院士发明的 MALBAC（multiple annealing and looping based amplification cycle），即多次退火环状循环扩增技术，是该领取最先进的技术。其原理是将分离的单个细胞的微量全转录组 RNA 扩增后进行高通量测序，包括单细胞捕获与分选、反转录 PCR 扩增、建库测序及生物信息学分析 4 个关键步骤。单细胞转录组测序前期主要依赖于三种方法：SMART-seq2 技术、10×genomics 技术及 Andeplete 技术。该技术可以用于开展细小组织的划分、细胞异质性检测等。

2. 转录组分析的一般流程

转录组分析通常是指对 mRNA 进行测序并获得相关序列的过程，根据所研究物种是否有参考基因组将其分为从头测序和转录组重测序（也称无参转录组和有参转录组）。测序及分析流程（图 5-50）大致如下。

1）RNA 提取及测序　　首先提取细胞或组织的总 RNA，根据需要 mRNA、ncRNA 还是小 RNA 的情况，对 RNA 样品进行处理，通常用带有 oligo（dT）的磁珠富集真核生物 mRNA；然后，对 mRNA 片段化处理，并进行反转录合成双链 cDNA；对双链 DNA 末端修复及 3′端加 poly（A）尾，在 cDNA 片段两端加上测序接头，使用高保真聚合酶扩增构建测序文库（cDNA 文库）；最后，用新一代高通量测序技术进行测序。

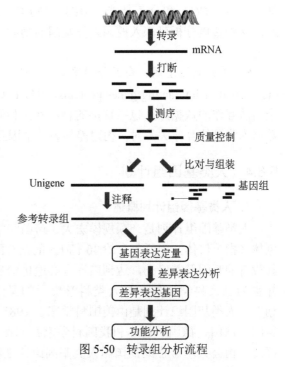

图 5-50　转录组分析流程

2）数据质控　　为确保读长有足够高的质量，将原始测序数据过滤去掉接头及低质量的读长，获得高质量读长。常见软件有 FastQC、FASTX-Toolkit 等。因受测序仪本身、测序试剂、样品等因素的影响，测序会存在一定的错误率。碱基测序错误率分布图可以反映测序数据的质量。

3）参考序列比对　　将高质量读长与参考基因组进行序列比对，获取在参考基因组或基因上的位置信息，定位区域分为外显子、内含子及基因间区，常见软件包括 Tophat、HISAT2、Bowtie、SOAP 等。如果是无参转录组则需要组装参考转录组，如 Trinity 等。比对到参考基因组或转录组上的读长占高质量读长的百分比可用于评估所选参考基因组组装是否能满足信息分析的需求。

4）基因表达水平分析　　利用 HTSeq 等统计比对到每一个基因上的读长数作为基因的原始表达量。为了使不同基因、不同样本间的基因表达水平具有可比性，通常采用 RPKM 或 FPKM 对表达量进行标准化。同时，生物学重复的相关性分析不仅可以检验生物学实验操作的可重复性，还可以评估差异表达基因的可靠性和辅助异常样品的筛查。

5）差异表达基因分析　　对于有生物学重复的样本，我们采用 DESeq、edgeR、Cuffdiff、RSEM（the RNA-seq by expectation-maximization）进行样品组间的差异表达分析，获得两个生物学条件之间的差异表达基因集；对于没有生物学重复的样本，使用 Ebseq（empirical bayes sequencing）进行差异分析。筛选差异基因的标准通常为：差异倍数（fold change）≥2，错误的概率（FDR）<0.05。

6）差异表达基因聚类分析　　聚类分析常用于判断差异基因在不同实验条件下的表达模式，可通过将表达模式相同或相近的基因聚集成类，从而识别未知基因的功能或已知基因的未知功能，同类基因可能具有相似的功能或共同参与同一代谢过程，如 K 均值聚类和权重基因共表达网络分析（WGCNA）等。

7）差异表达基因功能注释　　GO 注释反映出差异表达基因参与的生物过程（BP）、细胞组分（CC）和分子功能（MF），KEGG 通路注释了差异表达基因可能参与的信号通路，这些富集分析可深入挖掘差异基因的功能及所在的信号通路，筛选并关注差异基因注释情况。

8）差异表达基因蛋白互作网络　　基因、蛋白质相互作用关系检索工具（search tool for the retrieval of interacting genes/proteins，STRING）收录多个物种预测的和实验验证的蛋白质-蛋白质互作的数据库，包括直接的物理互作和间接的功能相关。可结合差异表达分析结果和数据库收录的互作关系对，构建差异表达基因互作网络。

5.6.4　人类基因组计划

1. 人类基因组计划概述

人类基因组计划是一项规模宏大、跨国跨学科的科学探索工程。其宗旨在于测定人类染色体（指单倍体）中所包含的 30 亿 bp 的核苷酸序列，从而绘制人类基因组图谱，并且辨识其载有的基因及其序列，达到破译人类遗传信息的最终目的。它与曼哈顿计划和阿波罗计划并称为三大科学计划，是人类科学史上的又一个伟大工程，被誉为生命科学的"登月计划"。人类基因组计划是由美国科学家于 1985 年率先提出，于 1990 年正式启动，由美国、英国、法国、德国、日本和我国科学家共同参与完成的合作计划。2001 年人类基因组工作草图，由公共基金资助的国际人类基因组计划和美国 Celera 基因组公司各自独立完成。其中，公共基金资助测序计划采用逐个克隆法：DNA 片段在染色体上的位置和方向已知。染色体被打断成 150kb 左右的片段，克隆到细菌人造染色体中，打碎，克隆，测序，组装。美国 Celera 公司采用全基因组鸟枪法：DNA 片段在染色体上的位置和方向未知。随机将 DNA 片段打碎，克隆，测序，组装。截至 2003 年 4 月 14 日，人类基因组计划的测序工作已经完成，测出人类基因组 DNA 的 30 亿 bp 的序列，发现所有人类基因，找出它们在染色体上的位置，破译人类全部遗传信息，这被认为是人类基因组计划成功的里程碑。人类基因组计划的主要任务是围绕人类 DNA 测序，揭示人类遗传图谱、物理图谱、序列图谱、基因图谱 4 张图谱全貌，此外还从测序技术、功能基因组、比较基因组、社会、法律、伦理、生物信息学和计算生物学等领域开展科学攻关，推动这些技术的发展和资源的积累，促进生命科学研究，维护人类健康。在人类基因组计划中，还包括对 5 种模式生物（大肠杆菌、酵母、线虫、果蝇和小鼠）基因组的研究。但是该计划产生的结果也远远超出科学家最初的乐观设想，这也预示着更为艰难、复杂的后基因组时代也随之到来。

2. 国际千人基因组计划

国际千人基因组计划启动于 2008 年 5 月，由深圳华大生命科学研究院（原"深圳华大基因研究院"）、英国桑格（Sanger）研究所和美国国家人类基因组研究所合作完成，旨在通过多群体、多个体的全基因组分析提供高分辨率的人类基因组遗传变异整合图谱，推动人类疾病与健康领域中的应用及为个体化医疗时代的到来奠定了坚实的科学基础。该计划完成了欧洲、东亚、非洲和美洲 14 个种族 1092 个个体的基因测序，鉴定和发表了 3890 万个 SNP、140 万个 InDel、1.4 万个大片段缺失。国际人类基因组计划标志着人类基因组研究从一个个体的参考序列到研究人类代表性主要群体的多个个体全基因组序列多样性的新阶段，极大地推动了基因组学领域中技术与研究的发展。之后的国际人类基因组单体型图计划（HapMap）建立了一个免费向公众开放关于人类疾病（及疾病对药物反应）相关基因的数据库，提供不同个体基因组染色体序列上共有的变异区域，这也彻底改变了人类基因研究。这将能够发现与人类健康、疾病，以及对药物和环境因子的个体反应差异相关的基因。在此资源上所取得的巨大研究成就向科学界证明，研究出一种集合了低于 5% 的变化频率和包括插入、缺失、拷贝数变异、结构变化等其他形式的人类遗传变异的更高清晰度遗传图谱是很有必要的。和其他主要人类基因组的相关项目一样，国际千人基因组计划所得出的数据将通过自由开放的公共数据库迅速提供给全世界的科学界。

3. 基因组测序与复杂疾病

基因组测序对于人类疾病研究有重大意义，人类疾病相关基因的识别是深入理解人类基因组中结构和功能完整性至关重要的步骤。对于单基因病，采用"定位克隆"和"定位候选克隆"的全新思路，导致了亨廷顿舞蹈症、遗传性结肠癌和乳腺癌等一大批单基因遗传病致病基因的发现，为这些疾病的基因诊断和基因治疗奠定了基础。心血管疾病、肿瘤、糖尿病、神经精神类疾病（阿尔茨海默病、精神分裂症）、自身免疫性疾病等多基因疾病是疾病基因研究的重点。健康相关研究是 HGP 的重要组成部分，1997 年相继提出"肿瘤基因组解剖计划""环境基因组学计划""国际人类基因组单体型图计划"等，对于开展基因诊断、基因治疗和基于基因组知识的治疗、基于基因组信息的疾病预防、疾病易感基因的识别、风险人群生活方式、环境因子的干预等方面的研究起着重要的推动作用。

破译人类遗传信息，将对生物学、医学，乃至整个生命科学产生无法估量的深远影响。目前基因组信息的注释工作仍然处于初级阶段。随着将来对基因组的理解更加深入，新的知识会使医学和生物技术领域发展更为迅速。基于 DNA 载有的信息在细胞生命活动中的指导作用，在分子生物学水平上深入了解疾病的产生过程将大力推动新的疗法和新药的开发研究。对于癌症、阿尔茨海默病等疾病的病因研究也将会受益于基因组遗传信息的破解。事实上，在人类基因组计划完成之前，它的潜在使用价值就已经表现出来。例如，基因检测可以预测包括乳腺癌、凝血、纤维性囊肿、肝脏疾病在内的很多种疾病。

人类基因组计划对许多生物学研究领域有切实的帮助。例如，当科研人员研究一种癌症时，通过人类基因组计划所提供的信息，可能会找到某个或某些相关基因。如果访问由人类基因组信息而建立的各种数据库，可以查询到其他科学家相关的文章，包括基因位置及结构，蛋白质立体结构、功能，多态性，以及和人类其他基因之间的关系。也可找到和小鼠、酵母、果蝇等对应基因的进化关系，可能存在的突变及相关的信号转导机制。人类基因组计划对与肿瘤相关的癌基因、肿瘤抑制基因的研究工作，起到了重要的推动作用。

此外，分析不同物种的 DNA 序列的相似性会给生物进化和演变的研究提供更广阔的路径。事实上，人类基因组计划提供的数据揭示了许多重要的生物进化史上的里程碑事件。例如，核糖体的出现、器官的产生、胚胎的发育、脊柱和免疫系统等都和 DNA 载有的遗传信息有密切关系。

思 考 题

1. 简述基因工程的基本操作流程。
2. 如何检测基因组 DNA 文库的完整性？
3. 简述 PCR 扩增的原理和步骤。
4. 荧光定量 PCR 的染料有哪些，并简述其原理。
5. 基因工程中所用的载体应该具备什么样的特性？
6. 试述重组子的筛选方法。
7. 试述 GST 融合蛋白沉降技术、免疫共沉淀技术、染色质免疫沉淀技术的原理和区别。
8. 试述蛋白质印迹的实验原理及步骤。
9. 试述酵母单杂交和双杂交的原理及应用。
10. 试述基因定点突变技术中引入突变的三种方法。
11. 简述 RNA 干扰技术的原理及在分子生物学领域的应用前景。
12. 什么是完全基因敲除和条件型基因敲除？
13. 试述 CRISPR/Cas9 的工作原理及流程。

| 第 6 章 |

分子生物学与人类健康

本章彩图

现代科学认为，疾病的发生在本质上都直接或间接地与基因有关。因此，从某种意义上说，人类疾病都是"基因病"。包括：①经典单基因病，某个单个基因位点上产生了缺陷等位基因。②多基因病，多个基因及调控这些基因表达的环境因子之间的相互作用。③获得性基因病，由病原微生物感染引起的传染病，是病原微生物基因组与人类基因组相互作用的结果，都涉及基因结构与表达模式的改变。

6.1 基因诊断与 DNA 指纹

基因是编码生物活性产物的 DNA 功能片段，这些产物主要是蛋白质或各种 RNA。基因变异致病类型包括内源基因变异产生的基因结构突变和基因表达异常。

6.1.1 基因诊断

基因诊断（gene diagnosis）是利用现代分子生物学、分子遗传学的技术和方法，直接检测基因结构及其表达水平是否正常，从而对疾病作出诊断的方法，可以用于诊断遗传疾病、肿瘤、感染性疾病、传染性流行病，判断个体疾病易感性，器官移植组织配型，法医学中个体识别、亲子鉴定等。基因诊断具有针对性强、特异性高、灵敏度高、适应性强、诊断范围广等特点。其包括：①DNA 诊断，以 DNA 为检测对象的诊断方法；②RNA 诊断，以 mRNA 为检测对象的诊断方法。

基因诊断常用技术包括核酸分子杂交技术、聚合酶链反应、基因测序、基因芯片 DNA 指纹。核酸分子杂交可用以检测样本中是否存在与探针序列互补的同源核酸序列，其中核酸探针是一类具有放射性标记或化学标记的并与目的 DNA 或 RNA 分子序列互补的寡核苷酸片段，探针是能够同某种待研究的核酸序列或蛋白多肽链特异结合的任何分子，经标记之后可用来检测目的 DNA/RNA 或蛋白质分子，实验流程包括提取 DNA→（限制酶酶切）→凝胶电泳→膜转移→杂交→放射自显影→分析。

聚合酶链反应（polymerase chain reaction，PCR）是利用特异的引物，特异地扩增目的 DNA 的方法，实验流程为提取 DNA→PCR→凝胶电泳→显色→分析，常用的 PCR 方法包括常规 PCR、巢式 PCR、多重 PCR、多种 PCR、不对称 PCR、反转录 PCR、定量反转录 PCR、 mRNA 差异显示 PCR、原位 PCR、实时 PCR 等。

基因测序（gene sequencing）即测定某一基因的碱基序列，实验流程是提取 DNA→分离出有关基因→测序→分析诊断；基因测序的方法包括化学裂解法、DNA 链末端合成终止法、DNA 自动测序。

基因芯片（gene chip）又称 DNA 芯片、DNA 阵列、寡核苷酸微芯片（DNA chip，DNA array，oligonucleotide micro-chip），是指将许多特定的寡核苷酸片段或基因片段作为探针，有规律地排列固定于支持物上，然后与待测的标记样品的基因按碱基配对原理进行杂交，再通过激光聚焦荧光检测系统等对芯片进行扫描，并配以计算机系统对每一探针上的荧光信号作出比较和检测，从而迅速得出定性和定量的结果（图 6-1）。基因芯片在诊断中的应用包括核酸序列分析、基因表达分析、寻找新基因、突变基因和基因多态性检测等；在药学研究中的应用包括药物筛选、药物作用机制研究、耐药菌株、药敏检测、毒理学研究、环境化学毒物的筛选、基因扫描等。

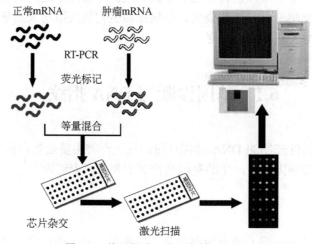

图 6-1　基因芯片（朱玉贤等，2013）

6.1.2　DNA 指纹

人基因组 DNA 中有高度可变的"小卫星"区域，采用"小卫星"基因探针，在同一限制酶切产物的 DNA 杂交图谱上，同一个体不同组织来源的 DNA 的谱带完全一致，而不同个体之间（同卵双生除外）谱带都不相同，如同人的指纹具有高度个体特异性一样，因此这种杂交图谱称为 DNA 指纹（DNA fingerprint）或遗传指纹（genetic fingerprint），即 DNA 指纹或遗传指纹是指采用"小卫星"基因探针进行 DNA 分子杂交 [Southern 印迹（Southern blotting）] 所得的图谱；实验流程包括提取 DNA→限制酶切→凝胶电泳→膜转移→杂交→放射自显影→分析。

DNA 指纹的构建采用限制性片段长度多态性（RFLP）标记，限制性内切酶能高度专一地识别和切割 DNA 序列，不同的酶识别不同的 DNA 序列，酶解后的分子质量大小不同的 DNA 可通过凝胶电泳来分离，再将已分离的 DNA 与放射性核素或荧光标记的核酸探针分子杂交，便可获得信息量大、分辨率高的 DNA 指纹图。随机扩增多态性 DNA（RPAD）标记

（随机引物 PCR）解决了未知特异 DNA 序列基因组的扩增问题，它采用任意顺序的引物扩增基因组 DNA，可以在不知道特异 DNA 序列的情况下检测 DNA 的多态性。因此，DNA 指纹具有以下特点：多位点性，高分辨率的 DNA 指纹图谱通常由 15～30 条带组成，且 DNA 指纹区中的绝大多数区带是独立遗传的，一个 DNA 指纹探针可以同时检测基因组中数十个位点的变异性；简单的遗传方式，DNA 指纹图中的区带是可以遗传的，且遵循简单的孟德尔遗传方式；高度变异性，不同的个体或群体有不同的 DNA 指纹图，有差异。

DNA 指纹技术在法医学鉴定中的应用包括：在刑事案件中，将从犯罪现场残留的血、精液、唾液、毛发等成分提取的 DNA 指纹与嫌疑犯的 DNA 指纹进行对照；在亲子鉴定中，在常规血清学检验不能作出肯定结论的情况下采用 DNA 指纹技术，可轻易地得出结论；空难事故受难者残骸鉴定；人种、性别鉴定；双胞胎是异卵双生还是同卵双生；移植器官的配型实验等。鉴定过程一般为：提取需检测的各种生物检样（如毛发、血痕、精斑、人体组织等）中的 DNA；若提取的 DNA 量很少，则将 DNA 样品进行 PCR 扩增；选用与探针配对的限制性内切核酸酶，将分子质量很大的 DNA 长链切成长度不同的小片段；将酶解完全的 DNA 片段进行电泳，使其按长度大小得以分离；先用碱性溶液使凝胶板中分离的双链 DNA 片段变性为单链片段，然后将凝胶板夹在尼龙膜中，永久性地固定在尼龙膜上；让放射性 DNA 探针与尼龙膜上的单链 DNA 片段进行分子杂交；放射性自显影。

6.2　基 因 治 疗

基因治疗（gene therapy）早期是指用正常的基因整合入细胞基因组，以校正和置换致病基因的一种治疗方法。目前广义上来讲是指将某种遗传物质转移到患者细胞内，使其在体内发挥作用，以达到治疗疾病目的的方法。基因治疗的基本方法包括基因矫正（gene correction）、基因置换（gene replacement）、基因增补（gene augmentation）和基因失活（gene inactivation）。

基因矫正是将致病基因的异常碱基进行纠正，而正常部分予以保留。

基因置换是用正常的基因通过体内基因同源重组，原位替换致病基因，使细胞内的 DNA 完全恢复正常状态。

基因增补是将目的基因导入病变细胞或其他细胞，不去除异常基因，而是通过目的基因的非定点整合，使其表达产物弥补缺陷基因的功能或使原有基因表达增强。

基因失活是将特定的序列导入细胞后，在转录或翻译水平阻断某些基因的异常表达，以达到治疗疾病的目的。几种常见的基因失活技术是反义核酸技术、核酶技术、三链技术、干扰 RNA 技术、肽核酸、基因敲除。反义（antisence）核酸技术是指用人工合成的 RNA 或 DNA 来阻断基因的转录或复制，使编码基因不能转录为 mRNA，因而不能翻译成相应的蛋白质，其中反义 RNA 是指与 mRNA 互补，且能抑制与疾病发生直接相关基因表达的 RNA。反义 RNA 技术是利用反义 RNA 在 mRNA 水平上封闭基因表达，最终可通过调节剂量来治疗由基因突变或过度表达所致的疾病或严重感染性疾病。核酶（ribozyme）技术是通过核酶分子结合到靶 RNA 分子中适当的部位，形成锤头核酶结构，催化对靶 RNA 分子的剪切，从而破坏靶 RNA 分子，达到治疗疾病的目的。三链技术（triplex approach）又称为反基因策略（antigene stragegy），是利用脱氧寡核苷酸能与双螺旋双链 DNA 专一性序列结合，形成三链 DNA，从而在转录水平或复制水平阻止基因转录或复制的技术。能形成三链 DNA 的脱氧寡核苷酸称为三链 DNA 形成脱氧寡核苷酸（triplex-forming oligonucleotide，TFO）。干扰 RNA（interference RNA，RNAi）是指在特定因子作用下，由导入胞内的双链 RNA 降解生成的约 22nt 的 siRNA（single strand RNAi）。RNAi 技术是指利用碱基互补配对原则，使 RNAi 和靶 DNA 结合，同时诱导激活体内的基因沉默因子，从而使靶 DNA 降解。肽核酸（peptide nucleic acid，PNA）技术是利用多肽与 DNA 的特异性结合，专一地抑制某一基因的表达。基因敲除（gene knock-out）技术是指有目的地去除动物体内某种基因的技术。

基因治疗的其他方法还包括"自杀基因"和基因疫苗的应用，"自杀基因"的应用是指某些病毒或细菌的基因所表达的酶能将对人体无毒或低毒的药物前体在人体细胞内转变为细胞毒性产物，从而导致携带该基因的受体细胞也被杀死，故称这类基因为自杀基因。基因疫苗的应用是将编码外源性抗原的基因插入含真核表达系统的质粒上，然后将质粒直接导入人或动物体内，让其在宿主细胞内表达抗原蛋白，诱导机体产生免疫应答。

基因治疗的基本程序包括治疗性基因的选择、基因载体的选择、靶细胞的选择、基因转移、外源基因表达的筛选、回输体内。基因治疗目前可应用于遗传性疾病、心血管疾病、肿瘤、感染性疾病、神经系统疾病，基因治疗研究的病种应该符合的条件包括是单基因缺陷病，是体细胞病，靶细胞易获取、培养、操作、回输，治疗效果甚于危害，无须严格的表达水平调控，动物实验证明符合严格的安全标准。未来期许进一步寻找切实有效的基因，精密调控外源基因在人体内的表达，构建安全、高效、靶向、可控载体，开展体细胞移植和重建的生物学研究，减少外源基因对机体的不利影响。

6.3 生物医药

中国生物药研发与产业化能力也将大幅度提高，形成化学药、中药、生物药三足鼎立的药物新格局。中国将针对癌症、心脏病、高血压、糖尿病、神经系统疾病等重大疾病，取得200 个生物新药证书，开发近 200 种生物药，近 400 个生物药进入临床试验阶段，利用生物技术进行生物制药成为新兴产业。

所谓生物技术（biotechnology），是指用活的生物体（或生物体的物质）来改进产品、改良植物和动物，或为特殊用途而培养微生物的技术。生物工程则是生物技术的统称，是运用生物化学、分子生物学、微生物学、遗传学等原理，与生化工程相结合来改造或重新创造设计细胞的遗传物质、培育出新品种，以工业规模利用现有生物体系，以生物化学过程来制造工业产品。简言之，就是将活的生物体、生命体系或生命过程产业化。生物制药就是把生物工程技术应用到药物制造领域，其中最为主要的是基因工程方法，即利用克隆技术和组织培养技术，对 DNA 进行切割、插入、连接和重组，从而获得生物医药制品。生物药品是以微生物、寄生虫、动物毒素、生物组织为起始材料，采用生物学工艺或分离纯化技术制备，并以生物学技术和分析技术控制中间产物和成品质量制成的生物活化制剂，包括菌苗、疫苗、毒素、类毒素、血清、血液制品、免疫制剂、细胞因子、抗原、单克隆抗体及基因工程产品（DNA 重组产品、体外诊断试剂）等。

　　生物药物按它的用途不同，可分为三大类：生化药物、生物工程药物和生物制剂。其在诊断、预防、控制乃至消灭传染病，保护人类健康、延长寿命中发挥着越来越重要的作用。生化药物是指运用生物化学研究成果，将在生物体中起重要生理生化作用的各种基本物质经过提取、分离、纯化等手段制造出的生物活性物质，如氨基酸、多肽、蛋白质、酶、辅酶、多糖、核苷酸、脂和生物胺等，以及其衍生物、降解物及大分子的结构修饰物等。目前，我国非生物工程生产的生化药物有 90 多种，主要包括垂体后叶素、胃蛋白酶、胰蛋白酶、鱼精蛋白、低分子量肝素钠、肝素钙、促肝细胞生长素、胸腺肽、单磷酸阿糖腺苷及各种氨基酸等。

　　基因工程药物就是利用生物工程技术制造的药物，是生物工程服务于社会的一类新产品。它和传统的化学药物及从动植物中提取的药物的最大区别在于生产过程。通过基因工程或细胞工程培养出的高产菌种或动植物细胞株，称为"工程菌"或"工程细胞株"，将其再利用现代发酵技术大规模培养，从中提取出所需药物。人们利用基因工程可以生产天然稀有的医用活性多肽或蛋白质。例如，用于抗病毒、抗肿瘤的药物有干扰素和白细胞介素等；用于治疗心血管系统疾病的药物有尿激酶原及组织型溶纤蛋白酶原激活因子等；用于防治传染病的有各种疫苗，如乙型肝炎疫苗、腹泻苗等；用于体内起调节作用的激素有胰岛素和其他生长激素等。生物制剂不仅仅是原料与一般药品不同，生产工艺也不同。简单来说，它就是利用现代生物技术，借助某些微生物、植物或动物来生产所需的药品，采用 DNA 重组技术或其他生物新技术研制的蛋白质或核酸类药物。最早的生物制剂出现于 1982 年，就是胰岛素。目前国内外批准上市的生物制剂仅有 50 种左右，而正在研究的有上百种。生物制剂与其他药物的区别和好处就是，在研究病理、病理生理时发现，许多疾病发生时体内蛋白质或者多肽不平衡，于是蛋白质和多肽在维持机体平衡、治疗疾病上受到了重视。传统的化学药物是在小分子的基础上通过调节蛋白质合成或者机体一些激素、细胞因子的分泌来治疗疾病。而生物制剂是直接补充所需要的蛋白质、激素、细胞因子等。但是这类药物非常不稳定，如何保持它的生产、运输、储藏及在人体中的稳定性，是研究的重点。

　　生物医药产业的特征包括高技术、高投入、长周期、高风险、高收益。高技术主要表现在高知识层次人才和高新技术方面。生物制药是一种知识密集，技术含量高，多学科高度综合、互相渗透的新兴产业。以基因工程药物为例，上游技术涉及目的基因的合成、纯化、测序，基因的克隆、导入，工程菌的培养及筛选；下游技术涉及目标蛋白的纯化及工艺放大，产品质量的检测及保障等。高投入主要是指生物制药投入巨大，主要用于新产品的研究开发及医药厂房和设备仪器方面。通常，一个新药的开发生产，55%用于研发，10%用于销售，19%用于生产，16%用于其他方面。一个基因工程新药的开发费用平均需要 1 亿～3 亿美元，并随新药开发难度的增加而增加。长周期是指生物药品从开始研制到最终转化为产品要经过很多环节：试验室研究阶段、中试生产阶段、临床试验阶段（Ⅰ、Ⅱ、Ⅲ期）、规模化生产阶段、市场商品化阶段，以及监督每个环节的严格复杂的药审批程序，而且产品培养和市场培养较难。所以开发一种新药的周期较长，一般需要 8～10 年，甚至 10～12 年的时间。高风险包括产品开发风险和市场竞争风险。产品开发风险：从全球制药产业来看，新药研发的支出越来越多，复杂性越来越大，风险性也越来越大。据估计，在 5000 个化合物中，只有 1 个成为药品到达了最终使用者阶段，而又只有 30% 的药品能够取得收回研发支出的商业上的成功。在那些失败的项目中，毁灭性的打击通常发生在大量时间和金钱已经投入的研发后期，即临床试验期。对于缺乏资源的我国生物制药企业来说，这无疑是致命的威胁。市场竞争风险："抢注新药证书、抢占市场占有率"是开发技术转化为产品时的关键，也是不同开发商激烈竞争的目标，若被别人优先拿到药证或抢占市场，则全盘落空。同时，产品的销售还面临严峻的营销竞争风险。高收益指的是生物工程药物的利润回报率很高。一种新生物药品一般上市后 2~3 年即可收回所有投资，尤其是拥有新产品、专利产品的企业，一旦开发成功便会形成技术垄断优势，利润回报能高达 10 倍以上。

近来，我国一直加强有科技优势和资源优势的项目研究，以形成我国在生物医药领域的技术和产品优势。重点研究和开发领域如下。

（1）细胞工程药物研究。开展细胞大规模培养，生产多糖类和含糖链的多肽生物活性物质。增强中草药活性，加大活性酶的含量，易于人体组织细胞迅速吸收，达到祛病"健体"双向免疫调节的功能，更好地发挥天然药物的药效作用。

（2）改造抗生素工艺技术。各类药物中，抗生素用量最大。采用基因工程与细胞工程技术和传统生产技术相结合的方法，选育优良菌种，加快应用现代技术生产高效低毒的广谱抗生素。

（3）基因工程药物。基因工程蛋白质和多肽类药物是我国生物技术领域发展最快、技术最成熟、效益最好的部分。现国内正针对心脑血管疾病、肿瘤、免疫缺陷等重大疾病，组织具有良好应用前景的新的基因工程药物进行科研攻关。

（4）开发靶向药物，以开发肿瘤药物为重点。目前治疗肿瘤的药物确实存在一个所谓"敌我不分"的问题。在杀死癌细胞的同时，也杀死正常细胞。导向治疗就是针对这个问题提出来的。所谓导向治疗，就是利用抗体寻找靶标，如导弹的导航器，把药物准确引入病灶，而不伤及其他组织和细胞。

（5）人源化的单克隆抗体的研究开发。抗体可以对抗各种病原体，也可作为导向器。目前的单克隆抗体，多为鼠源抗体，注入人体后会产生抗体或激发免疫反应。研究噬菌体抗体、嵌合抗体、基因工程抗体技术来解决人源化抗体问题。

（6）生物医药现代化剂型。为保证用药安全、有效和扩大品种的应用范围，开展高效、长效、速效、靶向性，且毒性小、副作用小、剂量小的生物医药新剂型及一药多剂型的研究，如缓释剂、控释剂、微囊制剂、脂质体制剂。开发多种给药途径：口腔黏膜给药、吸入给药、鼻腔给药、透皮控释制剂研究等。

（7）基因工程疫苗的研究。用基因工程方法克隆和表达保护性抗原基因，利用表达的抗原产物研制成基因工程疫苗。针对重大传染病、流行病及地方病，开展抗肿瘤疫苗、丙肝、戊肝、流感、血吸虫等疫苗的研究。

（8）核酸类药物研究。具有特异核苷酸序列的低聚核苷酸，能阻断有害基因的复制和表达，从而达到治疗疾病的目的。重点是抗肿瘤、抗病毒反义核酸药物的研发。

（9）血液替代品的研究与开发。血液制品是采用大批混合的人体血浆制成的，由于人血难免被各种病原体所污染，因此利用基因工程开发血液替代品引人注目。

（10）基因芯片（DNA芯片）。每个芯片划分出几百至几百万个小区；在小区内，固定着大量特定功能的基因探针。滴上处理的血样，经激光扫描，即诊断是否患某种传染病或遗传疾病。此诊断具有高效、快速、准确的特点。

（11）人体基因组的研究。人体疾病的发生不外乎两方面的原因，一是外界病原体的侵入，二是生理功能的失调。能否抵抗病原体，人体是否具有一个稳定的良好的生理状态都与基因调节有关，对人体基因的研究，必将发现新的致病或抗病基因，基因的密码是可以人工建成的，某些基因产物就可以开发为一种药物。

（12）发展氨基酸工业和开发甾体激素。应用微生物转化法与酶固定化技术发展氨基酸工业和开发甾体激素，并对传统生产工艺进行改造。目前人类已克隆的基因还不到 4000 个，只占人体基因组的 3%～4%。对人体基因组的研究将促进许多新药的开发。可以预计，21 世纪从人体基因组中寻找开发各种新药物将是一个非常激动人心的壮举。

国外生物制药发展动向包括：①克隆技术，克隆多莉羊的出现使人类的克隆技术出现划时代的革命。更值得注意的是与克隆相关的一项技术取得了最新进展，美国的研究人员将得自成年人骨髓的间充质干细胞在体外成功培养分化为软骨、脂肪和骨骼细胞。采用该技术开发以干细胞为基础的再生药物将具有巨大的市场前景，可治疗软骨损伤、骨折愈合不良、心脏病、癌症和衰老引起的退化症等疾病。②血管发生疗法，用于治疗癌症的血管发生抑制因子，已引起媒体的高度关注。此类血管发生疗法与癌症疗法的作用正好相反，它通过刺激动脉内壁的内皮细胞生长，形成新的血管，以治疗冠状动脉疾病和局部缺血。③艾滋病疫苗，艾滋病疫苗的研究重新引起了人们的注意。2019 年 6 月，美国国立卫生研究院新成立了一个疫苗研究中心，将研制艾滋病疫苗作为中心任务之一。④药物基因组学，药物基因组学是利用基因组学和生物信息学研究获得的有关患者和疾病的详细知识，针对某种疾病的特定人群设计开发最有效的药物，以及鉴别该特定人群的诊断方法，使疾病的治疗更有效、更安全。采取这种策略，医药公司可以针对一种疾病的不同亚型，生产同一种药物的一系列变构体，医生可以根据不同的患者选用该种药物的相应变构体。这一技术可根据患者量身定制新药，使功效和适应证十分明确，可以减少临床试验患者数和费用，缩短临床审批周期。药物上市后，由于具有明确、特异的功效和较小的副作用，更容易说服医生使用这类价格较贵的新药。当然药物基因组技术的应用也有不利的一面，大多数药物因针对性加强，适应证减少，市场规模也随之缩小。⑤人类基因组计划，人类基因组测序掀起了新一轮竞争高潮。测序只是最基础的部分，人类基因组计划已经从前基因组时代到了现在的后基因组时代，从结构基因组到了功能基因组时代，后者主要研究基因转录翻译的蛋白及其功能。⑥基因治疗，就是将外源基因通过载体导入人体内并停留在体内器官、组织、细胞等表面，从而达到治病目的。基因治疗掀起了一场临床医学革命，为目前尚无理想治疗方法的大部分遗传病、重要病毒性传染病（如肝炎、艾滋病等）、恶性肿瘤等开辟了广阔前景。⑦药物和动植物变种技术，经过 20 多年的发展，目前人类已经掌握利用生物分子、细胞和遗传学过程生产药物和动植物变种的技术。转基因植物是把来源于任何生物甚至人工合成的基因转入植物。转基因动物是将正常人的基因片段导入动物体内，让这种基因在哺乳动物体内表达，提取具有活性的分泌物质，获得大量廉价的珍稀药物；也可利用转基因动物培养人体器官，解决人体器官移植供体短缺的问题。

6.4 分子肿瘤学

癌（cancer）是一群不受生长调控而繁殖的细胞，也称恶性肿瘤。良性肿瘤则是一群仅局限在自己的正常位置，且不侵染周围其他组织和器官的细胞。肿瘤医学研究的三项最突出的成就包括癌基因的发现及其研究的深入；染色体畸变与致癌基因表达相互关系的揭示；抑癌基因的发现及表达调控。细胞癌变的分子基础是基因突变，DNA 的变化和不正常活动导致了细胞癌变。

肿瘤是一种环境因素与遗传因素相互作用导致的疾病，大多数环境致病因素的致癌作用都是通过影响遗传基因起作用的。肿瘤的发生是细胞中基因改变积累的结果，包括：①癌基因的激活、过度表达；②抑癌基因的突变、丢失；③微卫星不稳定，出现异常的核苷酸串联重复分布于基因组；④错配修复基因突变，导致细胞遗传不稳定或致肿瘤易感性。

人类的肿瘤有 20%与病毒有关。与动物或人类肿瘤有关的致瘤性 DNA 病毒包括乳头瘤病毒科（Papillomaviridae），如人乳头瘤病毒（HPV）；疱疹病毒科（Herpesviridae），如 Epstein-Barr 病毒（EBV）；腺病毒科（Adenoviridae），所有型别的腺病毒；嗜肝病毒科（Hepadnaviridae），如乙型肝炎病毒类（HBV）；痘病毒科（Poxviridae），如 Shope 纤维瘤病毒；多瘤病毒科（Polyomaviridae），如猴病毒 40（SV40）。

DNA 肿瘤病毒通过与细胞的癌基因或抑癌基因的相互作用而破坏细胞的正常生长，具体表现为：①病毒 DNA 与宿主细胞 DNA 通过重组而激活某些原癌基因；②病毒编码的蛋白产物结合到宿主抑癌基因蛋白产物上，并使后者失活而发挥作用。

RNA 病毒包括艾滋病病毒、烟草花叶病毒、甲型 H1N1 流感病毒、严重急性呼吸综合征（SARS）冠状病毒等。RNA 病毒致癌的机制是急性转化型反转录病毒感染病毒细胞后，可以将致癌基因整合到细胞基因组内，可能从病毒致癌基因转录 mRNA，翻译癌基因产物（如蛋白激酶），修饰并活化细胞的某些蛋白，导致细胞转化、克隆增殖、形成恶性肿瘤，病毒不仅可感染动物致瘤，而且可以使体外培养的细胞发生恶性转化，病毒感染细胞并表达癌基因的时间短，为急性转化，病毒感染细胞后导致转化的频率较高，产生的肿瘤为多克隆性增失。

6.4.1 原癌基因——细胞转化基因

原癌基因是细胞中固有的基因，在正常情况下参与细胞的增殖与分化的调控，是调控细胞增殖与分化的一类基因。当基因结构和功能发生变异并使细胞发生恶性转化时，这样的基因才叫癌基因（oncogene）。由于细胞癌基因在正常细胞中以非激活形式存在，故又称为原癌基因（proto-oncogene）。

原癌基因广泛存在于生物界中，从酵母到人的细胞中普遍存在。在进化进程中，其基因序列呈高度保守性，通过其表达产物蛋白质来发挥作用。在正常情况下，它们的存在对正常细胞不仅无害，而且对维持正常生理功能、调控细胞生长和分化起重要作用，是细胞发育、组织再生、创伤愈合等所必需的，在某些因素（如放射线、某些化学物质等）作用下，一旦被激活，发生数量上或结构上的变化时，就会形成癌性的细胞转化基因（cellular oncogene）。

DNA 甲基化是一种表观遗传修饰，它是由 DNA 甲基转移酶（DNA methyltransferase，DNMT）催化 S-腺苷甲硫氨酸作为甲基供体，将胞嘧啶转变为 5-甲基胞嘧啶（mC）的一种反应，在真核生物 DNA 中，5-甲基胞嘧啶是唯一存在的化学性修饰碱基。通过基因启动子区及附近区域 CpG 岛胞嘧啶的甲基化可以在转录水平调节基因的表达，从而引起相应基因沉默，去甲基化又可恢复其表达。DNA 的甲基化对维持染色体的结构和肿瘤的发生发展都起重要的作用，是细胞癌变过程中的重要一步。

近几年的研究表明，在癌细胞中，肿瘤抑制基因（recessive oncogene）甲基化的发生率与肿瘤抑制基因突变或缺失发生的概率大致相等，均可导致肿瘤抑制基因功能的丧失，如结肠癌、胃癌中 *hMLH1* 基因的高甲基化导致 DNA 错配修复的缺失；脑肿瘤、结肠癌中 *MGMT* 基因的高甲基化导致化疗敏感性降低。一些 DNA 甲基化抑制剂如 5-氮杂胞苷和 5-氮杂脱氧胞苷，可以使失活的肿瘤抑制基因恢复其正常功能，为白血病和其他相关疾病的治疗提供了新的手段。甲基化检测能够有效预测不同肿瘤中个体的风险率；甲基化指标的鉴定有助于肿瘤的临床病理分型，体外应用 DNA 甲基化抑制剂活化沉默的高甲基化基因；DNA 甲基化研究是肿瘤分子生物学研究的一个重要领域。

1980 年，从膀胱癌细胞株 T24 中克隆了第一个人癌基因 *H-ras*，后来又发现了 *K-ras* 和 *N-ras* 基因，这些基因都编码鸟苷酸结合蛋白，相对分子质量为 21 000，肿瘤中以 *K-Ras* 为主，*H-Ras*、*N-Ras* 较少见。Ras 蛋白在细胞增殖分化信号从激活的跨膜受体传递到下游蛋白激酶过程中起重要作用。*Ras* 基因在肿瘤中的改变以点突变为主，*K-ras* 基因的点突变主要集中在第 12 位氨基酸残基，少数也有第 13 及 61 位点突变，在膀胱癌、乳腺癌、结肠癌、肾癌、肝癌、肺癌、胰腺癌、胃癌及造血系统肿瘤中均已检测到 *Ras* 基因的异常，不同类型的肿瘤 *Ras* 基因的突变率明显不同，胰腺癌中为 90%，结肠癌中为 53%，肺癌中为 30%。Ras 蛋白一般位于细胞膜内侧，对 GTP 和 GDP 有高度亲和力，Ras 蛋白有活化和非活化两种形式，通常非活化状态的 Ras 蛋白分子能与 GDP 结合，在受到信号传递通道上游某因子的刺激时，GDP 变成 GTP，随后蛋白发生构象改变，成为活化状态，活化的 Ras 蛋白与效应分子相互作用，实现生长信号的传递。

Bcl-2（B cell leukaemia-2）基因是从 B 细胞淋巴瘤中鉴定出来的癌基因，由染色体易位而激活，编码 25kDa 的线粒体膜蛋白，是一种重要的抗凋亡基因，能抑制多种因素引起的细胞凋亡，*Bcl-2* 在前列腺癌、乳腺癌、结肠癌和黑色素瘤中有高频率的表达，*Bcl-2* 家族成员的异常表达还参与肿瘤的转移过程。*Bcl-2* 高表达可导致转移潜能的增加，表现为转移出现的时间缩短和发生转移的器官数增加。另外，*Bcl-2* 家族成员因在细胞凋亡调控中的重要作用，成为肿瘤治疗的新靶点，多数人类肿瘤中均有 *Bcl-2* 的高表达，以此为靶点的药物将具有较广的抗癌谱。

Myc 基因最初是从鸡白血病病毒中发现的（主要有 *C-Myc*、*N-Myc*、*L-Myc*，但以 *C-Myc* 为主），在人类中首次在伯基特（Burkitt）淋巴瘤中发现，*Myc* 基因可通过染色体易位而活化。在某些肿瘤中，*Myc* 基因还受 DNA 扩增的影响，在肺癌中，*Myc* 家族癌基因的激活以扩增为主。*Myc* 基因参与细胞的增殖、分化与凋亡，与多种肿瘤的发生发展有关，在胃癌、肺癌、乳腺癌及白血病等肿瘤中均有显著表达，体外实验证实，*C-Myc* 基因可与其他癌基因协同转化多种细胞。

Mdm-2 基因最初在自发转化的鼠 BALB/c3T3 细胞系中因扩增而被发现。*Mdm-2* 是一种进化保守基因，在多种肿瘤中都发现有 *Mdm-2* 的扩增，是 *p53* 基因（一种抑癌基因）转录调节的靶基因之一，也是 *p53* 基因重要的调节因子。*Mdm-2* 基因的扩增和转录的增加均可导致 Mdm-2 蛋白的过表达，从而阻止了 *p53* 基因的表达使其抑癌作用被抑制。

6.4.2　抑癌基因

抑癌基因（tumor suppressor gene）是一类正常的基因，它们编码的蛋白能够抑制细胞的生长，阻止细胞恶性转变。如果其功能失活或出现基因缺失、突变等异常，将导致细胞无限制地生长和分裂，形成肿瘤。

在细胞水平，抑癌基因表现为隐性，而原癌基因是显性的。在功能上，抑癌基因对细胞生长起负调节作用，癌基因则相反，抑癌基因的隐性突变不影响遗传物质的正常传递，带有单一等位基因突变的抑癌基因能够被传给下一代，使这些个体具有相应疾病的易感性。

p53 基因为一种抑癌基因。*p53* 基因全长 20kb，定位于人类染色体 17p13.1，由 11 个外显子组成，编码 393 个氨基酸组成的 53kDa 的核内磷酸化蛋白，具有蛋白质-DNA 和蛋白质-蛋白质结合的功能。*p53* 基因的缺失或突变已被证实是人类肿瘤中 p53 功能丧失的主要原因，突变形式可表现为点突变、缺失突变、插入突变、移码突变。目前已知的突变位点约有 3500 种，多集中于第 5～8 外显子，*p53* 基因甲基化状态的变化也是较为常见的基因异常。在胃癌、结直肠癌、膀胱癌、乳腺癌、头颈部鳞状细胞癌、肺癌、前列腺癌、肝癌、软组织肉瘤、淋巴造血系统肿瘤等中都发现有 *p53* 的点突变；在乳腺癌、肺癌、骨肉瘤、结肠癌中发现有 *p53* 的基因缺失异常。

p16 基因，属于 INK4（inhibitors of CDK）基因家族（*p16*、*p15*、*p18*、*p19*），是其主要成员。其于 1994 年由坎布（A. Kamb）等在观察黑色素瘤细胞中被发现，是一种重要的多肿瘤抑制基因，该基因定位于人类染色体 9p21 位，编码一种已知的细胞周期蛋白依赖性激酶 4（CDK4）的抑制蛋白。*p16* 基因的产物是细胞周期的直接抑制因子，能通过与 cyclin D_1 竞争性结合 CDK4 而特异性抑制其活性，从而调节 Rb 蛋白的活性，将细胞阻止于 G_1 期，发挥抑癌基因的作用。p16 蛋白在保持 Rb 蛋白的非磷酸化状态，抑制细胞周期的进行中扮演了重要角色，*p16* 基因的缺失和突变与多种肿瘤的发生密切相关（食管癌、胰腺癌、非小细胞肺癌、头颈部肿瘤、卵巢癌、肾细胞癌、前列腺癌、神经胶质瘤等），突变方式及频率在各种肿瘤中极不均一，在非小细胞肺癌细胞系中的突变率高达 70%，而在小细胞肺癌的细胞系中却很少突变，*p16* 基因启动子 5'-CpG 岛的异常甲基化也是基因异常的主要机制（早期肺癌）。

分子肿瘤学是应用分子生物学理论阐明肿瘤发生、发展及其本质，运用分子生物学技术研究肿瘤相关基因及其表达产物在肿瘤发生、发展中的作用，为肿瘤的预防、诊断和治疗提供新措施的一门学科，从根本上揭示肿瘤发生、发展的机制，是目前肿瘤学研究的基石。

思 考 题

1. 基因治疗比较难以推广应用的主要原因是载体。简述病毒载体和非病毒载体的优缺点。

2. 癌症已经成为威胁人类健康的主要杀手，根据你所了解的知识，简述癌症为何有如此大的危害。

3. 很多病毒致癌基因是宿主本身的原癌基因，这种选择对于病毒本身有何意义？

4. 简述基因诊断在分子疾病中的应用机制。

5. 简述基因治疗与生物医药在疾病治疗中的作用机制。

6. 如何利用分子肿瘤学开展癌症的治疗？

7. 如果你是一家生物技术公司的首席执行官或者负责技术的高层人员，有人向你推荐一种治疗癌症的特效药，寻求与你们公司合作。你将在哪些方面对这种药物进行评价？

主要参考文献

艾伯茨，布雷，约翰逊，等. 2002. 基础细胞生物学——细胞分子生物学入门. 赵寿元，金承志，丁小燕，等译. 上海：上海科学技术出版社.

布朗（Brown T. A.）. 2009. 基因组 3. 袁建刚，等译. 北京：科学出版社.

陈德富，陈喜文. 2006. 现代分子生物学实验原理与技术. 北京：科学出版社.

冯作化，药立波. 2015. 生物化学与分子生物学. 3 版. 北京：人民卫生出版社.

高晓明. 2001. 医学免疫学基础. 北京：北京医科大学出版社.

韩贻仁. 2012. 分子细胞生物学. 4 版. 北京：科学出版社.

卡普（Karp G.）. 2002. 分子细胞生物学. 3 版. 王喜忠，丁明孝，张传茂，等译. 北京：高等教育出版社.

李瑶. 2015. 细胞生物学. 2 版. 北京：化学工业出版社.

刘永明，李林，霍群. 2006. 分子生物学简明教程. 北京：化学工业出版社.

聂理. 2016. 分子生物学导论. 北京：高等教育出版社.

钱晖，侯筱宇. 2017. 生物化学与分子生物学. 4 版. 北京：科学出版社.

唐炳华，郑晓珂. 2017. 分子生物学. 北京：中国中医药出版社.

韦弗（Weaver R. F.）. 2002. 分子生物学（影印版）. 2 版. 北京：科学出版社.

韦弗（Weaver R. F.）. 2010. 分子生物学. 4 版. 郑用琏，张富春，徐启江，等译. 北京：科学出版社.

杨建雄. 2015. 分子生物学. 2 版. 北京：科学出版社.

杨金水. 2002. 基因组学. 北京：高等教育出版社.

杨金水. 2019. 基因组学. 4 版. 北京：高等教育出版社.

杨荣武. 2017. 分子生物学. 2 版. 南京：南京大学出版社.

袁红雨. 2012. 分子生物学. 北京：化学工业出版社.

臧晋，蔡庄红. 2012. 分子生物学基础. 北京：化学工业出版社.

张一鸣. 2018. 生物化学与分子生物学. 2 版. 南京：东南大学出版社.

赵亚华. 2011. 分子生物学教程. 3 版. 北京：科学出版社.

郑用琏. 2018. 基础分子生物学. 3 版. 北京：高等教育出版社.

周春燕，药立波. 2018. 生物化学与分子生物学. 9 版. 北京：人民卫生出版社.

朱玉贤，李毅，郑晓峰，等. 2013. 现代分子生物学. 4 版. 北京：高等教育出版社.

朱玉贤，李毅，郑晓峰，等. 2019. 现代分子生物学. 5 版. 北京：高等教育出版社.

McLennan A., Bates A., Turner P., et al. 2019. 分子生物学. 刘文颖，王冠世，刘进元，译校. 北京：科学出

版社.

Alerts B., Johnson A., Lewis J., et al. 2002. Molecular Biology of The Cell. 4th ed. New York: Garland Science.

Allison L. A. 2015. Fundamental Molecular Biology. 2nd ed. New York: W. H. Freeman &Company.

Chen C. Y. 2014. DNA polymerases drive DNA sequencing-by-synthesis technologies: both past and present. Front Microbiol, 5:305.

Clarke J., Wu H. C., Jayasinghe L., et al. 2009. Continuous base identification for single-molecule nanopore DNA sequencing. Nature Nanotech, 4: 265-270.

Dlamini Z., Mokoena F., Hull R. 2017. Abnormalities in alternative splicing in diabetes: therapeutic targets. Journal of Molecular Endocrinology, 59(2): R93-R107.

Franklin R. E., Gosling R. G. 1953. Molecular configuration in sodium thymonucleate. Nature, 171:740-741.

Livak K. J., Schmittgen T. D. 2002. Analysis of relative gene expression data using real-time quantitative PCR. Methods, 25(4): 402-408.

Sanger F., Air G. M., Barrell B. G., et al. 1977. Nucleotide sequence of bacteriophage φX174 DNA. Nature, 265(5596): 687-695.

Sigari M. H., Pourshahabi M. R., Pourreza H. R. 2011. Application of microarray technology and softcomputing in cancer biology : A review. International Journal of Biometric & Bioinformatics, 5(4): 225-233.

Rhoads A., Au K. F. 2015. Pacbio sequencing and its applications. Genomics, Proteomics & Bioinformatics, 13(5): 278-289.

Watson J. D., Baker T. A., Bell S. P., et al. 2013. Molecular Biology of The Gene. 7th ed. New York: Cold Spring Harbor Lavoratory Press.

Watson J. D., Crick F. H. C. 1953. Molecular structure of nucleic acids: A structure for deoxyribose nucleic acid. Nature, 171(4356)：737-738.